JN424508

Wind Turbine Control

풍력터빈의 제어

"풍력 터빈의 동적 특성은 회전 날개의 공기역학적 현상으로 인하여 근원적으로 비선형이다. 따라서 풍력 터빈의 특성은 풍속에 따라 계속 변화하는데, 고정된 게인 값을 사용하는 단일 비례-적분 피치 제어기로는 충분하지 않으며, 작동점 변화에 따라 게인 값을 바꿔주는 게인 스케쥴링(gain scheduling) 제어가 필요하다. 또한, 적분 제어기와 피치 엑츄에이터의 포화(saturation) 특성은 적분누적(integrator windup) 문제를 유발시킬 수 있다."

남 윤 수 지음

도서출판 GS인터비전

머리말

우리는 에너지에 의존하여 생활한다. 한 여름의 창 밖은 30°C 이상으로 이글거리지만, 쾌적한 작업 환경을 만들기 위하여 실내의 에어컨은 쉴새 없이 에너지를 소모하고 있다. 화석 연료에 의한 에너지 소모는 지구의 온난화 그리고 에너지 자원 고갈이라는 두 가지 심각한 문제를 동시에 유발한다. 무한하게 재생할 수 있으며, 환경 친화적인 신재생 청정 에너지 산업은 위의 두 문제를 한꺼번에 해결할 수 있는 미래 산업이다. 신재생 청정 에너지를 논의할 때, 수소 연료 전지, 태양광 발전, 그리고 풍력 발전의 3개 분야는 다른 에너지원보다 현실성 있는 대안으로 자리잡아 가고 있다. 특히, 풍력 발전은 최근 기술적 진보가 급속히 진행되면서, kw당 발전 단가도 매우 저렴해 지고 있다. 풍력 발전의 세계적 추세는 해상풍력과 발전 용량의 대형화이다. 육상 풍력은 대형 구조물의 이동, 설치 등의 문제로 인하여 수 MW 규모 이하로 그 용량이 제한될 것으로 예측되지만, 해상풍력은 대형 구조물 작업이 육지보다 훨씬 수월하며, 바람 자원도 우수하고, 일상 생활에 불편을 주지 않는 장점 등으로 우리나라를 비롯한 유럽 각국에서 활발하게 연구 개발되고 있다.

이 책은 풍력 터빈 제어에 관한 내용을 담고 있으며, 학부 4학년이나 대학원 과정의 교재로서 또는 대학 졸업 후 풍력산업 분야에서 일하는 엔지니어를 위하여 사용될 수 있다. 풍력 터빈의 원리를 이해하려면, 공기역학과 전기 기계(electric machine)에 대한 기초적인 지식이 필요하다. 또한, 이 교재의 후반부 내용인 풍력 터빈의 제어를 이해하려면, 학부 수준의 제어공학 기본 지식이 요구된다.

제 1장은 풍력 터빈(wind turbine, WT)의 원리를 다룬다. 따라서, 풍력 터빈에 대한 간략한 공기역학에서 시작하여, 바람 특성, 그리고 전기를 생산하는 발전기(generator)에 대한 이해에 초점을 둔다. 특히, 이중여자 유도 발전기(doubly fed induction generator, DFIG)의 작동원리에 대하여 중점을 두어

설명하였다. 이 책에서 다루는 대부분의 내용은 2.75MW DOWEC(Dutch offshore wind energy converter) 풍력 터빈을 예로 하여 기술하였다. 제 2장에는 DOWEC 풍력 터빈에 대한 소개와 함께, 풍력 터빈의 비선형 운동 특성과 공기역학적 안정성에 대하여 기술한다. 한편, 제 3장에서는 풍력 터빈의 제어 전략과 운전 방식에 대한 내용을 다룬다.

제 4장부터 제 5장까지는 DOWEC 풍력 터빈을 예로 하여 풍력 터빈의 피치 제어 시스템을 설계하는 방법에 관하여 기술한다. 제 4장에서는 풍력 터빈의 동적 운동 모델을 제시하고, 풍력 터빈의 정상상태 작동 조건에 대하여 논의한다. 풍력 터빈은 그 운동 특성이 근원적으로 비선형인데, 풍속 변화에 따라 그 특성이 어떻게 변화되는지 살펴본다. 제 5장은 풍력 터빈의 제어에 대하여 논의한다. 이 장을 이해하려면, 학부 수준의 제어공학 지식이 요구된다. 풍력 터빈 피치 제어시스템 설계에 있어서 두 가지 중요한 사항, 즉 PI-제어기에 의한 적분 누적(integrator windup) 문제와 게인 스케쥴링(gain scheduling) 문제를 주로 다룬다. 이 책의 마지막은 풍력 터빈의 실증, 특히 풍력 터빈의 출력성능 시험평가에 대한 내용을 정리하였다.

2002년 후반기부터 대관령 풍력 시험단지를 조성하고, 프랑스 Jumont사의 750kW 풍력 터빈의 성능실증 연구 업무를 시작하면서, 풍력 터빈의 제어 분야에 관한 교재를 찾기 시작했다. 지금까지도 'Amazon.com'에서 이 분야의 교재 검색을 하여도, 만족스런 교재를 구하기가 거의 불가능할 것이다. 풍력 터빈을 연구하는 초심자의 입장에서 다른 사람을 위한 책을 쓴다는 것이 부담스럽긴 하지만, 새롭게 시작하고 있는 국내 풍력산업을 생각해 보면, 시급하게 이 분야의 입문서를 생산하는 것이 필요하다는 생각으로부터 이 교재를 쓰게 되었다. 2002년부터 대관령 시험단지에서 풍력 관련 연구업무를 함께 시작한 강원대학교 메카트로닉스 전공의 여러 교수님들과 많은 대학원 학생들의 열정들이 머릿속에 떠오른다. 특히, 지금도 풍력 터빈을 함께 연구하고 있는 유능수 교수님의 끊임없는 격려가 없었다면, 이 책을 완성하기까지는 아마도 더 많은 시간을 흘려 보냈을 것이다.

무릎 아래까지 눈이 하얗게 덮인 대관령 자락에서 매서운 칼 바람을 맞으면서 계측 타워 결선 작업을 하던 2003년 1월 초순의 윤태준과 김형기, 차장현,

발전기 전원에 의한 노이즈 문제로 한참을 고생했던 accelerometer와 박해균, 창원, 대전, 대관령을 누비면서 함께 고생한 load measurement와 장후영, 박무열, 박성민, 그리고 여기에 이름을 같이 적지 못한 모두와 함께 한 소중한 경험들이 이 교재의 바탕이라는 사실을 밝히면서…

2009년 초여름, 춘천
강원대학교 기계■메카트로닉스공학부
남윤수

차 례

풍력 터빈의 원리

CHAPTER 1

근대 풍력 터빈(wind turbine, WT)의 역사에서 기술해야 하는 두 가지 사건이 있다. 그 하나는, 세계 제 2차 대전이라는 혼란스런 시기인 1941년 10월 19일 미국 Vermont 주의 Castleton 부근의 산 정상에 1.25MW의 풍력 터빈이 설치되어 상업적 전기발전을 시도한 사실이다[1]. 그림 1.1에서 보듯이, 이 풍력 터빈은 철(steel)로 제작된 직경 53미터의 2개 블레이드로 구성되었으며, 풍력 터빈 설계자인 P.C. Putnam을 기념하여 Smith-Putnam wind turbine으로 부른다. 불과 2년도 채우지 못하고 주축 베어링 결함으로 운전이 정지되었으며, 이후 블레이드 파손으로 이 사업은 종료된다. 당시 풍력 터빈의 발전 단가가 석탄에 의한 것보다 5배 정도 높고, 풍력 터빈 기반기술도 취약한 시점에서 추진된 이 프로젝트는 심지어 바보 같은 시도였다는 비판도 있었지만, 대규모 상업적 풍력 발

그림 1.1
1.25MW Smith - Putnam풍력터빈
(1941, 미국)

그림 1.2
200kW Gedser 풍력 터빈(1956-1957, 덴마크)

전의 가능성에 대한 뚜렷한 인상을 남긴 시도였다. 또 다른 하나는 Johannes Juul이 덴마크 남부해안 Gedser라는 곳에 1956년부터 1957년 사이에 설치한 200kW Gedser WT 이다[2]. 그림 1.2에서 보듯이 회전 날개의 모습이 현대적 형상은 아닐지라도, 뒤에서 설명될 실속(stall) 방식에 의한 출력 제어라든가, 공기역학적 날개 끝 브레이크(aero- dynamic tip brakes)의 적용, 고정속도(fixed rotor speed) 운전 방식과 결합된 농형 유도 발전기 (squirrel cage induction generator)를 처음으로 사용한 풍력 터빈으로서, 그 이전의 풍력 터빈에 적용되던 기술과는 구분되는 기술들이 사용되었다.

1970년대 제 1차 및 2차 오일쇼크를 거치면서 대체에너지에 대한 관심이 높아지면서, 풍력 터빈에 대한 연구와 투자도 크게 확산되었다. 이 시기에 기록할 만한 풍력 터빈의

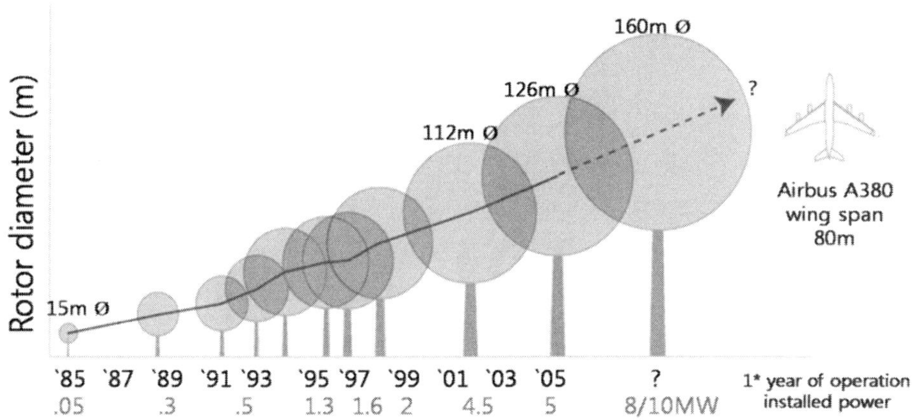

그림 1.3 풍력 터빈의 크기와 발전 용량의 변화

역사는 1979년 덴마크에서 연구 실험용으로 제작한 두 대의 Nibe 630kW 풍력 터빈이다. 이중에 하나는 피치제어 그리고 나머지 풍력 터빈은 실속 제어 방식이 각각 적용되었다. 그러나 아직도 제조 단가에 대한 약점은 풍력 터빈 상용화를 저해하는 큰 장벽이었다. 1980년대는 100kW 미만 소형 풍력 터빈의 시대이며, 미국 California주 Palm Springs의 대규모 풍력 단지가 운영되기 시작하였다.

그림 1.3은 1980년대 이후 풍력 터빈의 크기와 발전 용량이 어떻게 변화하고 있는 지를 보여 준다[4]. 1980년대의 20-60kW 규모로부터 현재의 5MW 풍력 터빈까지 거의 100배의 발전 용량 증가를 이루었다. 풍력 터빈의 또 다른 최근 추세는 해상 풍력(offshore wind turbine)이다. 해상 풍력은, 육상 풍력과 비교하여 설치 단가나 타워 설치에 관한 소요 기술의 정도가 높다는 난점에도 불구하고 바람 자원이 훨씬 우수하고, 거대 규모의 WT 구조물 설치 작업이 육지보다 수월하다는 점, 그러나 무엇보다도 인간의 일상생활에 불편을 주지 않는 장점 등으로 현재 유럽 각국에서 활발하게 연구되고 있다.

1.1 풍력 터빈의 구조

풍력 터빈의 구조는 기어 트레인(gear train)의 유무로 양분할 수 있다. 그림 1.4는 기어 박스(gear box)를 갖는 풍력 터빈의 구조를 보여 준다[2]. 3개 날개에 의하여 회수된 공기역학적 회전 토크는 허브에 연결된 주축(main shaft, or low speed shaft)을 회전시키는 동력이 된다. 주축의 회전은 기어 박스를 거쳐 증속되어 발전기 축에 전달된다. MW 규모 WT의 경우, 주축의 회전 속도, 즉 날개의 회전 속도는 대부분 20rpm 이하로 설계된다. 반면, 발전기에 의하여 생성되는 전력은 60Hz(=3,600rpm)이어야 하므로, 회전 속도의 증속을 위한 기어 박스가 필요하다.

날개 회전축이 발전기 축에 그대로 연결된 직접 구동형(direct drive) 풍력 터빈의 구조가 그림 1.5에 그려져 있다. 기어 박스의 고장은 풍력 터빈의 가동율을 저하시키는 주된 요인으로 알려져 있다. 직접 구동형 풍력 터빈은 기어 박스가 없으므로 그 구조도 단순해 진다. MW규모 WT 시장의 점유율 제 3위 업체인 독일의 ENERCON 회사가 이 방식의 풍력 터빈을 생산한다.

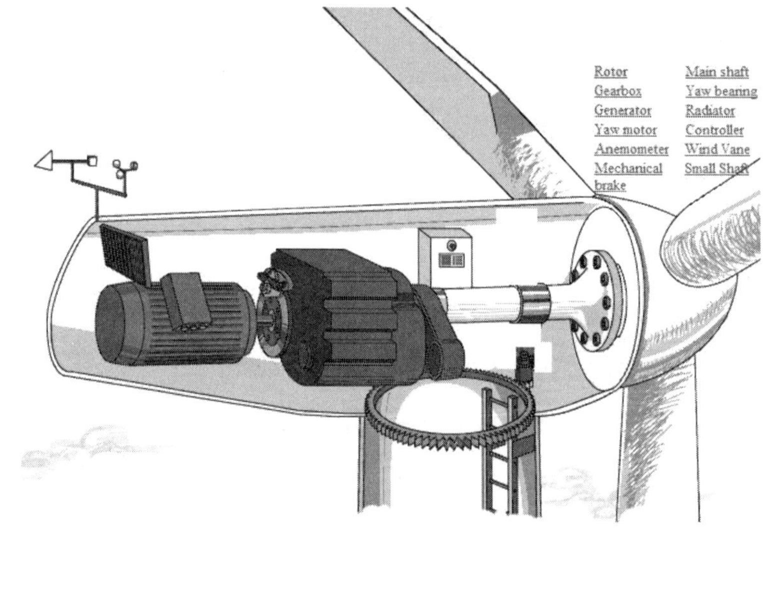

그림 1.4 기어 박스를 갖는 풍력 터빈의 구조[2]

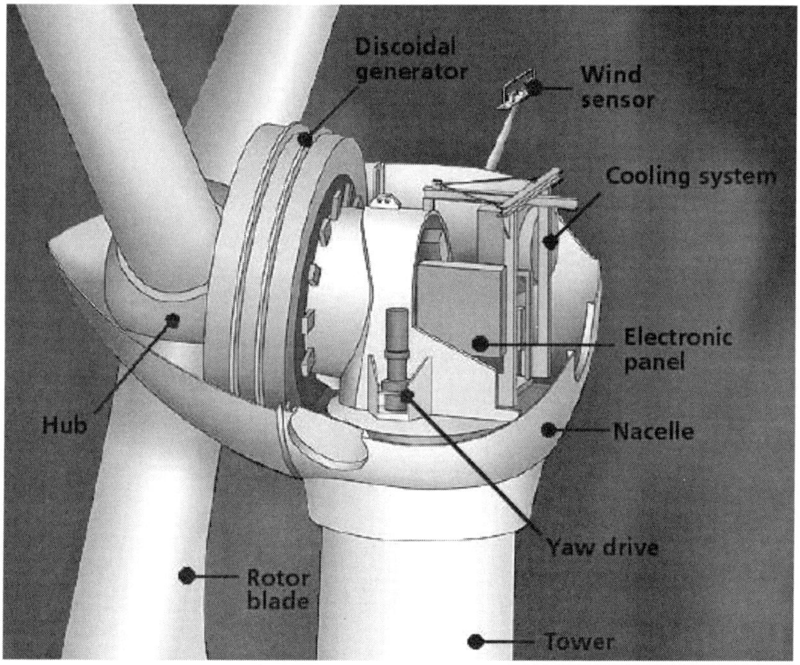

그림 1.5 기어 박스가 없는 직접구동형(direct drive) 풍력 터빈의 구조

직접 구동형 풍력 터빈은 동기 발전기(synchronous generator)가 사용되나, 그 출력은 풍속에 따라 가변적인 주파수 성분을 갖게 되기 때문에, 전력망(grid)에 바로 연결시킬 수는 없다. 전력망 연결을 위하여 동기 발전기 AC 출력을 DC로 변환하고 이를 다시 전력망 연결에 적합한 AC 전기로 변환하는 인버터(inverter), 컨버터(converter) 전력 회로가 필요하다.

위의 두 가지 방식을 결합한 것이 멀티브리드(multi-brid)형 풍력 터빈이다[5]. 단순화된 기어 박스와 동기 발전기를 결합시켜, 회전 부품의 개수와 함께 부피와 중량을 최소화시킨 구조를 갖는다. 그러나 직접구동형 풍력 터빈과 같이 영구자석을 사용하는 동기발전기를 사용하기 때문에 발전기의 단가가 높고, 너셀의 중량이 유도 발전기를 사용하는 기어형 풍력터빈의 거의 2배가 되는 단점은 계속 해결해야 하는 난제이다.

1.2 풍력 터빈의 공기 역학

1.2.1 풍력 터빈의 원리

풍력 터빈은 바람의 운동 에너지를 전기 에너지로 변환시키는 장치이다. 그렇다면, 일정한 풍속의 바람은 어느 정도의 운동 에너지를 갖고 있고, 또한 이 에너지 중 어느 정도가 전기 에너지로 변환될 수 있는가? 이에 대한 답은 1920년대 Albert Betz에 의하여 해결되었다[6]. 간략하게 그의 이론을 소개하면 다음과 같다.

일정한 속도, v로 이동하는 질량 m의 공기 덩어리가 갖는 운동 에너지, E는 $mv^2/2$이다. 따라서 바람이 갖는 파워(power), P는, 즉 단위 시간당 에너지 (또는 단위 시간당 일을 할 수 있는 능력)[1], 식(1-1)로 주어진다.

$$P = \frac{d}{dt}(E) = \frac{d}{dt}(\frac{1}{2}mv^2) = \frac{1}{2}\left(\frac{dm}{dt}\right)v^2 = \frac{1}{2}\dot{m}v^2 \quad (1\text{-}1)$$

이제 그림 1.6에 도시된 것처럼, 풍력 터빈 전후의 공기 흐름 궤적을 나타내는 가상적인 유선(stream line)을 생각해 보자. 각 단면을 통과하여 흐르는 단위 시간당 공기의 량, $\dot{m}$은 질량 불변의 법칙에 의하여 모든 단면에서 서로 같다. 즉,

$$\dot{m} = \rho A v = \rho A_1 v_1 = \rho A_2 v_2 \quad (1\text{-}2)$$

여기서,

ρ= 공기 밀도,
A= 풍력 터빈 위치에서 가상 유선의 흐름 단면적,
A_1과 A_2= 풍력 터빈 전후에서 가상 유선의 흐름 단면적,
v_1과 v_2= 풍력 터빈 전후의 풍속

---

1) 단위는 와트, 1 W= 1 Joule/s = 1.34 HP

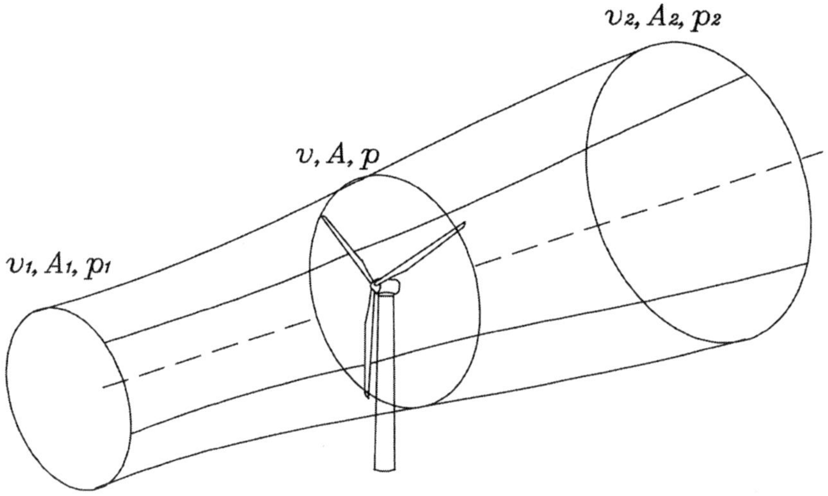

그림 1.6　풍력 터빈에서 공기의 흐름 궤적

식 (1-1)과 (1-2)를 결합하면, 풍력 터빈 위치에서 바람이 갖는 파워를 계산할 수 있다.

$$P = \frac{1}{2}\dot{m}v^2 = \frac{1}{2}\rho A v^3 \tag{1-3}$$

바람이 풍력 터빈에 전달할 수 있는 단위 시간당 에너지인 파워는 공기의 밀도(ρ)에 비례하고 바람 속도(v)의 3제곱에 비례한다. 따라서 풍력 터빈이 바람으로부터 최대로 추출 가능한 단위 시간당 에너지, P_{WIND}는 식 (1-4)로 주어진다.

$$P_{WIND} = \frac{1}{2}\rho A_1 v_1^3 - \frac{1}{2}\rho A_2 v_2^3 = \frac{1}{2}\dot{m}\left(v_1^2 - v_2^2\right) \tag{1-4}$$

풍력 터빈이 바람이 갖고 있는 에너지를 100% 회수하려면, 풍력 터빈 통과 후 바람속도인 v_2는 0이 되어야 한다. 그러나 연속적인 공기 흐름을 볼 때, 이것은 불가능한 일이고, 단지 v_2의 크기가 v_1보다 작게 되면서, 식 (1-4)로 결정되는 파워만큼 회수된다. 한편, 공기의 흐름 속도가 작아진다는 것은, 풍력 터빈이 공기 덩어리에 힘, F를 가하여 유체의 흐름을 방해한 결과이다. 즉,

$$F\Delta t = \Delta(mv) = mv_2 - mv_1 = m(v_2 - v_1) \tag{1-5}$$
$$F = \frac{m}{\Delta t}(v_2 - v_1) = \dot{m}(v_2 - v_1)$$

여기서, $v_2 < v_1$이므로 F의 부호는 음이 되는데, 이것은 힘, F의 방향이 공기의 흐름 방향과 서로 반대라는 의미이다. 한편, Newton의 작용/반작용 법칙에 의하여, 공기 덩어리는 풍력 터빈에 동일한 크기의 반대 방향 힘, $F_T(=-F)$을 가하게 되는데 이를 추력(t hrust) 이라고 하며, 식 (1-6)으로 표현된다.

$$F_T = \dot{m}(v_1 - v_2) \tag{1-6}$$

그림 1.6을 보면, 풍력 터빈을 지날 때의 바람 속도가 v이므로, 공기 덩어리가 풍력 터빈에 전달할 수 있는 최대 파워, P_{MECH}는 식 (1-7)과 같게 된다.

$$P_{MECH} = F_T v = -Fv = \dot{m}(v_1 - v_2)v \tag{1-7}$$

위의 해석에서 모든 손실을 무시한다면, 식 (1-4)과 (1-7)은 서로 같은 식이다. 이로부터 풍력 터빈에서의 바람 속도, v는 식 (1-8)로 표현할 수 있다. 즉,

$$v = \frac{v_1 + v_2}{2} \tag{1-8}$$

이제 식 (1-9)와 같이 축 방향 유도계수(axial induction factor), a를 정의하자.

$$a = \frac{v_1 - v}{v_1} \tag{1-9}$$

식 (1-8)과 (1-9)를 결합하여, v를 제거하고 식 (1-6)과 (1-7)을 다시 정리하면 식 (1-10)을 얻을 수 있다.

$$F_T = \dot{m}(v_1 - v_2) = \rho A v (v_1 - v_2) = \frac{\rho A}{2} v_1^2 \left\{ 1 - \left(\frac{v_2}{v_1} \right)^2 \right\} = 2\rho A v_1^2 a(1-a) \tag{1-10}$$

$$P_{MECH} = F_T v = 2\rho A v_1^2 a(1-a) \frac{v_1 + v_2}{2} = \rho A v_1^3 a(1-a)(1 + \frac{v_2}{v_1}) = 2\rho A v_1^3 a(1-a)^2 \tag{1-11}$$

위 식들로부터 추력계수(thrust coefficient), C_T와 출력파워 계수(power coefficient), C_P를 정의할 수 있다.

$$C_T = \frac{F_T}{\rho A v_1^2 / 2} = 4a(1-a) \tag{1-12}$$

$$C_P = \frac{P_{MECH}}{\rho A v_1^3 / 2} = 4a(1-a)^2 \tag{1-13}$$

$\frac{dC_P}{da} = 0$의 조건을 활용하면, $a = \frac{1}{3}$에서 C_P는 최대가 되는 것을 알 수 있다. 즉,

$$C_{Pmax} = \frac{16}{27} \simeq 0.593 \tag{1-14}$$

이 값은 풍력 터빈이 바람 에너지로부터 추출 가능한 최대 출력 파워 회수율을 의미하는 이론적 최대값이며, 이를 Betz의 한계(Betz's limit)라 한다. 그림 1.7은 $a = 1/3$인 조건, 즉 최대 에너지 회수 조건에서, 공기의 흐름 특성이 풍력 터빈을 지나면서 어떻게 변화하는 지를 도식화하여 나타낸 것이다. 풍력 터빈으로부터 충분히 멀리 떨어져 있어서, 그 흐름 특성이 방해 받지 않는다고 생각되는 지점에서의 풍속 v_1은 풍력 터빈을 통과하면서 $v = 2v_1/3$으로 작아지다가, 흐름 단면적이 최대가 되는 지점에서 $v_2 = v_1/3$의 값으로 풍속은 최소가 된다. 이 지점을 지나서는 초기 풍속, v_1으로 다시 회복된다. 이 그림 하단에는 공기 압력 변화도 함께 그려져 있는데, 풍력 터빈을 지나면서 갑작스런 압력 강하가 일어나는 것을 볼 수 있다. 압력 강하의 이유는 풍력 터빈이 바람에 가하는 힘, 식 (1-5)로 주어지는 힘, F가 존재하기 때문이다.

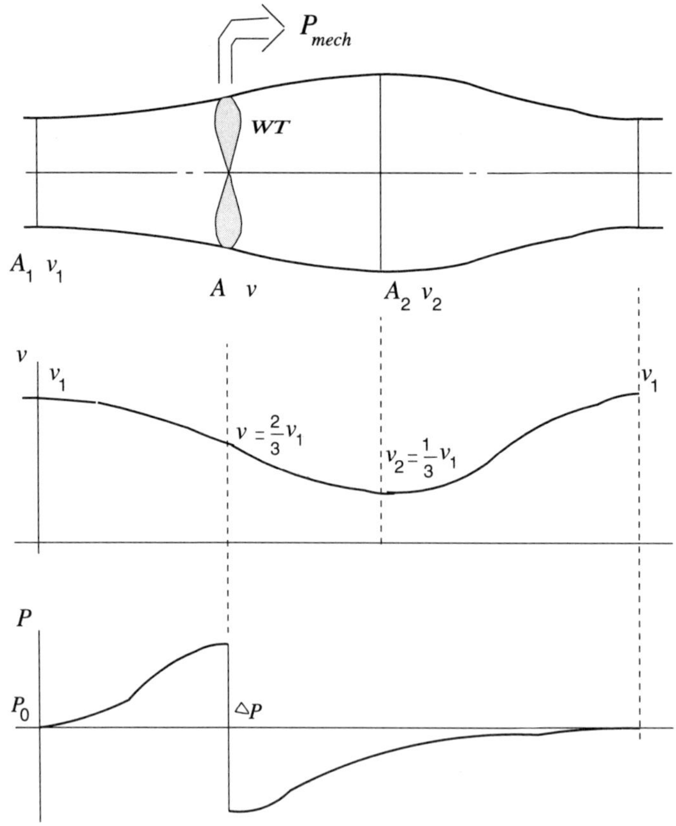

그림 1.7
최대 에너지 회수 조건(C_{Pmax})에서의 공기의 흐름 특성

즉 그림 1.8은 다양한 형상의 풍력 터빈에 대한 출력 파워 계수, C_P를 선단 속도비 (tip speed ratio), λ의 함수로 도시한 것이다. 여기서, 선단 속도비는 다음 식으로 정의된다.

$$\lambda = \frac{\Omega_r R}{v} \tag{1-15}$$

식 (1-15)에서 Ω_r는 풍력 터빈 날개의 회전속도, R는 회전 날개의 반지름, 그리고 v는 풍력 터빈으로 불어오는 바람 속도이다. 이 그림을 보면, 현재 상용화된 풍력 터빈의

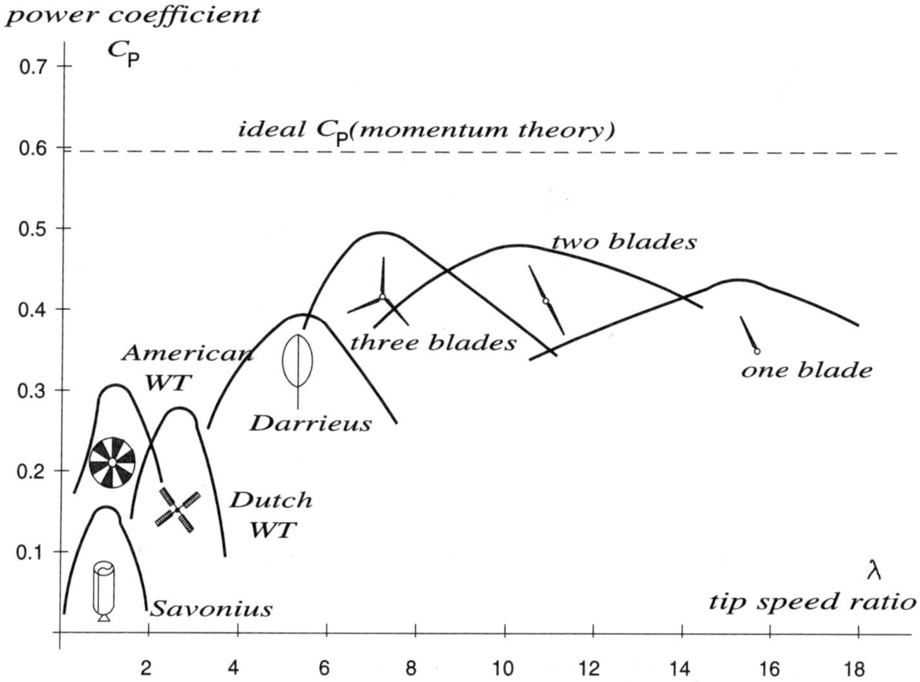

그림 1.8 다양한 형상의 풍력 터빈에 대한 선단 속도비와 출력파워 계수의 관계

대부분이 왜 3개의 날개 구조를 갖게 되었는지 그 이유를 짐작할 수 있을 것이다. 3개 날개 구조의 풍력 터빈에 대한 출력 파워 계수, C_P는 이론적 최대값인 0.593의 Betz 한계보다 훨씬 작게 되는 데, 그 이유는 다음에 설명되는 에너지 손실에서 비롯된 것이다. 그림 1.9에 도시된 바와 같이 풍력 터빈을 통과하는 공기의 흐름은 그림 1.6에서 상상한 것처럼 매끄러운 유선(stream line) 흐름뿐만 아니라 날개의 회전에 의한 와류(vortex)도 함께 발생된다. 이와 같은 공기 흐름의 회전 에너지는 앞선 해석에서 무시된 현상으로, 풍력 터빈에 의하여 회수되지 않고 손실되는 에너지이다. 이와 함께 풍력 터빈 날개의 익형(airfoil) 구조에 의한 항력(drag)도 에너지 회수 관점에서 손실로 작용한다.

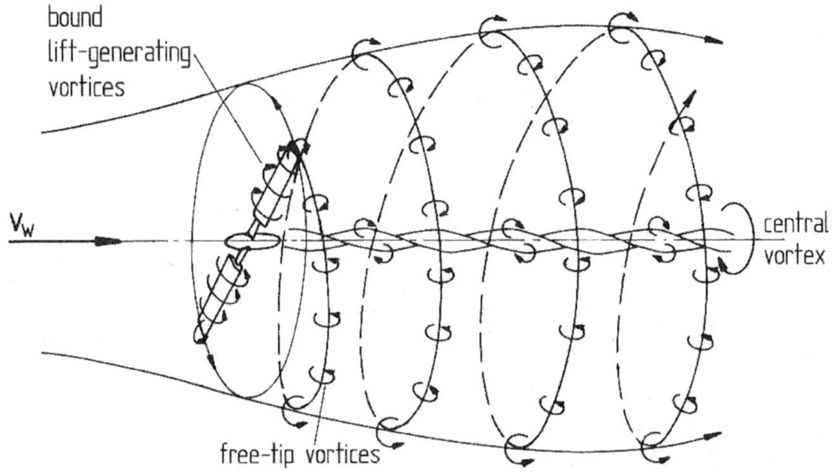

그림 1.9 풍력 터빈 회전날개에 의한 와류(vortex) 모델[6]

1.2.2 풍력 터빈 블레이드(blade)[2]의 공기역학

풍력 터빈을 정면에서 바라볼 때, 시계방향으로 회전하는 블레이드(blade)의 개략적 형상이 그림 1.10의 왼편에 그려져 있다. 또한, 이 그림에는 블레이드 단면의 형상도 함께 그려져 있는데, 보는 바와 같이 익형(airfoil profile) 모양이다. 익형에서 바람을 맞는 부위를 앞전(leading edge), 그리고 익형의 뒷부분을 뒷전(trailing edge)이라 한다. 한편, 앞전과 뒷전을 연결한 직선을 익형의 시위선(chord line)이라 부른다.

블레이드를 통과하는 바람에 대한 이해를 돕기 위하여, 블레이드 단면에 부착된 좌표계를 다음과 같이 정의해 보자. 바람이 불어가는 방향, 즉 풍력 터빈의 후면 방향을 $x-$축이라 하자. 즉, 그림 1.10의 왼쪽 그림에서 지면을 뚫고 가는 방향이 $x-$축 방향이다. 그리고 날개의 끝단 방향을 $z-$축으로 설정하면, 익형 단면은 그림 1.10에 그려진 바와

2) 회전 날개와 혼용하여 사용한다. 굳이 구분하자면, 3개 블레이드 전체를 말할 때는 회전 날개라 하였다.

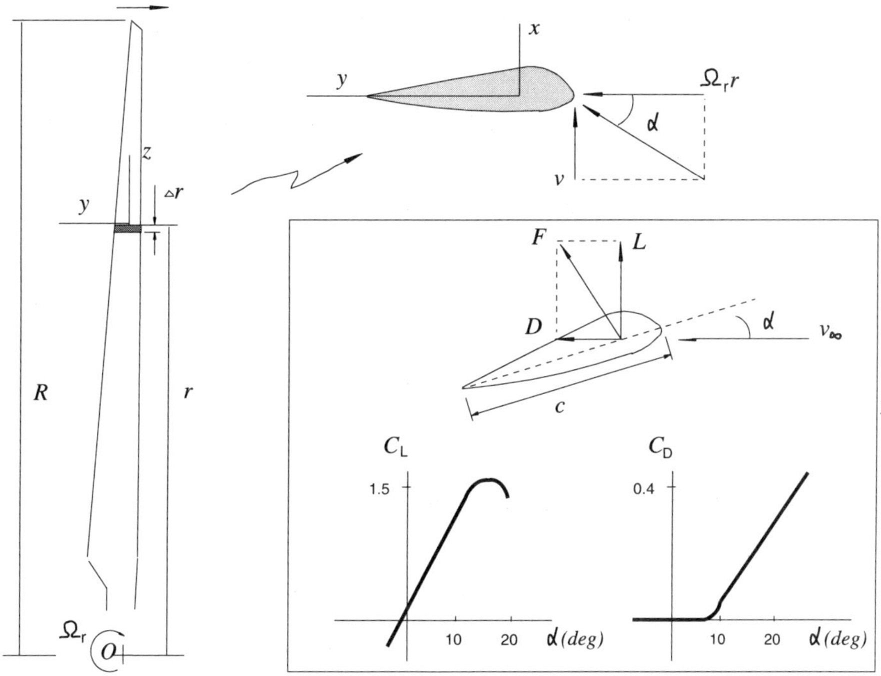

그림 1.10 풍력 터빈 블레이드 단면에 작용하는 공기역학적인 힘

같이 $x-y$ 평면에 존재한다. 이 때, 익형 단면에는 그림에 도시된 방향으로 바람이 불어오게 된다. 여기서, Ω_r는 블레이드 회전 속도, r은 회전 중심축에서 단면까지의 거리를 나타낸다. 따라서 $\Omega_r r$은 블레이드 회전으로 인한 바람의 속도 벡터($y-$축 방향) 그리고 v는 풍력 터빈으로 불어오는 바람속도 벡터($x-$축 방향)를 각각 나타낸다.

바람이 불면, 어떤 원리로 블레이드가 회전하게 되는 지 살펴보자. 어떤 물체가 바람 유동장 안에 놓여 있다면, 이 물체는 유체의 흐름을 방해하게 된다. 유체의 흐름을 방해하는 정도에 따라 유체도 이 물체에 힘을(즉, 그림 1.10의 상자 안에서 익형에 작용하는 힘 F) 가하게 된다. 따라서 외부에서 이 힘, F과 그 크기가 갖고 힘 작용방향이 반대인 힘을 물체에 가하여 평형상태를 만들지 못한다면, 이 물체는 그 위치를 유지하지 못 할 것이다. 그림 1.10의 네모상자 안에 표시된 바와 같이, 유체 흐름에 수직 방향 성분의 힘을 양력(lift, L), 그리고 수평방향 성분의 힘을 항력(drag, D)이라 한다. 이 힘들은 익형의 단면 형상뿐 아니라 유체의 흐름 특성에 의하여 그 크기가 변한다. 따라서 식(1-16), (1-17)과 같이 무차원 양력계수(lift coefficient, C_L)와 항력계수(drag coefficient, C_D)를 정의하면, 동일한 유체 흐름에 대한 익형의 효율을 표현할 수 있다. 즉,

$$C_L = \frac{L}{\rho v_\infty^2 S/2} \tag{1-16}$$

$$C_D = \frac{D}{\rho v_\infty^2 S/2} \tag{1-17}$$

여기서, S는 기준 면적을 의미하는데, 일반적으로 익형의 길이와 시위선 길이(그림 1.10에서 Δr와 c)간의 곱으로 표현한다. 그림 1.10에 도시되어 있지만, 특정 익형에 대한 C_L이나 C_D의 값은 받음각(angle of attack, α)에 따라 그 값이 변화된다. 여기서, 받음각이란 익형으로 불어오는 바람 속도 벡터의 방향을 나타내는 것으로, 그림 1.10에 그려져 있듯이 시위선과 바람 속도 벡터, v_∞가 이루는 각으로 정의된다. 양력계수는 받음각에 비례하여 그 크기가 거의 선형적으로 증가되지만, 받음각이 어느 일정한 각보다 커지게 되면 오히려 양력이 감소하게 된다. 이러한 현상을 실속(stall)이라 한다.

이제 다시 블레이드 단면에 작용하는 힘에 대하여 생각해 보자. 그림 1.11에 블레이드 단면에 작용하는 공기역학적인 힘(aerodynamic force)을 개략적으로 그려 보았다. 길이가 Δr인 미소체적 익형에 작용하는 양력과 항력의 합성력, ΔF을 블레이드의 회전방향(음의 y-축)으로의 힘, ΔF_r과 풍력 터빈 후면 방향(양의 x-축)으로의 힘, ΔF_t로 분해할 수 있다. 이때, 그림 1.10에서 알 수 있듯이, $r \times \Delta F_r$은 회전 중심축 O에서 거리 r만큼 떨어진 곳에 위치된, 길이가 Δr인 익형 단면에서 바람 에너지에 의하여 발생된 블레이드의 기계적 회전 모멘트가 된다. 한편, 힘 ΔF_t는 블레이드 단면에 작용하는 추력(thrust)이며, 바람에 의해 풍력 터빈이 뒤로 밀리는 힘을 나타낸다. 위의 논의

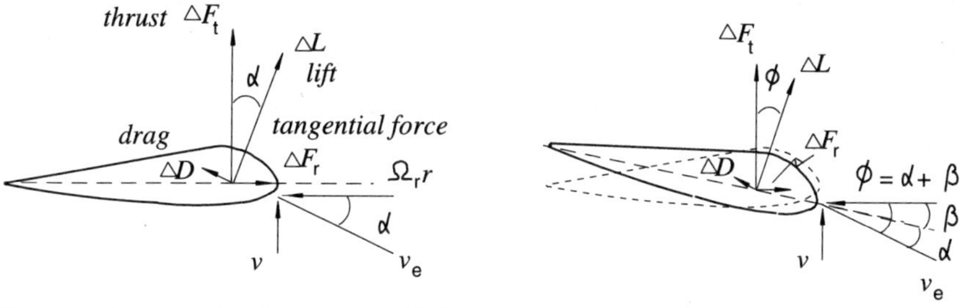

(A) thrust & tangential force (when β=0) (B) effect of blade pitching

그림 1.11 풍력터빈 블레이드 단면에 작용하는 공기역학적인 힘(F_r, F_t) 과 블레이드 피칭

를 블레이드를 구성하는 모든 단면에 대하여 적용하면, 그림 1.12에 도시된 바와 같이 블레이드 전체에 작용하는 두 힘, F_r과 F_t의 분포를 얻을 수 있다. 이제 풍력 터빈 회전날개에 의하여 회수되는 기계적 파워, P_{MECH}를 산출하여 보자. 그림 1.11(B)에 도시된 미소 체적의 익형에 작용하는 힘, ΔF_r과 ΔF_t는 식 (1-18)과 같이 주어진다.

$$\Delta F_r = \Delta L cos(90^o - \phi) - \Delta D cos\phi = \frac{1}{2} c\rho v_e^2 (C_L \sin\phi - C_D \cos\phi) \Delta r$$

$$\Delta F_t = \Delta L sin(90^o - \phi) + \Delta D sin\phi = \frac{1}{2} c\rho v_e^2 (C_L \cos\phi + C_D \sin\phi) \Delta r \quad (1\text{-}18)$$

여기서,

$$v_e = \sqrt{(\Omega_r r)^2 + v^2}$$

$$\phi = \tan^{-1}\left(\frac{v}{\Omega_r r}\right) = \alpha + \beta$$

뒤에서 다시 자세히 논의되겠지만, 잠시 블레이드 피칭(blade pitching)에 대하여 간략히 논의하자. 그림 1.11(A)의 조건에서 보면, 블레이드 단면에서의 받음각, α은 ϕ와 동일하다. 그러나 블레이드 전체를 시계방향으로 각도 β만큼 회전시키면, 그림 1.11(B)에 나타나 있듯이 블레이드 단면에서의 받음각은 변화된다. 즉, 블레이드 피칭에 의하여 블레이드 단면의 받음각을 조절할 수 있다. 식 (1-18)에서 C_L과 C_D는 받음각의 함수이므로, 미소 체적의 익형에 작용하는 힘, ΔF_r과 ΔF_t는 피치각, β의 함수가 된다. 회전 날개 1개에 의하여 회수되는 기계적 파워는 $\Delta r \rightarrow dr$의 미소 변화량 표현을 사용하면 식 (1-19)와 같이 된다.

$$\left(\int_0^R r dF_r\right)\Omega_r = \frac{1}{2}c\rho\Omega_r\int_0^R v_e^2(C_L\sin\phi - C_D\cos\phi)rdr \tag{1-19}$$

식 (1-19)에서 $v_e^2(C_L\sin\phi - C_D\cos\phi)$ 항이 적분기호 밖으로 빠져 나올 수 없는 데, 그 이유는 $v_e(=\sqrt{(\Omega_r r)^2+v^2})$, C_L, C_D, 그리고 α 모두 r의 함수이기 때문이다. 즉, 그림 1.10에 그려져 있는 익형 단면으로 오는 바람을 보면, 블레이드 끝단으로 갈수록 ($r \rightarrow R$), 바람 속도 v에 비하여 $\Omega_r r$의 크기가 상대적으로 커지므로, 받음각 α는 그 값이 점점 작아진다. 회전 날개(블레이드)가 3개인 풍력 터빈에 의하여 회수되는 기계적 파워, P_{MECH}는 식 (1-19)를 3배하면 된다. 즉,

$$P_{MECH} = \frac{3}{2}c\rho\Omega_r\int_0^R\left(v^2+(\Omega_r r)^2\right)(C_L\sin\phi - C_D\cos\phi)rdr \tag{1-20}$$

따라서, 식 (1-13)에서 정의된 출력파워 계수(power coefficient), C_P는 식 (1-21)로 다시 쓸 수 있다.

$$C_P = \frac{P_{MECH}}{\rho A v^3/2} = \frac{3c\Omega_r\int_0^R\left(v^2+(\Omega_r r)^2\right)(C_L\sin\phi - C_D\cos\phi)rdr}{\pi R^2 v^3} \tag{1-21}$$

위와 유사한 방법으로, 풍력 터빈이 바람에 의해 후방으로 밀리는 힘인, 추력 F_T도 계산할 수 있다. 즉,

$$F_T = 3\int_0^R dF_t = \frac{3}{2}c\rho\int_0^R\left(v^2+(\Omega_r r)^2\right)(C_L\cos\phi + C_D\sin\phi)dr \tag{1-22}$$

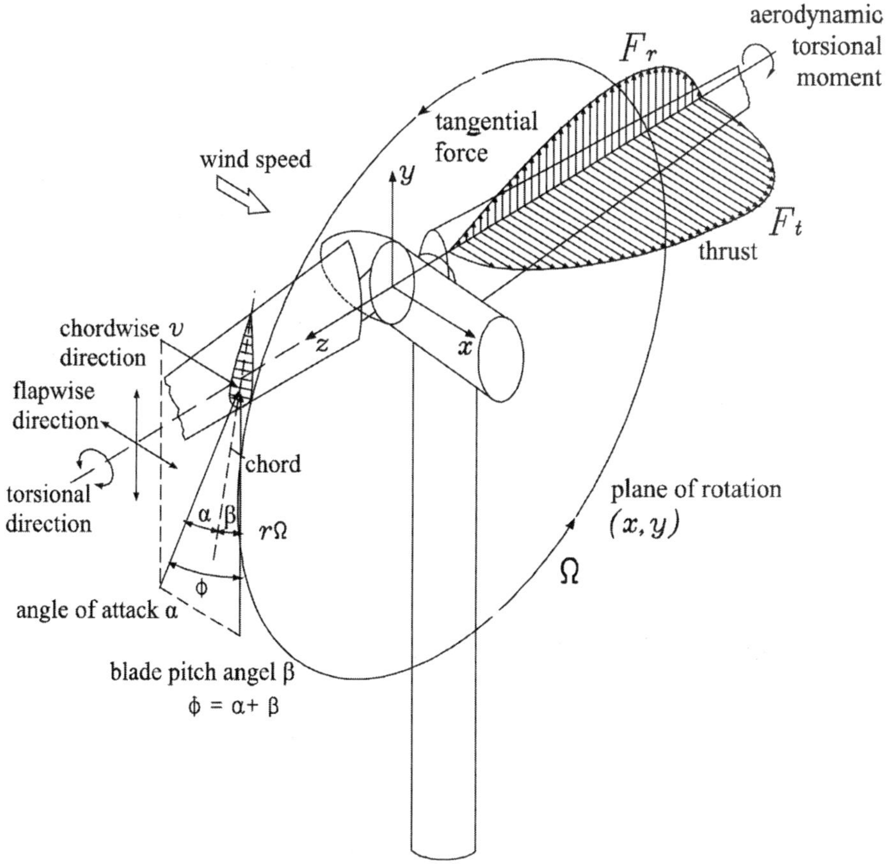

그림 1.12 풍력 터빈 블레이드 단면에 작용하는 공기역학적인 힘의 분포

마찬가지로 식 (1-12)에 상응하는 추력계수(thrust coefficient), C_T도 식 (1-23)으로 다시 쓸 수 있다.

$$C_T = \frac{F_T}{\rho A v^2/2} = \frac{3c\int_0^R \left(v^2 + (\Omega_r r)^2\right)\left(C_L \cos\phi + C_D \sin\phi\right)dr}{\pi R^2 v^2} \tag{1-23}$$

회전날개의 형상 그리고 블레이드 익형에 관한 공기역학적 특성이 알려져 있다면, 식 (1-21)과 (1-23)를 사용하여 출력파워 계수 C_P와 추력계수 C_T를 계산할 수 있는데, 그 결과는 회전날개의 회전 속도, Ω_r와 바람속도 v, 그리고 피치각 β의 함수가 된다.

지금까지의 논의는 회전 날개 주위의 와류 현상을 무시한 해석에 기초한다. 작용 반작용 원리를 생각하면, 바람에 의하여 회전 날개에 생성된 토크만큼, 회전 날개도 풍력 터빈을 통과하는 바람에 회전 토크를 가하게 된다는 것을 추정할 수 있다. 따라서 그림 1-9처럼 회전 날개를 통과하는 바람은 직진 운동과 회전 운동을 동시에 하게 된다. 직진 운동만이 고려된 식 (1-21)과 (1-23)는 이를 반영하여 적절히 수정되어야 한다[7]. MW 규모의 풍력 터빈에 대한 출력파워 계수 C_P와 추력계수 C_T 선도는 각각 그림 2.1과 2.2와 유사하다.

1.3 풍력 터빈의 출력 제어

바람의 파워는 식 (1-3)에서 유도되었듯이 풍속의 3제곱에 비례한다. 마찬가지로 풍력 터빈이 바람으로부터 회수할 수 있는 파워, P도 속도의 3제곱에 비례하게 된다. 즉,

$$P = C_P\left(\frac{1}{2}\rho A v^3\right) = \frac{C_P}{2}\rho\pi R^2 v^3 \tag{1-24}$$

그림 1.13은 바람속도, v와 풍력 터빈의 파워 출력, P간의 특성을 나타내는 파워 커브(power curve)이다. 여기서, v_{CI}는 풍력 터빈이 전력 생산을 하기 시작하는 최소 풍속을 의미하는 기동 풍속(cut-in speed), v_R은 정격 파워(rated power), P_{rated}를 생산하기 시작하는 정격 풍속(rated speed), 그리고 v_{CO}는 풍력 터빈의 출력 생산을 멈추는 차단 풍속(cut-out speed) 이다. 이 그림을 살펴보면, 풍력 터빈의 전력 생산은 두 가지 모드(mode)로 구성되어 있음을 알 수 있다. 즉, 풍속의 범위가 v_{CI}에서 v_R까지는 식 (1-24)

처럼 풍속의 3제곱에 비례한 전력을 생산하지만, v_R에서 v_{CO}까지는 풍속에 상관없이 일정한 전력, 즉 정격 출력을 생산한다. 이와 같은 파워 커브 설정은 식 (1-24)을 고려한다면 선뜻 이해되지 않는다. 즉, 정격 풍속보다 큰 풍속에 대하여 바람이 갖고 있는 에너지를 최대로 회수하려 하지 않고, 왜 일정한 크기의 전력 생산으로 제한하는가에 대한 의문이 생길 것이다.

그림 1.13과 같은 파워 커브는 풍력 터빈의 안전 작동과 경제성을 고려하여 설계된 것이다. 대부분의 풍력 터빈에 대하여 v_R은 대략 12m/s 근처로 선정된다. 다음 장에서 자세히 논의되겠지만, 1년 중 12m/s 이상으로 바람이 불 확률은 그렇게 크지 않다. 따라서 에너지 회수 관점에서 보면, v_R을 12m/s보다 크게 설정하는 것은 별로 의미가 없다. 만약, 그림 1.13과 같이 정격 전력으로 그 출력을 제한시키지 않고 식 (1-24)과 같은 형태로 전력을 회수하려면, 풍력 터빈의 각 부품은 구조적으로 매우 강하게 설계되어야 하며,

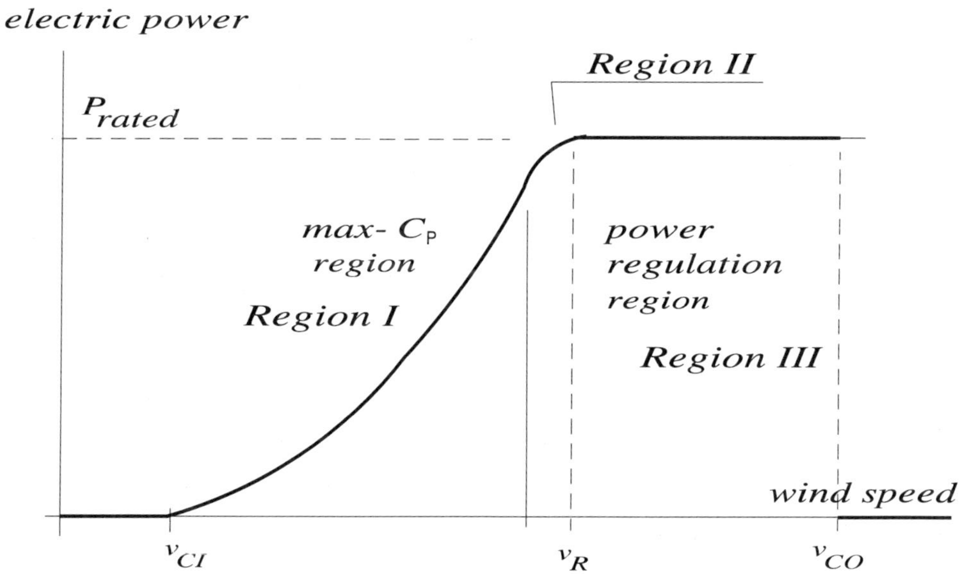

그림 1.13 풍력 터빈 파워 커브(power curve)

동시에 발전기(generator)의 한계 용량도 매우 크게 설계되어야 한다. 이러한 설계는 풍력 터빈의 제작 단가를 크게 높이는 반면, 에너지 회수 관점에 보면 앞서 설명한 이유로 그 효용성은 별로 없게 된다. 따라서 정격 풍속 v_R보다 빠른 바람에 대하여 그 출력을 제한시켜 풍력 터빈의 기계적 부하를 완화시키도록 설계된다.

그림 1.13에 도시된 바와 같이 풍력 터빈의 출력 제어 모드는, 크게 나누어 $\max - C_P$ 제어 모드(Region I)와 그리고 정격 파워 유지 모드(Region III), 그리고 두 모드 사이의 전환을 부드럽게 진행하기 위한 천이 모드(transition mode, Region II)로 구분된다.

1.3.1 max-C_p 제어 모드

$\max - C_P$ 제어 모드는 그림 1.13의 Region I 운전 조건에서 작동되는 제어 모드이다. 이 영역에서는 풍력 터빈의 효율이 최대가 되도록, 즉 바람이 갖고 있는 파워를 최대로 회수할 수 있도록 풍력 터빈이 제어된다. 즉, 풍력 터빈의 효율을 나타내는 출력파워 계수, C_P가 최대가 되도록 제어하여야 한다. 앞서도 논의되었지만, C_P는 풍속(v), 날개 회전속도(Ω_r), 그리고 피치각(β)의 함수이다.

제 2장에서 자세한 논의가 있겠지만, 대부분의 풍력 터빈은 그림 1.14 (A)처럼 $\beta = \beta_o = 0^o$ 그리고 $\lambda = \Omega_r R/v = \lambda_o$의 조건에서 최대 C_P 값을 갖게 된다. 즉, $\max - C_P$ 상태를 만들려면, 선단 속도비를 λ_o의 일정한 값으로 유지시켜야 한다. 풍속은 우리가 제어할 수 없는 량이다. 따라서 일정한 값의 선단 속도비, λ_o를 유지하려면, 풍속 변화에 비례하여 풍력 터빈의 날개 회전속도도 그림 1.14(B)의 하단부 처럼 선형적으로 변화시켜야 한다. $(\Omega_r = (\lambda_o/R)v)$ 이를 구현하기 위한 풍력 터빈의 제어 방식은 제 4장에서 자세히 논의된다.

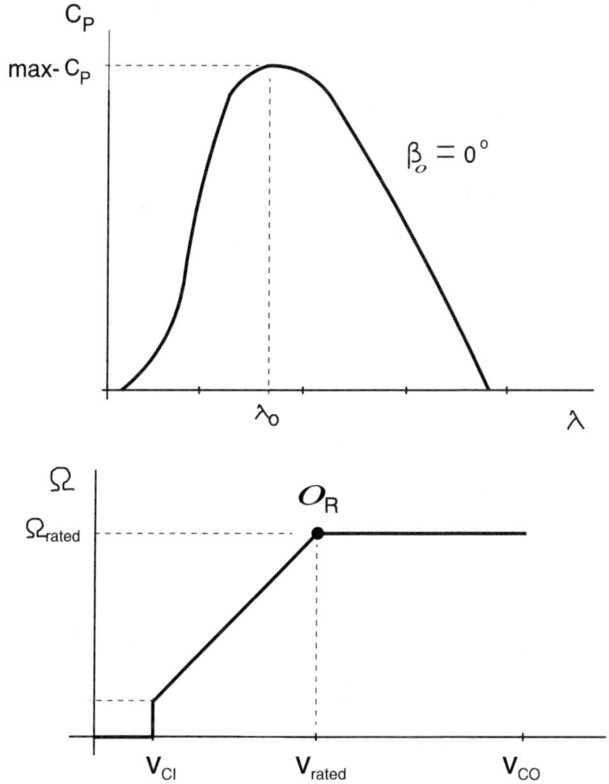

그림 1.14
max-C_P 조건과 풍력 터빈의 날개 회전속도 스케줄링

1.3.2 정격 파워 유지 모드

정격 풍속 이상에서는 풍력 터빈의 출력을 정격으로 제한시키는 기술이 필요한 데, 어떤 방법으로 이를 해결하는지 살펴보기로 하자. 정격 풍속 이상의 바람에 대하여 풍력 터빈의 출력을 정격 전력, P_{rated}로 일정하게 유지시키려면, 관계식 (1-25)가 성립하여야 한다.

$$P_{rated} = C_P\left(\frac{1}{2}\rho A v^3\right) = constant \rightarrow C_P \sim \frac{1}{v^3} \quad \text{for } v \geq v_R \tag{1-25}$$

즉, 정격 풍속 이상의 바람에 대하여, 풍력 터빈의 C_P는 풍속의 3제곱에 반비례하도록 조절되어야 한다. 즉, 정격 풍속이상에서는 C_P 값을 낮게 하여, 풍력 터빈의 에너지 회수 효율을 떨어 뜨려야 한다. 크게 나누어, 액추에이터를 사용하여 블레이드 피치각도를 조절하는 능동적인 방법(active control)과 블레이드 자체의 실속(stall) 현상을 이용하는 수동적인 방법(passive control)이 있다. 두 방법 모두, 기본적인 개념은 블레이드 단면이 맞게 되는 바람의 받음각을 조절하여 C_P 값을 작게 하는 것이다.

다시 그림 1.11과 식 (1-21)을 살펴보자. 이 그림에서 알 수 있듯이, 풍속(v)이 증가되거나 날개의 회전속도(Ω_r)가 감소되면, 블레이드 단면이 맞는 바람의 받음각(α)이 커지게 된다. 그러나 풍속이나 날개의 회전속도가 변하지 않더라도, 피치각(β)만을 조절해도 받음각을 변화시킬 수 있다는 것을 알 수 있을 것이다. 즉, 피치각을 변화시키면, 식 (1-21)에서 (α의 함수인) C_L과 C_D 값이 바뀌게 되고, 이에 따라 출력파워 계수, C_P의 값이 변화된다. 식 (1-21)과 그림 1.10을 살펴보면, C_P를 작게 만들 수 있는 두 가지 방법이 있음을 알 수 있게 된다.

그 하나는 받음각을 감소시켜 C_L 값을 작게 하여, 궁극적으로 C_P를 작게 만드는 방법이며, 또 하나는 받음각을 크게 만들어 실속 현상을 이용하는 것이다. 전자의 방법을 'pitch to feather' 방식, 그리고 후자를 'pitch to stall' 방식이라 부른다. 그림 1.15에 위의 두 방식의 원리를 개략적으로 나타내었다. 이 그림의 좌측은 정격 운전 조건(그림 1.14의 O_R 점)에서 블레이드 단면이 맞는 바람의 흐름을 그린 것이다. 풍속은 정격 풍속인 v_R이고 날개의 회전 속도는 Ω_{rated}, 그리고 피치각은 $\beta_o = 0^o$인 상태에서, 풍력 터빈은 정격 출력을 생산하고 있을 것이다. 이 때 풍속이 순간적으로 v_R보다 커졌다고 가정해 보자. 풍력 터빈에 대하여 어떤 조작도 하지 않는다면, 풍력 터빈의 파워는 풍속의 3제곱에 비례하므로, 풍력 터빈은 정격 출력보다 큰 파워를 생산하게 될 것이다. 그러나 그림 1.15의 중간 그림에 도시된 것처럼 블레이드 피치각을 증가시키게 되면, 받음각이 작아지게 되고, 이에 의하여 C_P가 감소되므로 풍력 터빈의 출력을 정격으로 유지할 수 있게 된다.

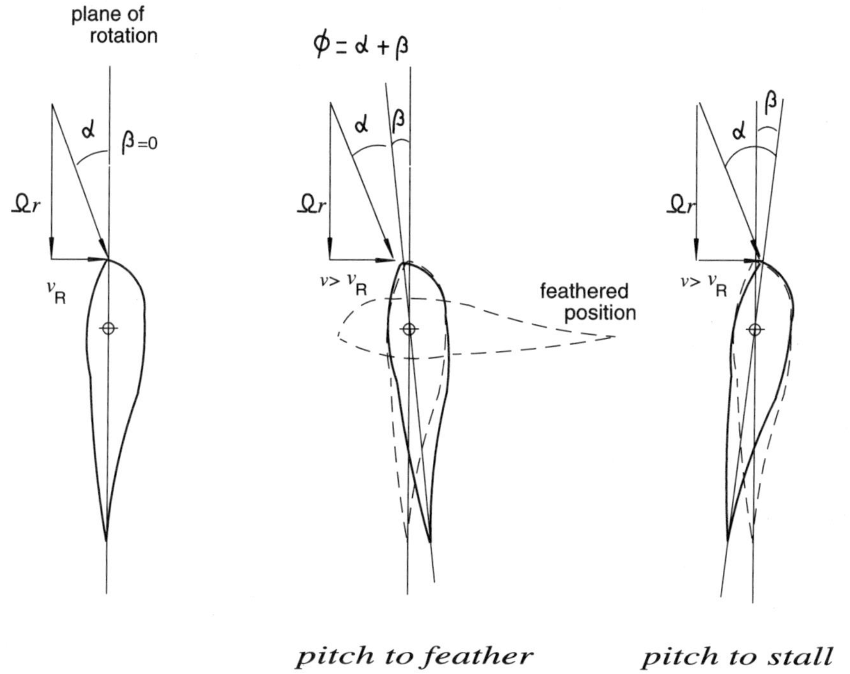

또

그림 1.15 정격 파워유지를 위한 'pitch to feather'와 'pitch to stall' 방식

다른 방법은, 이 그림의 우측에 도시된 대로 피치각의 회전을 반대로 하여, 회전 날개가 실속 상태에 빠지게 만드는 것이다. 또는, 블레이드의 형상을 적절하게 설계하면, 정격 풍속이상의 바람에 대하여 위에서 설명한 블레이드 피칭을 사용하지 않으면서, 공기역학적으로 실속 상태에 이르게 만들 수 있는데, 이 방법을 수동적 실속(passive stall) 출력 제어라 한다. 한편 위에서 설명한 'pitch to stall' 방식은 능동적 실속(active stall) 출력 제어라 부른다.

현재 생산되는 대부분의 MW규모 풍력 터빈은 'pitch to feather' 방식을 적용하여 풍력 터빈의 출력을 제어 한다. 실속 현상을 이용한 출력제어 방식은 풍력터빈에 미치는 기계적 스트레싱(stressing) 정도가 'pitch to feather' 방식보다 훨씬 크기 때문이다. 그림 1.10에 그려져 있는 $C_D - \alpha$ 선도를 관찰하면, 실속 영역에서 C_D 값은 매우 커지게 되는 것을 알 수 있다. 이에 따라 식 (1-23)의 추력 계수 C_T의 값이 커지게 되는데, 이는 풍력 터빈 구조물에 가해지는 기계적 부하의 크기가 증대된다는 것을 뜻한다. 풍력 터빈의 가해지는 기계적 스트레싱의 크기가 클수록 풍력 터빈의 수명은 더욱 빨리 단축된다.

1.4 바람

바람의 특성은 끊임없이 변한다. 어느 특정한 순간에 어떤 곳의 풍황 특성을 안다고 해서, 그 다음 순간의 바람 특성이 단정적으로 결정되지 않는다. 단지, 통계적인 방법을 활용하여 바람의 특성을 예측할 수 있을 뿐이다. 바람의 통계적 특성에 대한 연구는 1957년 van der Hoven에 의한 것이 주로 인용된다[8]. 그의 연구결과에 의하면, 바람은 지구상의 어느 곳이나 그림 1.16과 유사한 풍속 에너지 스펙트럼을 갖고 있다. 이 그림의 수평 축은 단위 시간당 바람 변화의 빈도수, f(cycles/hour)를 나타내며, 수직 축은 풍속의 파워 스펙트럼 밀도(power spectral density, PSD), $S_{vv}(f)$에 f를 곱한 양이다. 파워 스펙트럼 밀도의 의미에 대하여는 뒤에서 설명하기로 한다.

그림에서 보듯이 3개의 피크가 존재한다. 첫 번째 피크는 $f = 10^{-2}$cycles/hour의 빈도로 변하는 바람 성분과 연관이 있다. 이를 환산하면, 대략 4일 주기로 변하는 기압골 영향으로 발생되는 바람 성분임을 알 수 있다. 두 번째 피크는 $f = (0.8 - 0.9) \times 10^{-1}$ cycles/hour, 즉 12시간 주기의 바람 성분을 나타내는데, 낮과 밤의 기온변화에 따른 영향에 의한 것이다. 세 번째 피크는 $f = 50$ cycles/hour, 다시 말해서 1분 주기로 변하는 바람 성분을 의미하는데, 이것은 바로 난류(turbulence)를 뜻한다. 일반적으로 풍황 해석에서 10분을 기본단위로 하여 풍향이나 풍속, 또는 난류강도(turbulence intensity)등을 설정한다. 10분 주기는 그림 1.16에서 6 cycles/hour에 해당하는데, 10분을 단위로 풍황

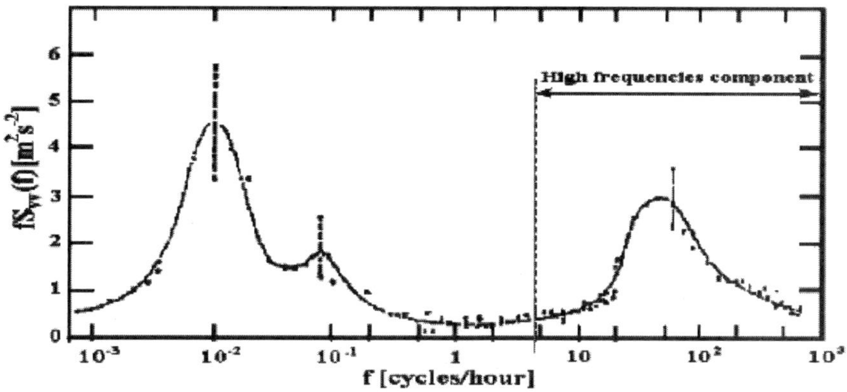

그림 1.16 van der Hoven의 바람 특성 스펙트럼

의 통계적 특성을 표현하면, 난류의 특성을 충분히 포함하여 나타낼 수 있게 된다. 실제와 유사한 바람을 사용하여 풍력 터빈 제어 시스템의 성능을 평가하는 것은 매우 중요하다. 난류 성분에 의한 제어 특성 변화, 구조물의 잔류 진동 영향 등의 해석이 가능하기 때문이다.

이 절에서 다룰 내용은 실제 바람과 유사한 바람을 생성하는 알고리즘에 관한 것이다. 이를 이해하려면, 랜덤 프로세스(random process)에 대한 지식이 어느 정도 필요하다.

1.4.1 랜덤 프로세스(random process)

시시각각으로 변하는 바람은 랜덤 프로세스라는 수학적 개념으로 표현할 수 있다. 동전을 던지면, 앞면이 나오는 사건(event)이 일어나든지, 또는 뒷면이 나오는 사건이 발생된다. 이러한 작업을 5번 연속으로 한다고 생각하자. 또한, 앞면이 나오는 사건은 1, 그리고 뒷면이 나오는 사건은 0으로 대응시켜 보자. 각각의 시행은 아마도 다음과 비슷한 숫자의 나열이 될 것이다.

1, 0, 0, 1, 1

0, 1, 0, 1, 0

1, 1, 0, 1, 0

…

여기서, 각 사건에 대응되는 변수를 랜덤변수(random variable)라 부르는데, 이 예제의 경우 랜덤변수는 0 또는 1의 값만을 갖는 이산(discrete) 랜덤 변수이다. 랜덤 변수가 연속적인 값을 갖게 되면 이를 연속(continuous) 랜덤 변수라 한다. 예를 들어, 어느 특정 장소에서의 풍속을 랜덤 변수로 이해한다면, 풍속은 연속적인 값을 갖기 때문에 연속 랜덤 변수이다. 한편, 위의 예처럼 동전을 5회 던져서 발생된 랜덤 변수의 집합, 즉 랜덤 변수의 순차(sequence)를 랜덤 프로세스라 부른다. 어느 특정 장소에서 일정시간 동안 계측된 풍속 데이터도 랜덤 프로세스로 이해될 수 있다.

랜덤 변수 x가 특정한 값 x_0일 확률을 확률 밀도함수(probability density function, PDF)라 부르며, $P(x_0)$로 표기한다. 보통 PDF는 식 (1-26)과 같은 Gaussian 분포함수로 표현되는데, 그 이유는 단지 2개만의 통계값, 즉 평균과 표준편차만으로 랜덤 변수의 특성이 기술될 수 있기 때문이다.

$$P(x) = \frac{1}{\sqrt{2\pi}}\frac{1}{\sigma_x}e^{-\frac{(x-\bar{x})^2}{2\sigma_x^2}} \tag{1-26}$$

여기서, $\bar{x}$와 σ_x는 랜덤 변수 x의 평균(mean)과 표준편차(standard deviation)를 뜻하며, 이들은 각각 식 (1-27)로 정의된다.

$$\bar{x} = E(x) = \int_{-\infty}^{\infty} xP(x)dx \tag{1-27}$$

$$\sigma_x = E\{(x-\bar{x})^2\} = \int_{-\infty}^{\infty} (x-\bar{x})^2 P(x)dx$$

랜덤 변수 x가 x_0이하의 값을 가질 확률을 누적분포함수(cumulative distribution function, CDF)라고 부르며, $F(x_0)$로 표기한다.

$$F(x_0) = \int_{-\infty}^{\infty} P(x)dx \tag{1-28}$$

식 (1-27)에 의한 평균과 표준편차 계산은 이론적 간편성을 갖는다. 그러나 실제 랜덤 프로세스에 대하여 $P(x)$를 구하는 것이 매우 어려운 일이기에 이 식은 거의 쓸모없는 식이며, 뒤에서 다룰 에르고딕 가설(ergodic hypothesis)을 이용하여 이들을 구하게 된다. 그러면, 평균과 표준편차가 서로 같은 두 개의 랜덤 프로세스는 서로 동일한 프로세스인가?

그림 1.17에 그려진 두 개의 랜덤 프로세스에 대한 평균은 각각 0이며, 표준편차도 각각 3.5로 모두 동일하다. 그러나 두 신호의 파형은 확연하게 서로 다르다. 평균과 표준편차와 함께, 자기상관함수(autocorrelation function), $\phi_{xx}(\tau)$를 사용하면, 위의 모호성을 해결할 수 있다[9]. 자기상관함수는 아래의 식으로 정의된다. 랜덤 프로세스, $x(t)$의 자기상관함수는 원래의 랜덤 프로세스와 τ만큼 떨어져 있는 랜덤 프로세스의 곱을 평균한 것인데, 이를 얻으려면 n회 시행된 랜덤 프로세스, $x(t)$들의 집합이 필요하다. 물론 시행회수, n를 무한히 크게 할수록 그 평균은 점점 정확한 값으로 수렴할 것이다.

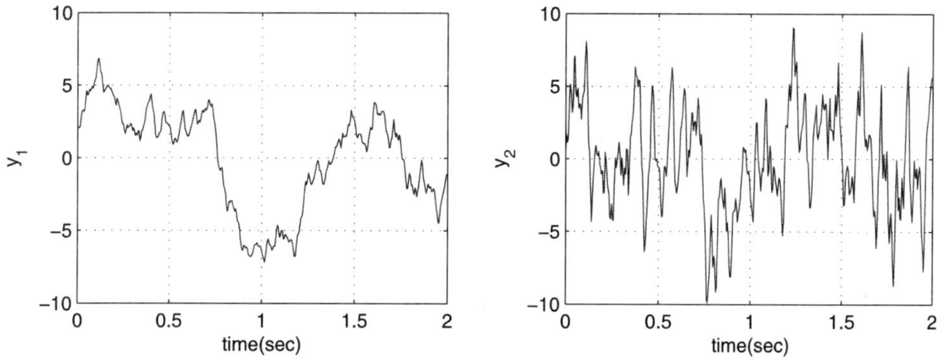

그림 1.17 평균과 표준편차가 서로 거의 같은 두 개의 랜덤 프로세스

이러한 방법으로 평균값을 계산하는 것은 ∞개 랜덤 프로세스들의 집합이 필요하므로 현실적으로 매우 거북하다. 이를 계산하는 실용적인 방법은 에르고딕 가설을 이용하는 것이다. 이에 의하면, 어느 랜덤 프로세스에 대한 통계적 특성은 이 프로세스를 오랜 시간 관찰한 결과로부터 얻어질 수 있다는 것이다.

$$\phi_{xx}(\tau) = E\{x(t)x(t+\tau)\} \tag{1-29}$$

이 가설이 성립한다면, 자기상관함수는 ∞개의 랜덤 프로세스들에 대한 평균 대신에 하나의 랜덤 프로세스에 대한 시간평균으로 구할 수 있다. 즉,

$$\phi_{xx}(\tau) = E\{x(t)x(t+\tau)\} = \lim_{T\to\infty}\frac{1}{2T}\int_{-T}^{T} x(t)x(t+\tau)dt \tag{1-30}$$

이제 그림 1.18에 그려진 랜덤 프로세스들을 예로 하여, 자기상관함수의 일반적 특성을 유추하여 보자. τ가 커질수록 $x(t)$와 $x(t+\tau)$는 서로 관련성이 없어지므로 $\phi_{xx}(\tau)$의 값은 0으로 근접하게 되며, $\tau\to 0$일수록 두 프로세스는 동일하므로 $\phi_{xx}(\tau)$는 그 값이 최대로 접근한다. 자기상관함수의 Fourier 변환을 파워 스펙트럼 밀도(power spectral density, PSD), $\Phi_{xx}(\omega)$라 하며, 이것은 랜덤 프로세스의 자기상관 정도를 주파수 영역에서 표현한다.

$$\Phi_{xx}(\omega) = \int_{-\infty}^{\infty} \phi_{xx}(\tau)e^{-j\omega\tau}d\tau \tag{1-31}$$

따라서 파워 스펙트럼 밀도 (PSD)를 Fourier 역변환하면, 자기상관함수가 된다.

$$\phi_{xx}(\tau) = \frac{1}{2\pi}\int_{-\infty}^{\infty} \Phi_{xx}(\omega)e^{j\omega\tau}d\omega \tag{1-32}$$

그림 1.18에 도시된, 특성이 서로 다른 두 랜덤 프로세스에 대한 자기상관함수와 파워 스펙트럼 밀도(PSD)가 어떻게 서로 다른지 비교해 보라.

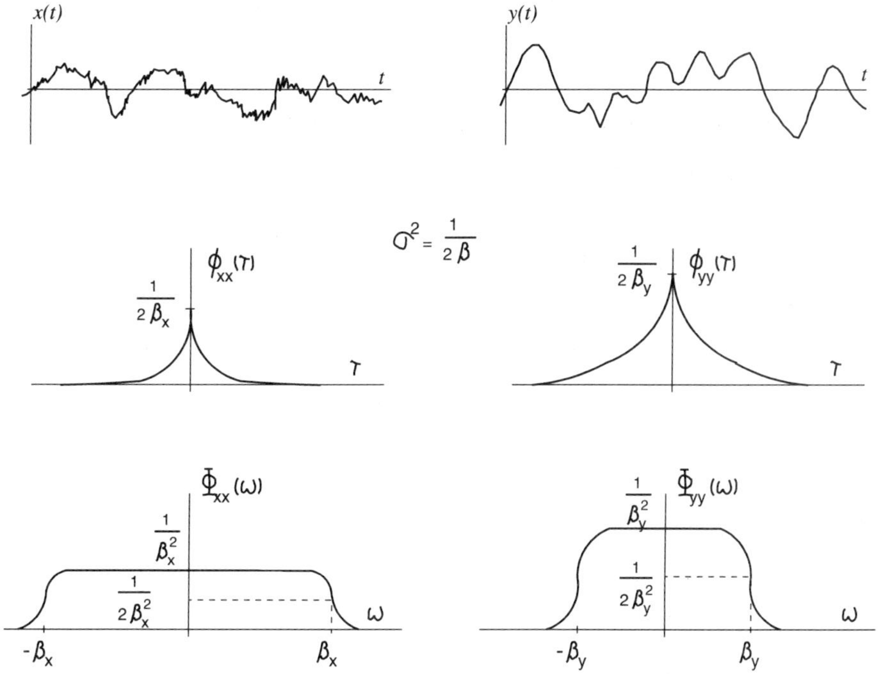

그림 1.18 자기상관 특성이 서로 다른 2개 랜덤 프로세스에 대한 autocorrelation과 PSD

이제 파워 스펙트럼 밀도, $\Phi_{xx}(\omega)$의 값이 상수가 되는 랜덤 프로세스, 즉 백색 잡음 (white noise)에 대하여 알아보자. 백색 잡음의 파워 스펙트럼 밀도와 자기상관함수는 식 (1-33)과 같이 주어진다.

$$\Phi_{xx}(\omega) = \Phi_0 \tag{1-33}$$
$$\phi_{xx}(\tau) = \frac{1}{2\pi}\int_{-\infty}^{\infty} \Phi_0 e^{j\omega\tau} d\omega = \Phi_0 \delta(t)$$

식(1-33)과 (1-29)로부터 다음의 결과를 얻을 수 있다.

$$\phi_{xx}(0) = E\{(x(t))^2\} = \frac{1}{2\pi}\int_{-\infty}^{\infty} \Phi_0 d\omega = \infty \tag{1-34}$$

위의 논의를 정리하면, 백색 잡음에 관하여 다음과 같은 특성이 있음을 알 수 있다.

(1) $\phi_{xx}(\tau)=\Phi_0\delta(t)$이므로, 백색 잡음은 그 자체가 독립적인 랜덤 프로세스(independent random process)이다. 과거의 백색 잡음은 현재의 백색 잡음 값을 추정하는 데 전혀 관련이 없다.

(2) $\phi_{xx}(0)=E\{(x(t))^2\}=\infty$이므로, 백색 잡음이 갖는 에너지가 ∞라는 비 현실적인 결론에 도달하는 데, 이는 백색 잡음은 수학적으로만 정의되는 신호라는 것을 뜻한다.

(3) 백색 잡음은 모든 주파수에서 일정한 에너지를 갖는다. 즉, 파워 스펙트럼 밀도(PSD)가 상수인데, 이것을 전 주파수 대역에 대하여 적분하면, 그 결과는 역시 ∞가 된다.

이제부터 앞의 모든 논의를 종합하여 Markov 프로세스에 대하여 알아보자. 대부분의 자연현상으로 나타나는 랜덤 프로세스는 1차 Markov 프로세스로 모델링 할 수 있다. 뒤에서 언급되지만 바람의 난류 특성도 결국 1차 Markov 프로세스 꼴로 표현될 수 있다. 어떤 랜덤 변수(random variable, RV) x가 바로 1개 전 단계의 정보(information)에 의해서만 결정될 때, 이를 1차 Markov 프로세스라 한다. 수학적으로는 아래와 같은 1차 미분방정식에 의하여 생성되는 x를 1차 Markov 프로세스라 한다[10].

$$\frac{dx}{dt}+\beta_1 x=w \tag{1-35}$$

여기서, w는 백색 잡음을 나타낸다. 이제 랜덤 변수 $x(t)$를 시간 T 간격으로 샘플링 했다고 가정해 보자. $x_k=x(kT)$의 표현을 쓰면, 위의 1차 미분 방정식 (1-36) 같이 1차 차분방정식으로 근사화시킬 수 있다.

$$\begin{aligned}\frac{dx}{dt}+\beta_1 x &\simeq \frac{x_k-x_{k-1}}{t_k-t_{k-1}}+\beta_1 x_k=\frac{x_k-x_{k-1}}{T}+\beta_1 x_k=w_k\\ &\rightarrow x_k\simeq\frac{1}{1+\beta_1 T}x_{k-1}+\frac{T}{1+\beta_1 T}w_k\end{aligned} \tag{1-36}$$

식 (1-36)에서 볼 수 있듯이, x_k는 바로 전 단계의 샘플인 x_{k-1}에 의해서만 결정된다. 즉, 백색 잡음을 1차 필터에 입력시킬 때 그 출력 신호는 1차 Markov 프로세스가 된다. 동일한 추론에 의하여 백색 잡음을 n차 필터링하면 n차 Markov 프로세스가 된다.

이제 1차 Markov 프로세스에 대한 자기상관함수와 파워 스펙트럼 밀도를 구해 보자. 그림 1.19와 같이 전달함수 $G(s)$를 갖는 동적 시스템을 고려해 보자. 만약 입력 신호, $u(t)$가 결정론적인(deterministic) 신호라면, 입출력 신호간의 관계는 식 (1-37)로 표현된다.

$$X(s) = G(s)U(s) = \frac{1}{s+\beta_1}U(s) \tag{1-37}$$

그러면, 그 특성이 확률 통계적으로만 표현 가능한 랜덤 프로세스가 입력된다면, 그 출력은 어떻게 될까? 식 (1-37)에 대응하는 입출력 관계는 입출력 신호의 파워 스펙트럼 밀도간의 관계식으로 표현된다. 즉,

$$\Phi_{xx}(\omega) = |G(j\omega)|^2\Phi_{uu}(\omega) = G(j\omega)G(-j\omega)\Phi_{uu}(\omega) \tag{1-38}$$

$\Phi_{uu}(\omega)=1$인 백색 잡음에 의하여 생성되는 1차 Markov 프로세스 $x(t)$에 대한 PSD는 식 (1-37)로 주어진다.

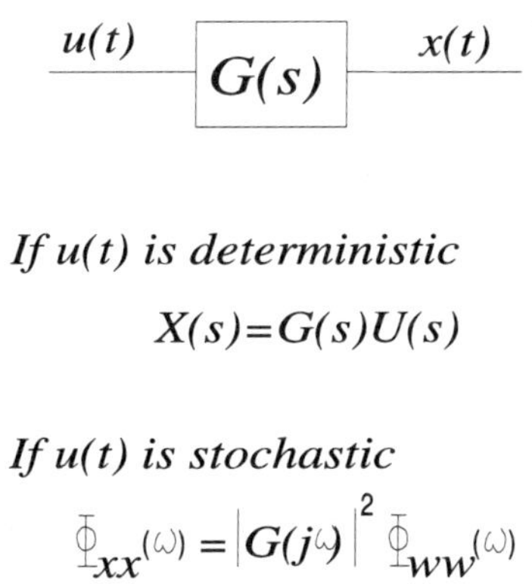

그림 1.19
동적 시스템 $G(s)$의 입출력 관계

$$\Phi_{xx}(\omega) = \frac{1}{j\omega + \beta_1} \frac{1}{-j\omega + \beta_1} = \frac{1}{\omega^2 + \beta_1^2} \tag{1-39}$$

따라서 1차 Markov 프로세스에 대한 자기상관함수는 $\Phi_{xx}(\omega)$를 Fourier 역변환 하여 구할 수 있다.

$$\phi_{xx}(\tau) = \frac{1}{2\pi} \int_{-\infty}^{\infty} \Phi_{xx}(\omega) e^{j\omega\tau} d\omega = \frac{1}{2\pi} \int_{-\infty}^{\infty} \frac{1}{\omega^2 + \beta_1^2} e^{j\omega\tau} d\omega = \frac{1}{2\beta_1} e^{-\beta_1 |\tau|} \tag{1-40}$$

1.4.2 바람 특성의 통계적 표현

어떤 장소의 특정 높이에서 년간 평균 풍속이 알려져 있다면, 이 장소의 동일 높이에서의 풍속에 대한 확률밀도함수로서 식 (1-41)의 Rayleigh 함수를 사용하는 것을 권장한다[11].

$$P(v) = \frac{\pi}{2} \frac{v}{(\bar{v})^2} e^{-\frac{\pi}{4}\left(\frac{v}{\bar{v}}\right)^2} \tag{1-41}$$

여기서,

$\bar{v}$= 어떤 장소, 특정 높이에서의 년간 평균 풍속
v= 동일 장소, 동일 높이에서의 풍속
$P(v)$= 풍속 v의 바람이 불 확률

식 (1-41)로부터 풍속의 누적분포함수를 구할 수 있다.

$$F(v) = \int_0^v P(v) dv = 1 - e^{-\frac{\pi}{4}\left(\frac{v}{\bar{v}}\right)^2} \tag{1-42}$$

여기서, $F(v)|_{v=5(m/s)}$의 값이 의미하는 바는 년간 풍속이 $\bar{v}$인 어느 장소에 대하여 특정 순간의 풍속이 5m/s 이하가 될 확률을 뜻한다. 위의 Rayleigh 확률밀도함수는 식 (1-43)으로 표시되는 Weibull 함수에서 $k=2$인 특수한 경우이다.

$$P(v) = \frac{k}{A}\left(\frac{v}{A}\right)^{k-1} e^{-\left(\frac{v}{A}\right)^k} \tag{1-43}$$

동일한 장소라도 풍속은 높이에 따라서 변화하며, 이 변화율을 wind shear라 부르고, 다음 식(1-44)로 근사화 할 수 있다.

$$v(z) = v_0\left(\frac{z}{z_0}\right)^{\alpha} \tag{1-44}$$

여기서,

v_0= 높이 z_0에서의 풍속

α= wind shear 계수

수초에서 수분 단위로 변하는 풍속의 교란을 난류(turbulence)라 하는데, 이것은 풍력 터빈에 기계적 스트레싱(stressing)이나 생산 전력의 품질에 좋지 않은 영향을 미친다. 난류 특성은 통계학적 표현으로 기술할 수 있는데, Von Karman 스펙트럼, 또는 Kaimal 스펙트럼이 일반적으로 사용된다. 여기서는 Von Karman 스펙트럼에 한정하여 논의한다. 난류도 일종의 랜덤 프로세스로 표현할 수 있으며, 식 (1-49)와 같은 파워 스펙트럼 밀도를 갖는다.

$$\Phi_{vv}(\omega) = \frac{0.475\sigma_{TI}^2 \dfrac{L}{v}}{\left\{1+\left(\dfrac{L}{v}\omega\right)^2\right\}^{\frac{5}{6}}} \tag{1-45}$$

여기서,

σ_{TI}= 풍속의 난류강도[3](turbulence intensity)

L= 지형 변화 계수

이제 식 (1-45)을 (1-39)의 1차 Markov 프로세스에 대한 파워 스펙트럼 밀도와 비

---

3) 난류 강도= (풍속의 표준편차)/(평균 풍속), 모두 10분간의 풍속 데이터를 기준으로 계산

표 1.1 지형에 따른 식 (1-45)의 데이터 변화

구분	L(meter)	σ_{TI}	비고
복잡 지형 (complex terrain)	200 - 500	0.15 - 0.25	
단순 지형(flat topology)	100 - 200	0.1 - 0.15	해상

교하면, $\beta_1 = \dfrac{v}{L}$의 근사적 관계를 유추할 수 있다. 표 1.1를 참조하면, 동일한 평균풍속 조건에 대하여, 단순 지형과 비교할 때 복잡 지형에서는 β_1 값은 작고, σ_{TI} 값은 크게 됨을 알 수 있다. 따라서 표 1.1이 의미하는 바는 대관령 지역과 같은 복잡 지형의 바람은 제주도 해상과 같은 단순 지형의 바람과 비교할 때, 동일한 평균 풍속이라면 풍속 변화의 빈도(주파수)는 작고, 풍속 변화의 크기는 더 크게 된다는 것을 뜻한다.

1.4.3 바람생성 알고리즘

이제 바람 생성 알고리즘에 대하여 논의해 보자. 여기서 인용한 바람 생성 방법은 Nichita가 제안한 알고리즘을 그대로 사용한 것이다[12]. 그림 1.16의 van der Hoven 스펙트럼은 풍속 변화의 빈도를 나타낸다. 따라서 평균 풍속이 주어진다면, 이 스펙트럼을 이용하여 바람을 생성할 수 있다. 그러나 이 방법의 단점은 난류의 크기를 조절할 수 없다는 것이다. 이러한 난점을 해결하기 위하여, van der Hoven 모델과 Von Karman의 난류 모델을 결합한다. 즉, 수 분 이상의 주기를 갖는 바람은 van der Hoven 스펙트럼을 이용하고, 수 분 이하의 주기를 갖는 난류 성분은 Von Karman 난류 모델을 사용하여 재현한다.

그림 1.20 은 이 방법을 설명하는 개념도이다. 3 cycles/hour 보다 낮은 주파수의 바람, $v_{Hov}(t)$은 식 (1-46)으로 결정된다.

$$v_{Hov}(t) = \bar{v} + \sum_{i=1}^{21} v_i \cos(\omega_i t + \phi_i) \tag{1-46}$$

여기서,

$$v_i = \frac{2}{\pi}\sqrt{\frac{S_{vv}(\omega_{i-1}) + S_{vv}(\omega_i)}{2}(\omega_i - \omega_{i-1})}$$

$\phi_i = [-\pi \quad \pi]$ 구간에서 균일분포를 갖는 랜덤 변수

$$\omega_i = 1\times10^{-2}, 2\times10^{-2}, \cdots, 9\times10^{-2}, 1\times10^{-1}, \cdots, 9\times10^{-1}, 1, 2, 3$$

한편, 3 cycles/hour 이상의 주파수 성분을 갖는 바람은 Von Karman 난류 스펙트럼에 의하여 재현된다. 앞선 논의를 상기하면, 식 (1-47)로 주어지는 필터에 백색 잡음을

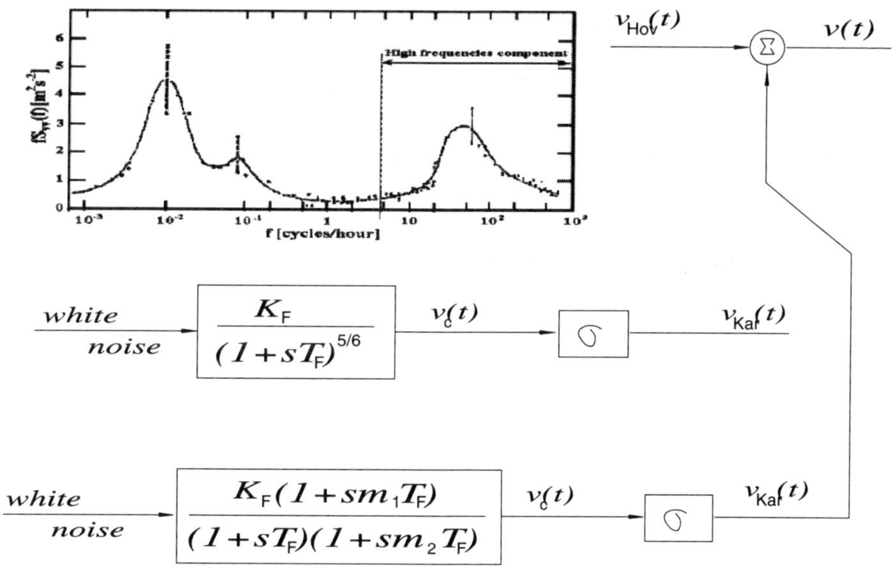

그림 1.20 바람 생성 알고리즘 개략도

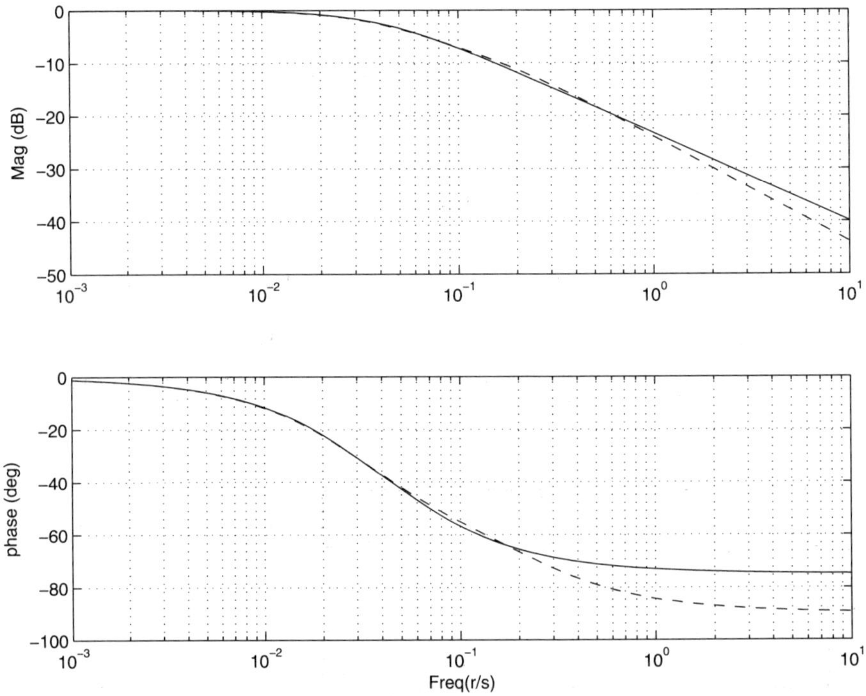

그림 1.21 식 (1-48)의 근사식에 대한 주파수 응답

인가하면 바람의 난류 성분을 얻을 수 있다.

$$H_F(s) = \frac{K_F}{(1+T_F s)^{5/6}} \tag{1-47}$$

여기서,

$$K_F = \sqrt{0.475\sigma_{TI}^2 L/\overline{v}}\,,$$

$$T_F = L/\overline{v}$$

그러나 위 식은 분모의 차수가 5/6승으로 표현되기 때문에 계산상 거북한 식이다.

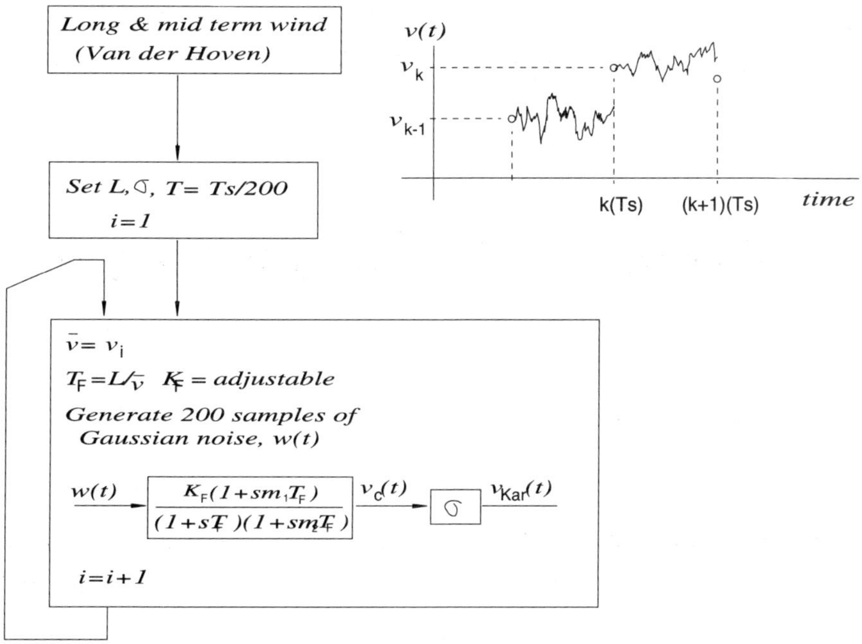

그림 1.22　바람 생성 알고리즘의 개략도

식 (1-47)의 근사식은 식 (1-48)로 나타낼 수 있는데, 두 전달함수의 주파수 응답을 도시한 그림 1.21로부터 두 식의 특성은 거의 유사함을 확인할 수 있다. 이 그림에서 점선으로 표시된 주파수 응답이 식 (1-48)에 의한 것이다.

$$H_F(s) = \frac{K_F}{(1+T_F s)^{5/6}} \cong \frac{K_F(m_1 T_F s + 1)}{(T_F s + 1)(m_2 T_F s + 1)} \tag{1-48}$$

그림 1.22에 바람 생성에 대한 개략도를 나타냈다. 이 그림에 나타난 바와 같이, 바람 생성을 위하여 다음에 설명된 두 단계의 신호처리가 요구된다.

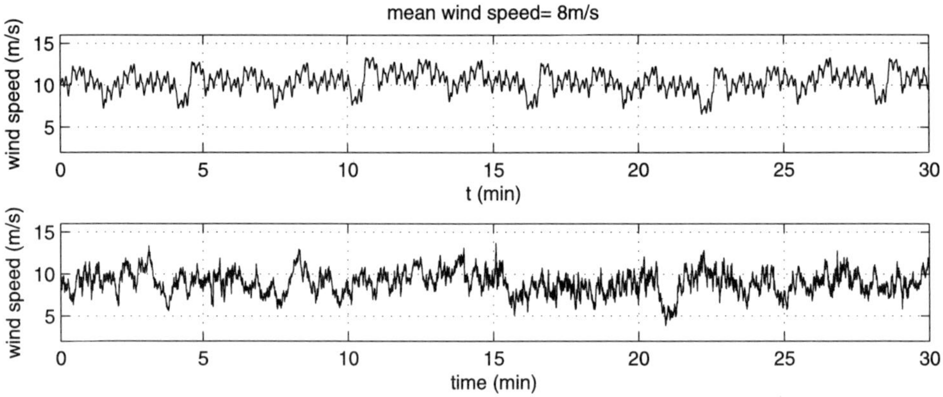

그림 1.23 van der Hoven과 Von Karman 모델로 생성된 바람 데이터.

단계 1 : 먼저 식 (1-46)을 이용하여 느린 주파수 성분의 바람을 생성한다. 이 단계에서 필요한 입력은 평균 풍속($\overline{v}$), 샘플링 시간(T_S), 그리고 총 재현 시간이다. T_S를 40초로 선정하는 것은 충분히 적절한 것인가? 식 (1-46)을 사용하여 얻어진 바람의 최대 주파수 성분이 3 cycles/hour = 8.33×10^{-4}Hz이므로, Nyquist 샘플링 정리를 만족하는 최대 샘플링 시간은 600초가 된다. 따라서 40초 샘플링 시간은 충분히 적절하다. 바람 데이터 생성을 위한 총 재현시간을 정하고, 식 (1-46)을 이용하여 van der Hoven 스펙트럼에 의거한 바람 데이터를 생성한다. 그림 1.23의 첫 번째 그림은 이 방법을 활용하여 생성한 평균 풍속 8m/s의 바람이다.

단계 2 : 단계 1에서 생성한 40초 간격의 바람 데이터들 사이에 Von Karman 난류 스펙트럼에 의한 난류 데이터를 삽입하는 단계이다. 총 200개의 데이터를 생성하므로, 이 단계에서의 샘플링 시간은 $T = T_S/200 = 40/200 = 0.2$초가 된다. 미리 생성된 200개의 백색 잡음을 식 (1-48) 필터에 입력시키고, 그림 1.22에서 σ를 조절하여 바람의 표준 편차 량을 조절한다. 이와 같이 총 200개의 데이터 생성이 완료되면, 식 (1-46)을 사용하여 생성된 다음 데이터에 대하여 동일한 방법으로 200개의 데이터를 산출한다. 이 방식을 반복적으로 계속 적용하면, 모든 난류 데이터를 생성시킬 수 있다. 그림 1.23의 두 번째 그림은 위 방법을 적용하여 생성시킨 바람 데이터를 나타낸다. 생성된 바람은 평균 풍속이 8m/s, 그리고 난류 강도가 15%인 바람이다. 위의 알고리즘에서 평균 풍속과 그림 1.22의 σ값을 조절함으로서, 원하는 바람을 생성시킬 수 있다.

1.4.4 바람과 풍력 터빈과의 간섭

풍력 터빈으로 불어오는 바람은 그림 1.23처럼 1차원적이지 않다. 즉, 풍속은 3차원 공간상의 벡터이며, 식 (1-49)과 같이 표현할 수 있다.

$$v(\mathbf{x},t) = v_x(\mathbf{x},t)i + v_y(\mathbf{x},t)j + v_z(\mathbf{x},t)k \tag{1-49}$$

여기서,

i, j, k= 공간 기준 좌표계에 있어서 각 방향 단위 벡터

$\mathbf{x}$= 공간상의 한 점(좌표)

v_x= $x-$방향 (풍력 터빈 전후 방향)으로의 풍속 성분

v_y= $y-$방향 (풍력 터빈 옆 방향)으로의 풍속 성분

v_z= $z-$방향 (풍력 터빈 높이 방향)으로의 풍속 성분

바람 장(wind field)에서의 좌표 $\mathbf{x}$가 다르면, 풍속 벡터 $v(\mathbf{x},t)$도 그 값이 변한다. 이러한 3차원 풍속 데이터를 생성하려면, 식 (1-44)의 wind shear 효과, 바람과 타워와의 간섭, 그리고 3-축 각 방향으로의 난류 특성을 모두 고려하여야 한다. 그림 1.24는 풍력 터빈 허브 높이에서의 3차원 풍속 벡터 $v(\mathbf{x},t)$를 각 방향 성분으로 분해하여 도시한 것이다. 이 그림의 첫 번째 창에 도시된 것은 풍력 터빈 쪽으로 불어오는 바람 $v_x(\mathbf{x},t)$을 나타내는데, 평균 풍속이 13.9m/s, 그리고 TI(turbulence intensity, 난류 강도)가 15%인 바람이다. 또한, 두 번째 및 세 번째 창에 도시된 것은 $v(\mathbf{x},t)$의 $y-$방향 그리고 $z-$방향 바람이다. 각 방향으로 0m/s의 평균 풍속과 5%의 TI 특성을 갖도록 생성된 바람이다.

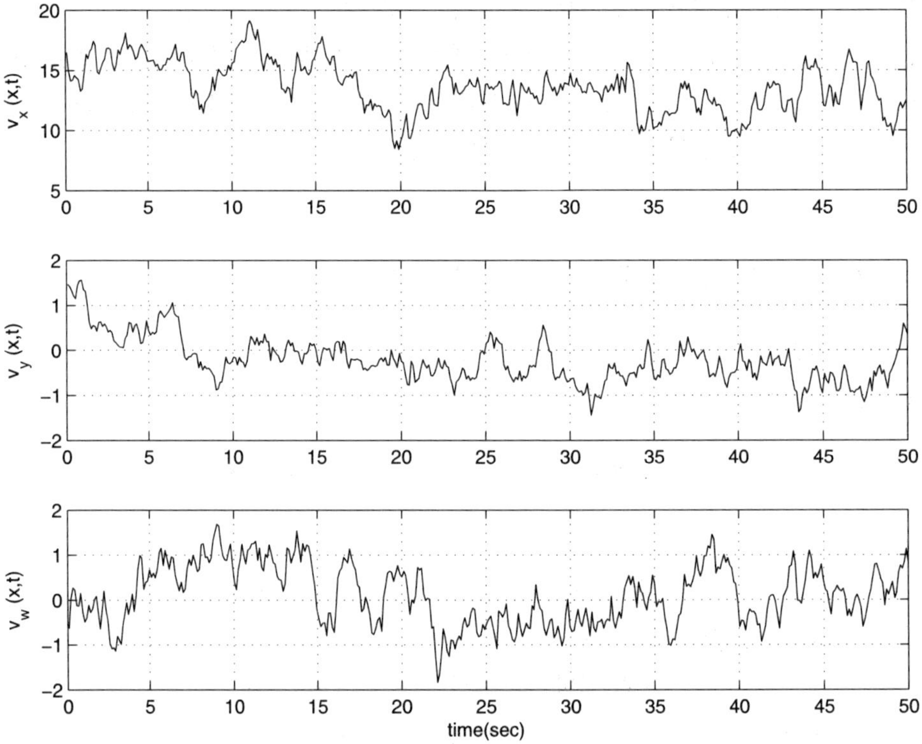

그림 1.24　풍력 터빈 허브 높이에서의 바람 벡터 $v(\mathbf{x},t)$

이제 바람 장(wind field)에서 높이 변화에 따른 풍속 변화와 타워와의 간섭 효과를 알아보자.

그림 1.25의 상단 그림은 풍력 터빈의 바람 장을 나타낸다. 블레이드 루트(root)부에서 거리 r만큼 떨어진 위치에 있는 블레이드 단면, s_r이 맞는 바람의 세기, $v_x(h_r)$은 날개의 회전에 따라 그 크기가 식 (1-50)처럼 변화된다.

$$v_x(h_r) = v_x(H)\left(\frac{H+h_r}{H}\right)^{\alpha} = v_x(H)\left(\frac{H+r\cos\psi}{H}\right)^{\alpha} \tag{1-50}$$

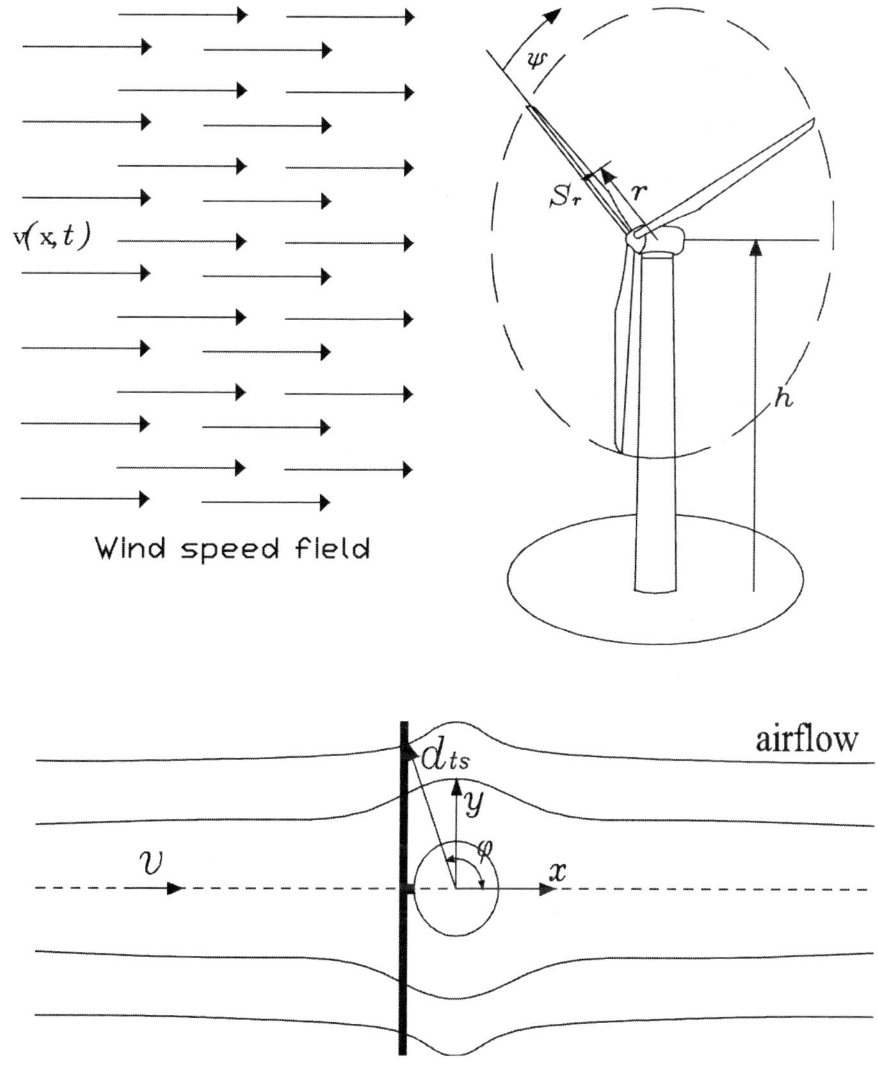

그림 1.25 바람 장에서의 풍력 터빈과 이에 의한 간섭 효과

여기서,

H= 허브의 높이

h_r= 회전에 따라 변하는 단면 s_r의 높이

ψ= 블레이드의 회전 방위각(azimuth angle), 블레이드 끝단의 위치가 최고점일 때를 $\psi = 0^o$으로 정의한다.

한편, 블레이드의 위치가 $\pi/2 \le \psi \le -2/\pi$의 영역에 있으면, 블레이드 단면 s_r이 맞는 바람은 WT 타워에 의하여 영향을 받게 된다. 이것은 그림 1.25의 하단부에 도시된 것처럼 풍속 v의 2 차원 흐름이 반경 r_t의 실린더 형 구조물에 의하여 방해되는 경우와 유사하다. 단면 s_r이 맞는 바람은 $x-$방향으로는 흐름 방해로 인한 속도 감소, $y-$방향으로는 블레이드 면을 따라 그 속도가 증가하게 되는데, 이들은 식 (1-51)과 (1-52)로 정리된다[13].

$$v_x = \begin{cases} v\left(1-(r_t/d_{ts})^2\cos 2\varphi\right) & \pi/2 \le \psi \le -\pi/2 \\ v & -\pi/2 \le \psi \le \pi/2 \end{cases} \tag{1-51}$$

$$v_y = \begin{cases} v(r_t/d_{ts})^2 \sin 2\varphi & \pi/2 \le \psi \le -\pi/2 \\ 0 & -\pi/2 \le \psi \le \pi/2 \end{cases} \tag{1-52}$$

여기서,

r_t= 타워의 반경

d_{ts}= 타워 중심에서 블레이드 단면 s_r까지의 거리

φ= 단면 s_r과 $x-$축간의 사이 각

식 (1-49)으로 주어지는 바람 장 벡터와 풍력 터빈 3개 블레이드 간의 공기역학적 작용으로 생성되는 공력 토크는 풍력 터빈 설계 전용 소프트웨어인 'Bladed'등을 사용하여 계산할 수 있다[14]. 그림 1.26의 첫 번재 창에는 x, y, z 각 방향으로의 평균 풍속이 각각 13.9 m/s, 0 m/s, 0 m/s, 또한 난류 강도가 15%, 5%, 5%인 바람 장(wind field)인

조건에 대하여, 'Bladed'를 사용하여 얻은 공기역학적 토크(공력 토크)가 그려져 있다. 이 그림의 두 번째 창은 y, z 방향으로의 난류 강도의 크기가 각각 0%라는 것을 제외하고는 위와 동일 조건의 바람 장에 대하여 얻은 공력 토크이다. 이것으로부터 y, z 방향의 바람 특성은 공력 토크에 그리 큰 영향을 미치지 않는다는 것을 알 수 있다. 이 그림의 마지막 창은 허브 높이 x-방향 풍속, 즉 그림 1.24의 첫 번째 창에 그려진 바람만을 고려하고, 식 (2-2)를 사용하여 구한 공력 토크를 나타낸다. 3차원 바람 장 데이터를 사용하는 'Bladed'를 사용하여 구한 공력 토크와 비교하여 보면, 그 추세는 비슷하지만 식 (2-2)에 의한 공력 토크는 그 변화 폭이 훨씬 크게 됨을 알 수 있다.

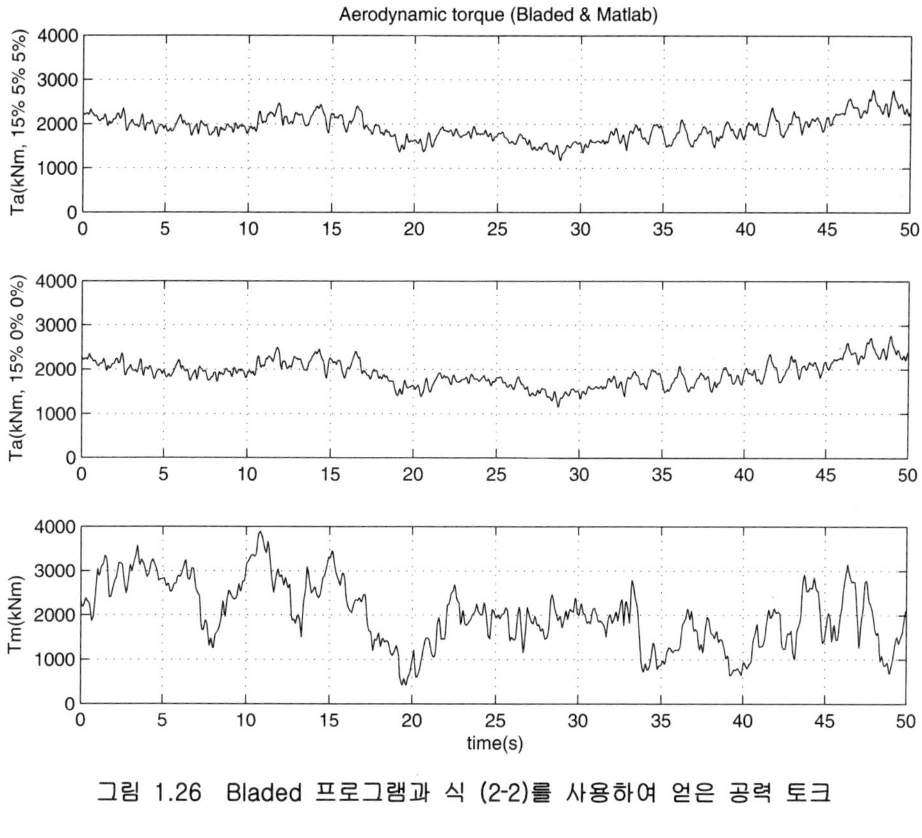

그림 1.26 Bladed 프로그램과 식 (2-2)를 사용하여 얻은 공력 토크

그림 1.27은 바람 장 생성 시에 각 방향으로의 난류 강도를 조절한 경우에 대한 공력 토크를 그린 것이다. 'Bladed' 해석의 결과이며, 첫 번째 창은 x, y, z 각 방향으로의 난류 강도가 15%, 0%, 0%, 두 번째 창은 7%, 0%, 0%, 그리고 마지막 창은 0%, 0%, 0%의 난류강도 조건에 대한 공력 토크이다. 난류 성분의 크기가 작아질수록 공력 토크 변화의 폭이 작아진다. 이 그림의 마지막 창에 그려진 것은 난류 성분이 없는 바람 장에 대한 공력 토크이다. 날개 회전 주파수의 3배 성분, 즉 타워에 의한 간섭 효과 성분이 지배적으로 나타나고 있는 것을 볼 수 있다.

이제 실용적 풍속(effective wind speed)의 개념을 설명하여 보자. 제 2장부터 자세하

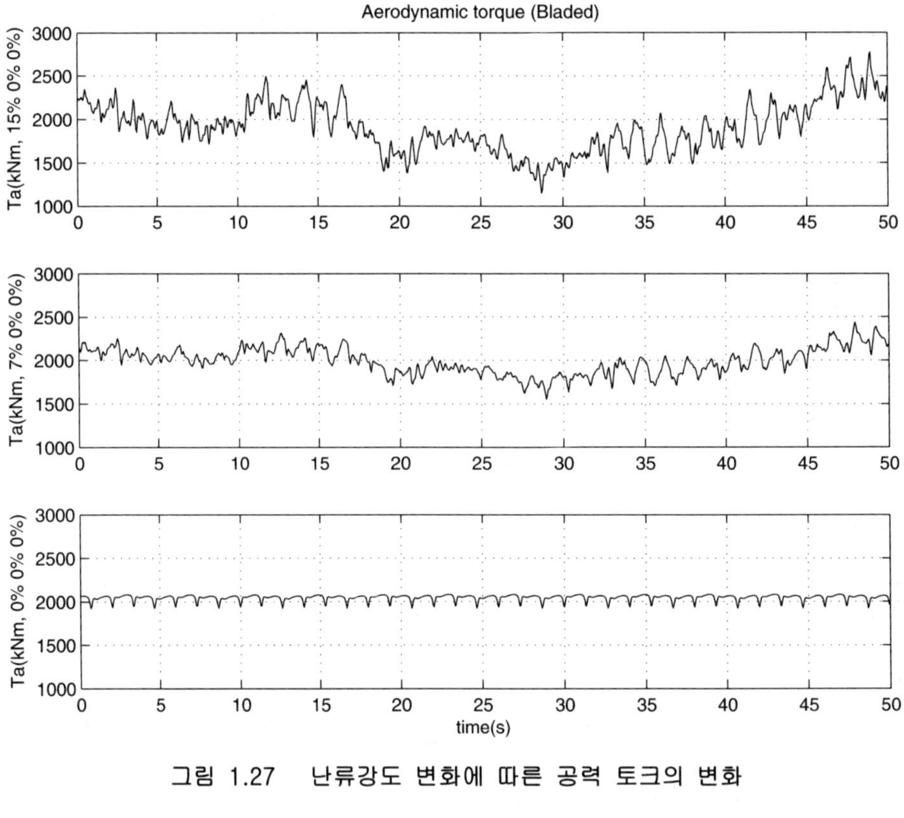

그림 1.27 난류강도 변화에 따른 공력 토크의 변화

게 설명되겠지만, 공력 토크는 풍력 터빈의 동적 특성을 결정하는 중요 인자이다. 이를 계산하려면 그림 1.25에 그려진 것처럼, 블레이드 회전 평면상의 바람 장(wind field) 벡터($v(\mathbf{x},t)$), 날개의 회전 속도(Ω_r), 또한 블레이드 피치각(β)에 대한 정보가 필요하다. 그러나 풍력 터빈 제어 시스템 설계 단계에서 식 (1-49)과 같은 바람 장 벡터를 사용하는 것은 너무 복잡한 수치 계산을 요구하는 반면에 그 결과의 효용성은 그렇게 크지 않다. 만약 바람 장 풍속 벡터를 사용하는 대신, 허브 높이에서의 풍속만을 사용하여 어느 정도 신뢰성 있는 공력 토크를 산출할 수 있다면, 이것은 제어시스템 설계에 큰 편리성을 제공할 수 있다.

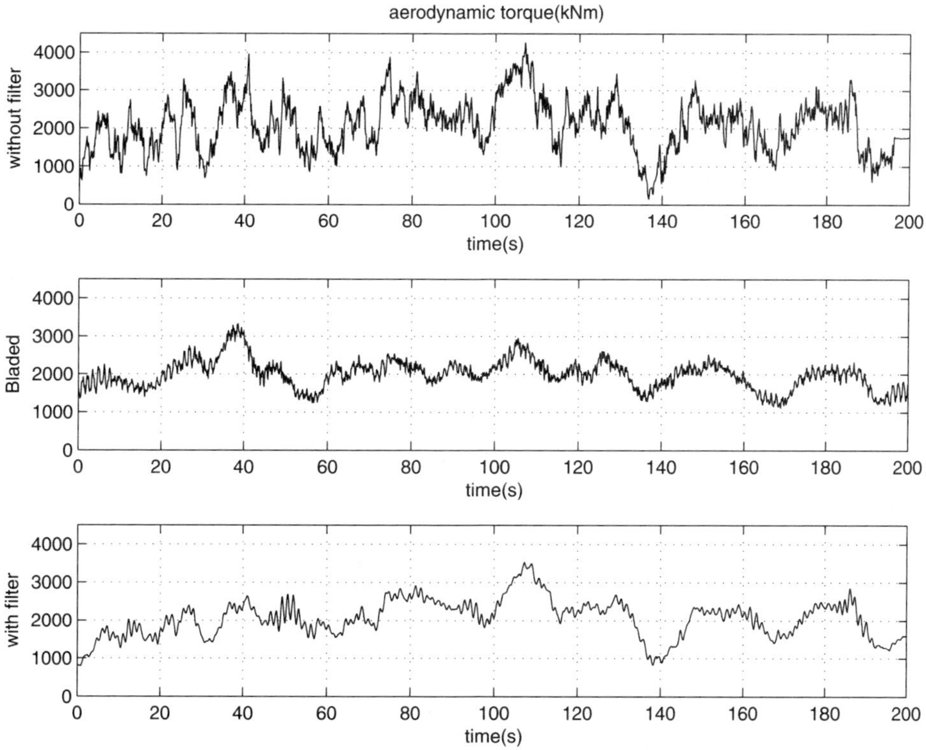

그림 1.28 실용적 풍속(effective wind speed, $v_{EFF}(t)$)에 의한 공력 토크

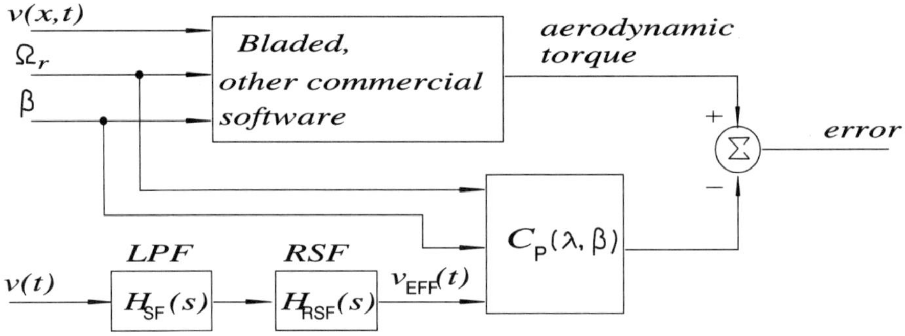

그림 1.29 실용적 풍속(effective wind speed, $v_{EFF}(t)$) 생성 알고리즘

그림 1.28의 첫 번째 창은 허브 높이에서의 풍속만을 고려하여, 식 (2-2)를 사용하여 계산한 공력 토크이며, 두 번째 창은 바람 장 벡터를 사용하여 얻은 'Bladed'에 의하여 계산된 출력이다. 두 신호를 비교하여 보면, 'Bladed' 소프트웨어를 사용하여 얻은 공력 토크는 고주파수 성분의 크기가 작으며, 날개 회전 주파수(15rpm)의 3배 성분(3P 성분)인 0.75Hz 신호가 타고 있음을 볼 수 있다. 따라서 그림 1.29처럼 허브 높이 풍속 신호를 저역 통과 필터링 시킨 후, 3P 주파수 성분을 삽입시키는 필터로 신호처리 하면, 'Bladed' 출력과 유사한 공력 토크를 구할 수 있을 것으로 예상된다. 허브 높이 풍속을 그림 1.29의 두 필터를 사용하여 신호처리 하여 얻은 풍속을 실용적 풍속(effective wind speed, $v_{EFF}(t)$)이라 부른다[15]. 이를 사용하여 공력 토크를 산출한 결과가 그림 1.28의 마지막 창에 도시되어 있다. 이 그림의 첫 번째 창 결과와 비교할 때, 공력 토크 산출 오차가 훨씬 작아 졌으며, 3P 성분도 주입된 것을 확인할 수 있다. 실용적 풍속 산출을 위한 저역 통과 필터는 식 (1-53)으로 주어진다[15].

$$H_{SF}(s) = \frac{\sqrt{2} + bs}{(\sqrt{2} + b\sqrt{a}\,s)(1 + bs/\sqrt{a})} \tag{1-53}$$

여기서,

a= 0.55,

$b=\gamma R/\bar{v}$,

$\bar{v}$= 허브 높이에서의 평균 풍속,

γ= (γ 값을 크게 할수록, 저역 필터의 차단 주파수가 작아진다).

또한, 날개 회전 주파수의 3배 성분, 즉 타워에 의한 간섭 효과를 나타내는 성분은 식 (1-54)와 같은 필터를 활용하여 바람에 주입할 수 있다.

$$H_{RSF}(s)=\frac{\omega_P^2+\sigma^2}{\omega_P^2}\frac{(s+\omega_P)^2}{(s+\sigma+j\omega_P)(s+\sigma-j\omega_P)} \tag{1-54}$$

여기서,

$\omega_P=2\pi\times 3p/60$ (r/s),

p= 로터 회전속도 (rpm),

σ=간섭효과 조절인자(이 값을 크게 할수록 타워 간섭효과가 작아진다.).

1.5 풍력 터빈 발전기

회전 날개에 의해 회수된 바람 에너지를 전기 에너지로 변환하는 장치가 발전기이다. MW 규모 풍력 터빈에 사용되는 발전기는 유도 발전기(induction generator), 또는 영구자석 동기발전기(permanent magnet synchronous generator)이다. 이 절에서는 전기(electricity)와 자기(magnetism)에 관한 기초 원리에서 출발하여, 유도 발전기를 중심으로 그 작동 원리를 간략히 소개한다.

1.5.1 전기와 자기

전기적 에너지와 기계적 에너지간의 상호 변환을 수행하는 기기를 전기 기계 (electric machine)라 부른다. 전기 에너지를 기계 에너지로 변환하는 장치가 모터 또는 전동기

(motor), 반대로 기계 에너지를 전기 에너지로 변환하는 장치는 발전기(generator)이다. 전기 기계의 작동원리를 이해하려면, 전기와 자기에 관한 몇 가지 기초 원리를 알고 있어야 한다. 1800년대 초 덴마크의 물리학자 Oersted의 우연한 발견에 의하여, 전기와 자기가 상호 연계되어 있다는 것을 실험적으로 증명하기 전까지는 이 둘은 서로 독립적인 자연현상으로 이해되어 왔다. 전기와 자기의 연관 관계를 기술하는 두 가지 중요한 법칙이 Ampere 법칙(1820년)과 Faraday 법칙(1831년)이다.

자기의 영향이 미치는 영역을 자기장(magnetic field) 또는 자계라 하고, 이의 세기를 정량화한 개념이 자속(magnetic flux) ϕ과 자속 밀도(magnetic flux density) B이다. 자석의 N극에서 나와 S극으로 흘러 들어간다고 생각되는 (가상의) 자기력선들의 개념이 자속이며, 이들이 얼마나 촘촘히 있는가를 나타내는 량이 자속밀도(=단위면적당 자속의 수)이다. Ampere 법칙을 설명하려면, 자기장의 세기(magnetic field intensity) H에 대한 개념이 추가적으로 필요하다. 자기장의 세기 H와 자속밀도 B는 다음의 관계를 갖는다.

$$\mathrm{B} = \mu \mathrm{H} = \mu_0 \mu_r \mathrm{H} \tag{1-55}$$

여기서, μ는 투자율(permeability)이라 불리며, 자유공간(free air)의 투자율 μ_0 $(= 4\pi \times 10^{-7}\ H/m)$과 상대 투자율(relative permeability) μ_r의 곱으로 표현할 수 있으며, 물질에 따라 그 값이 서로 다르다. 예를 들어, 공기, 전기 전도체, 절연체 등의 상대 투자율은 1이지만 강자성체 (ferro- magnetic material)의 상대 투자율은 수십만까지 된다. 따라서 동일한 자기장의 세기 H에 대하여 생성되는 자속밀도 B의 크기는 물질에 따라 서로 다르게 된다.

이제 Ampere 법칙에 대하여 논할 수 있다. 도선에 전류가 흐르면 그 주위에는 자기장이 형성된다. 이 관계를 수학적으로 표현한 것이 Ampere 법칙이며, 식 (1-56)으로 주어진다. 한 폐경로에 대한 자기장의 세기 H의 선적분(line integral)은 그 폐경로에 의하여 둘러싸인 평면을 통과해서 흐르는 전류와 같다. 즉,

$$\oint \mathrm{H} \cdot d\mathrm{L} = i \tag{1-56}$$

그림 1.30에 그려진 방향으로 전류가 흐를 때 생성되는 자기장은 오른손 엄지를 전류가 흐르는 방향으로 도선을 잡을 때, 네 손가락이 감싸는 방향으로 형성된다. 반경 r의 폐경로에서는 식 (1-57)로 주어지는 동일한 크기의 자기장의 세기 H가 생성된다.

$$H = |\mathrm{H}| = \frac{i}{2\pi r} \tag{1-57}$$

생성되는 자기장의 세기 H는 도선 주위 물질에 무관하게 전류 i에 의하여 결정되지만, 자속밀도 B는 식 (1-55)에 의하여 도선 주위 물질의 투자율에 따라 그 값이 크게 변할 수 있다.

그림 1.31에서와 같이 회로를 관통하는 자속이 변화하면, 그 회로에는 기전력(EMF, electromotive force)이 생기는 데, 이 기전력을 유도 기전력(induced EMF) E, 그리고 이에 의하여 회로에 흐르는 전류를 유도 전류라 한다. 위와 같은 전자기 유도현상을 Faraday 법칙이라 하며, 식 (1-58)로 표현된다.

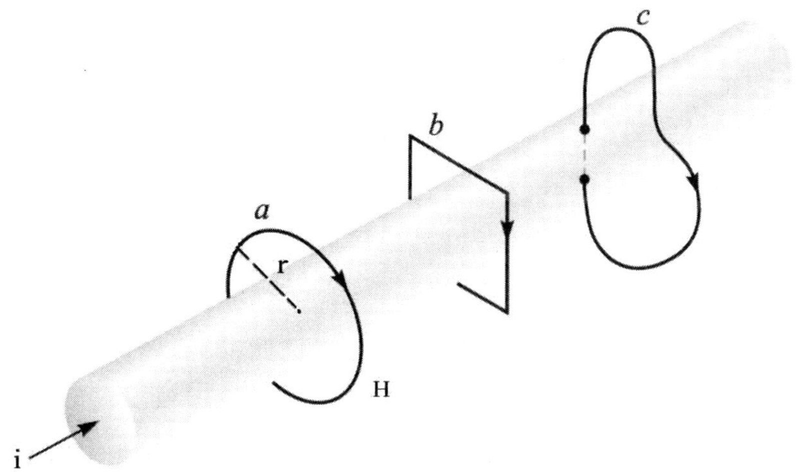

그림1.30 Ampere의 법칙

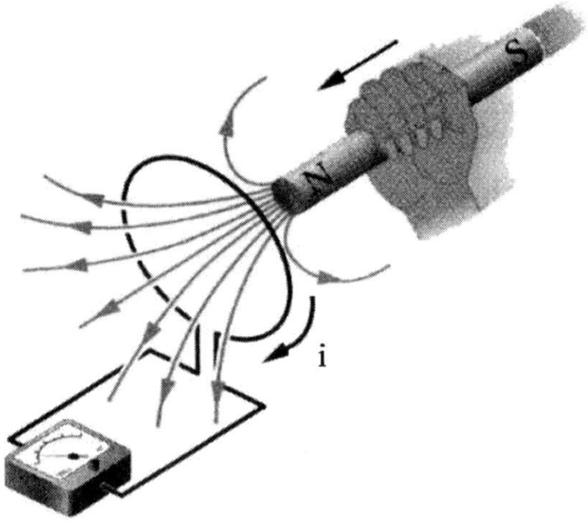

그림 1.31
Faraday의 법칙

$$E = -N\frac{d\phi}{dt} \tag{1-58}$$

식 (1-58)에서 음의 부호는 유도 기전력이 자속의 변화를 방해하는 방향으로 생성된다는 것을 의미하며, 이를 Lenz 법칙이라 한다. 그림 1.31처럼 회로를 관통하는 자속, 또는 자속밀도 B의 크기가 증가되는 조건에서 회로에 흐르는 유도전류의 방향은 그림과 같이 시계방향이 된다. 위 식에서 N은 회로 도선의 감긴 횟수를 뜻한다.

전기 기계의 기본 원리는 J.A. Fleming(1849-1954)이 제안한 왼손 및 오른손 법칙으로 설명된다. 먼저 모터의 회전 원리를 나타내는 플레밍의 왼손 법칙에 대하여 설명하자. 이 법칙은 자속 밀도 B의 자기장 안에 잠긴 길이 l의 전선에 전류 i를 흐르게 하면, 이 전선에는 식 (1-59)으로 결정되는 힘 F가 작용한다는 것이다.

$$\mathrm{F} = li \times \mathrm{B} \tag{1-59}$$

여기서 ×은 두 벡터간의 외적(cross product)이다. 그림 1.32에 영구자석 직류모터의 회전 원리를 개략적으로 도시하였다. 브러시(brush)를 통해 회전자 코일에 전류 i를 흐르게 하면, 식 (1-59)에 의하여 회전자 코일에는 그림 1.32와 같이 회전자 코일을 시계방향으로 회전시키려 하는 짝 힘이 발생되는 것을 확인할 수 있을 것이다.

한편, 플레밍의 오른손 법칙은 발전기의 원리를 나타내며, 전자기 유도에 의한 유도 전류의 방향과 크기를 결정한다. 즉, 자속 밀도 B의 자기장에 잠긴 길이 l의 도체가 속도 $\boldsymbol{v}$로 운동하게 되면, 도체에는 아래 식으로 결정되는 유도 전압 $\boldsymbol{E}$가 발생된다.

$$\boldsymbol{E} = l\boldsymbol{v} \times \mathrm{B} \tag{1-60}$$

여기서, 벡터 $\boldsymbol{E}$의 크기는 생성된 유도 전압의 세기, 그리고 벡터 $\boldsymbol{E}$의 방향은 유도 전류의 방향을 각각 나타낸다.

전기 기계에서 위의 두 법칙은 항상 서로 연관되어 있음을 잊지 말자. 그림 1.32를 사용하여 이를 설명해 보자. 앞서 논의한 대로, 회전자 코일에 공급된 전류 i에 의하여 회전 토크가 발생되고, 이에 의하여 회전자 코일은 그림 1.32처럼 속도 $\boldsymbol{v}$로 운동하게 된다.

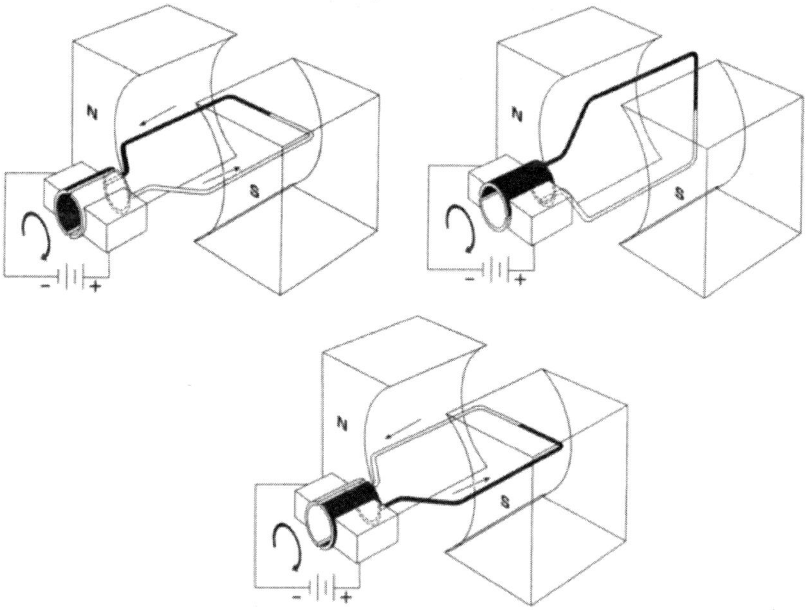

그림 1.32　영구자석 직류 모터의 회전 원리

그러면, 회전자 코일에는 식 (1-60)에 의하여 유도 전압이 발생되는데, 이에 의한 유도 전류의 방향(즉, 벡터 $\boldsymbol{E}$의 방향)이 공급 전류 i의 방향과는 반대라는 것을 알 수 있다. 즉, 모터의 회전을 방해하는 방향으로 유도 전압 $\boldsymbol{E}$가 발생되는데 이것을 역기전력(back electromotive force)이라 한다. 위에서 설명한 반대의 현상이 발전기에서도 나타난다. 회전자 축에 연결된 원동기(prime mover, 풍력터빈의 회전 날개)에 의하여 회전이 발생하면, 식 (1-60)에 의하여 유도 전압이 생성되어 전기 발전이 이루어진다. 유도 전압에 의한 유도 전류는 회전자 코일에 식 (1-59)에 의한 회전 토크를 발생시키는데, 이것의 방향은 원동기에 의한 회전 토크를 항상 거스르는 방향으로 작용한다. 때문에 이 토크를 발전기 반력 토크(generator reaction torque)라 부른다.

1.5.2 유도기기(induction machine)

유도기기의 기본원리는 Francois Arago(1786-1853)의 원판이 회전하는 원리와 동일하다. 그림 1.33과 같이 비자성체이면서 도체인 알루미늄 원판이 자유롭게 회전할 수 있도록 지지하고, 그림처럼 영구자석을 원판 주변을 따라 시계 방향으로 회전시키면, 원판은 자석을 따라 같은 방향으로 회전하게 된다. 1824년 Arago는 전자기 유도라는 이론적 배경에 대한 이해 없이, 위와 유사한 현상을 실증하였다.

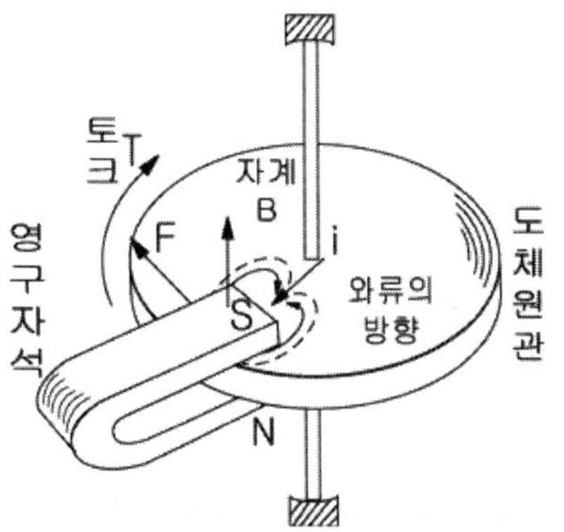

그림 1.33
Arago의 원판26

이제 이러한 현상이 발생되는 메커니즘에 대해 알아보자. 영구자석에 의하여 원판에는 자기장이 형성되는데, 그림처럼 위쪽 방향으로 자기력선이 형성된다. 자석이 시계방향으로 회전하므로, 그림에 그려진 순간에 대하여 자석의 오른 편은 자속이 줄어든다. 식 (1-58)의 Faraday 법칙에 의하여 유도 전류가 발생되는데, 유도 전류의 방향은 이 영역에서의 자속을 크게 만드는 방향, 즉 그림처럼 반 시계방향이 되어야 한다. 같은 원리로, 자석의 왼편에서는 시계방향의 유도전류가 생성된다. 생성된 유도전류는 도체(원판) 내에서 맴돌이 전류를 형성하게 되고, 자기장 내부에서는 그림처럼 원판 중심에서 바깥쪽으로 향하는 전류 i가 발생된다. 식 (1-59)에 의하여 원판에는 전자기력 $\mathbf{F}$가 발생되고, 이에 따라 원판은 시계방향으로 회전한다.

Arago 원판의 회전 메커니즘의 요체는 영구자석에 의하여 형성되는 회전자계(rotating magnetic field)이다. 이제 유도기기는 어떤 방법으로 회전 자계를 생성하는 가에 대하여 알아보자[16,17]. 그림 1.34는 3상 권선형 유도기기(wound rotor induction machine)의 내부 형상을 보여 준다[16]. 회전자 3상 권선들은 대부분 Y-결선되어 있고, 각 상 코일의 끝은 그림처럼 슬립 링(slip ring)을 통하여 브러시를 거쳐 3개의 단자로 인출된다.

그림 1.34 3상 권선형 유도기기(wound rotor induction machine)의 내부 형상

그림 1.34의 권선형 회전자대신 다람쥐 집 모양의 원통형 회전자를 사용한 것이 농형 유도기기(squirrel cage induction machine)이다.

그림 1.35의 상단 부분에는 회전자가 생략된 고정자 단면과 여기에 감겨진 코일의 구조를 개략적으로 나타내었다. 그림 1.35에 그려진 각 코일에 대한 화살표 약속은 코일에 공급되는 전류의 방향을 식별하기 위한 것이다. 즉, 코일 aa'에 (+) 전류가 흐른다는 것은 a'에서는 전류가 단면을 뚫고 나오는 방향으로, 또한 a에서는 단면으로 들어가는 방향으로 흐른다는 것을 뜻한다. 코일 bb'와 코일 cc'에도 동일한 약속이 적용된다. 고정자의 각 코일에 그림 1.35 하단에 그려진 3상 전원을 공급하면, 회전 자계가 생성된다.

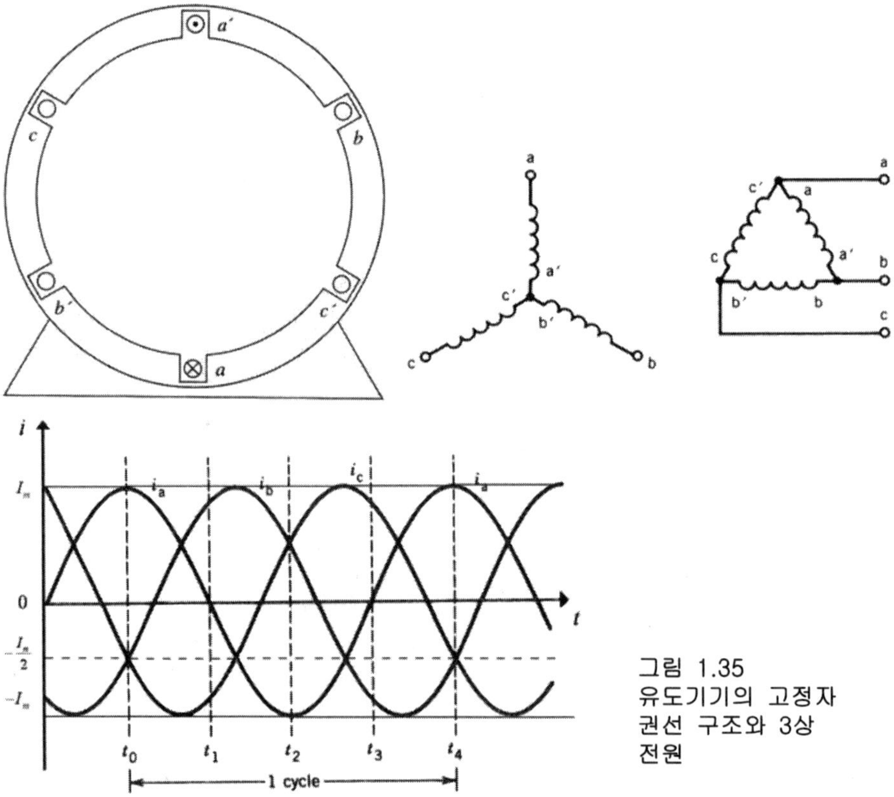

그림 1.35
유도기기의 고정자 권선 구조와 3상 전원

이제 그림 1.35와 1.36을 사용하여, 회전 자계의 발생 원리에 대하여 설명해 보자. 그림 1.35 하단부의 t_0 순간에 대하여, 코일 aa'에는 피크 전류 I_m, 그리고 코일 bb'와 코일 cc'에는 $-I_m/2$의 전류가 각각 흐른다. 각 코일에 대하여 식 (1-56)의 Ampere 법칙을 적용하여 이들의 벡터 합을 그려 보면, 그림 1.36(A) 방향으로 합성 자속이 형성된다는 것을 알 수 있다. 한편, t_1 순간에는 코일 aa'에 흐르는 전류는 0, 코일 bb'에는 $(\sqrt{3}/2)I_m$, 그리고 코일 cc'에는 $-(\sqrt{3}/2)I_m$의 전류가 흐르게 되어, 그림 1.36(B)에 그려진 방향으로 자속이 형성되는데, 그 세기는 t_0 순간에서의 값과 동일하다. 위와 동일

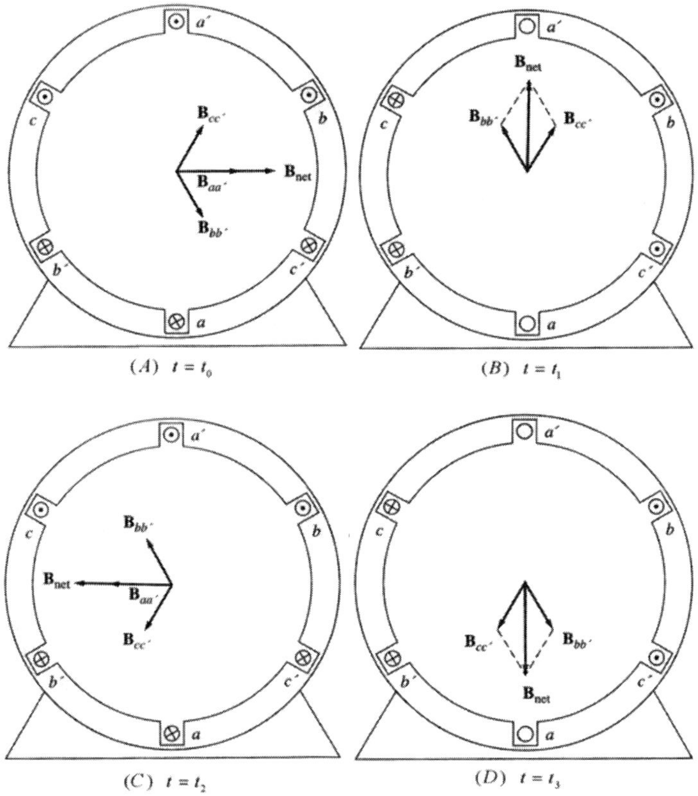

그림 1.36 유도기기의 회전자계 발생원리

한 해석을 t_2 그리고 t_3 순간에 대하여 적용할 수 있다. 결론적으로 3상 전류 한 주기 동안, 동일한 크기의 자속 밀도를 갖는 자기장이 그림 1.36에 그려진 것처럼 반 시계방향으로 1회 회전한다는 것을 알 수 있다.

이것은 그림 1.37에 그려진 대로 N극 S극의 2개 극을 갖는 영구 자석의 회전과 동등하다. 따라서 그림 1.35처럼 고정자 권선을 배열하면 2극(2 pole) 유도기기가 되며, 공급되는 전원의 주파수와 동일한 속도로 자기장이 회전한다. 즉, 60Hz의 3상 전원을 사용하면, 3600rpm으로 자기장이 회전하게 된다. 그림 1.38처럼 코일을 결선하면 4극 유도기기가 되는데, 공급 전류의 한 주기 동안 회전 자계는 반주기만큼 진행한다는 것을 확인해 보기 바란다. 따라서 전기적 회전각 θ_e과 회전 자계의 기계적 회전각 θ_m 사이에는 식 (1-61)의 관계가 성립한다.

$$\theta_e = \frac{p}{2}\theta_m \tag{1-61}$$

p극 고정자 구조에서 생성되는 회전 자계의 기계적 회전수 n_s(rpm)은 식 (1-62)으로 주어진다.

$$n_s = \frac{2}{p}n_e = \frac{2}{p}(f \times 60) = \frac{120f}{p} \tag{1-62}$$

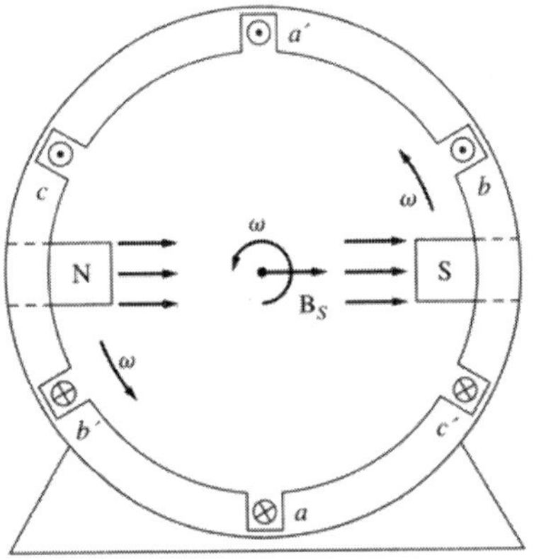

그림 1.37
2극 영구자석의 회전에 의한 회전 자계 발생

여기서 f는 3상 전원의 주파수(Hz)이다. 식 (1-62)로 결정되는 회전수를 유도기기의 동기 속도(synchronous speed)라 부르고 n_s로 표기한다.

지금까지 유도기기에서 회전 자계가 생성되는 원리를 알아보았다. 회전 자계에 의하여 유도된 회전자 유도전류는 결국 회전 토크를 생성시켜, 회전자가 동기 속도로 회전하도록 만든다. 이제 회전자 코일에서의 유도현상에 대하여 더 자세히 알아보자.

회전자 코일을 개방(open)시키고 회전이 되지 않도록 회전자를 고정시킨 상태에서, 고정자에 3상 전원을 연결하면, 식 (1-62)의 속도로 회전하는 회전 자계가 형성되는데, 이것은 그림 1.38처럼 영구 자석이 일정한 속도로 회전하는 것과 동일하다. 따라서 고정자 코일에는 식 (1-60)에 의한 유도 전압이 발생하는데, 코일 aa'에 유도되는 전압은 식 (1-63)과 같다.

$$E_a = -N_S\frac{d\phi}{dt} = -N_S\frac{d(\phi_M \cos\omega t)}{dt} = N_S\,\phi_M\,\omega \sin\omega t \tag{1-63}$$

여기서, N_S는 고정자 코일의 턴(turn) 수이며, ω는 회전 자계의 각속도(r/s) 이다. 식 (1-62)를 참조하면, ω는 아래의 관계식으로 결정된다.

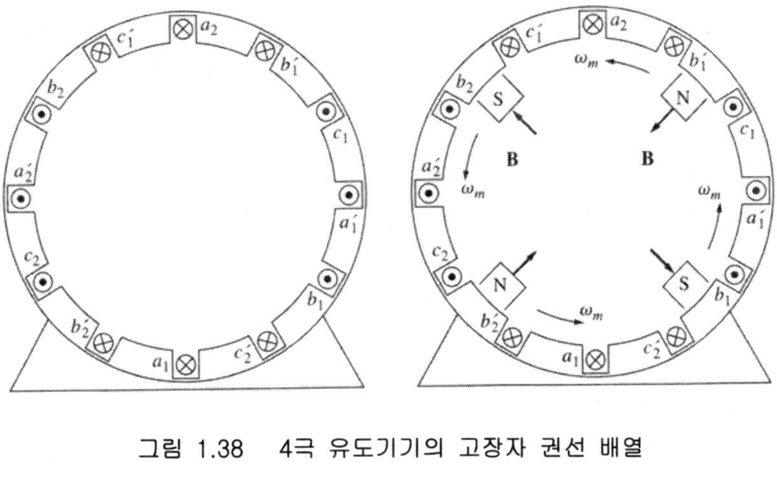

그림 1.38 4극 유도기기의 고장자 권선 배열

$$\omega = 2\pi\frac{n_s}{60} = \frac{2\pi}{60}\frac{120f}{p} = \left(\frac{2}{p}\right)2\pi f \tag{1-64}$$

같은 이유로 코일 bb'와 코일 cc'에도식 (1-65)와 같이 유도전압이 발생된다.

$$\begin{aligned} E_b &= N_S\,\phi_M\,\omega\sin(\omega t - 120^o) \\ E_c &= N_S\,\phi_M\,\omega\sin(\omega t + 120^o) \end{aligned} \tag{1-65}$$

정지된 회전자 코일에도 같은 원리로 유도 전압이 발생된다. 이제 회전자 코일을 단락(short)시키면, 회전자 코일에는 유도 전류가 흐르기 시작한다. 이 때, 회전자의 잠김 상태를 해제하면, 식 (1-59)에 의하여 회전자에는 회전 토크가 발생되며, 동기 속도와 동일하게 될 때까지 회전하려 한다. 특히, 회전자가 동기 속도로 회전하는 경우에는 회전자 코일에서 유도 전압이 발생되지 않으므로 회전자 토크도 발생되지 않는다.

논의를 더 진행하기 전에, 회전자 속도 n과 회전 자계의 회전 속도, 즉 동기 속도 n_s의 차이를 나타내는 슬립(slip) s에 관한 정의를 알아보자.

$$s = \frac{n_s - n}{n_s} \tag{1-66}$$

슬립 s가 0이면, 회전자의 속도는 회전 자계의 속도와 같다. 따라서 회전자 권선에는 유도 전압이 발생하지 않는다. 한편, 슬립 s가 1인 경우는 회전자가 정지 상태에 있음을 의미한다. 이 경우 회전자의 권선에는 가장 큰 유도전압이 유기되고 전류도 많이 흐르게 된다. 회전 속도 n의 회전자가 바라보는 회전 자계의 상대 회전속도는 $n_s - n = sn_s$가 된다. 따라서 회전자에 유도되는 전압의 주파수 f_R는 식 (1-67)와 같다.

$$f_R = \frac{n_s - n}{60} = \frac{sn_s}{60} = \left(\frac{2}{p}\right)sf \tag{1-67}$$

여기서, f는 고정자에 공급되는 전원의 주파수(Hz)이다. f_R을 슬립 주파수 (slip frequency)라 하는데, 이것은 고정자 코일에 유도되는 전압 주파수인 $2f/p$에 슬립 s를 곱한 것이 된다. 회전자 각 코일에도 식 (1-63)과 유사하게 유도 전압이 발생된다. 회전자 코일 aa'에 발생되는 유도전압 E_{aR}은 식 (1-68)과 같다.

$$E_{aR} = -N_R\frac{d\phi}{dt} = -N_R\frac{d(\phi_M \cos\omega_R t)}{dt} = N_R\phi_M\omega_R \sin\omega_R t \qquad (1\text{-}68)$$
$$= s(N_R\phi_M\omega)\sin\omega_R t$$

여기서, N_R은 회전자 코일의 턴 수이다. 한편, $\omega_R(=2\pi f_R)$은 회전자 코일에 유도되는 전압의 주파수(r/s)인데, 식 (1-67)에 의하여 그 값은 $s\omega$이 된다. 3상 회전자 각 코일에 유도된 전류는 sn_s의 상대 속도로 회전하는 회전 자계를 생성하는데, 회전자 자체가 속도 n으로 회전하므로 고정자 코일이 보는 이 자기장의 회전 속도는 n_s가 된다.

여기서 자세하게 설명할 순 없지만, 3상 유도기기의 고정자-회전자 쌍(per phase)에 대한 정상상태(steady state) 등가 회로는 그림 1.39처럼 주어진다. 이에 대한 더 많은 설명은 해당 참고문헌을 보기 바란다[16, 17]. 이 그림으로부터 유도기기에 대한 등가 회로는 변압기(transformer)의 모델과 유사함을 알 수 있다. 그림의 좌측은 고정자 회로, 우측은 회전자에 대한 모델이다. 여기서, R_1과 R_2는 고정자 그리고 회전자 코일의 권선 저항, 또한 I_1과 I_2는 이들 코일에 흐르는 전류를 각각 나타낸다. 회전자 측에서 소모되는 파워는 $I_2^2R_2/s$인데, 이것이 바로 유도기기 공극(air gap)을 통하여 회전자 측으로 전달되는 파워이다. 이를 식 (1-69)와 같이 정리하면, 이것이 뜻하는 물리적 의미를 이해할 수 있다.

$$P_{ag} = I_2^2\frac{R_2}{s} = I_2^2\left\{R_2 + \frac{R_2}{s}(1-s)\right\} = I_2^2R_2 + I_2^2\frac{R_2}{s}(1-s) = P_2 + P_{mech} \qquad (1\text{-}69)$$

여기서, $P_2 = I_2^2R_2$

$$P_{mech} = I_2^2\frac{R_2}{s}(1-s)$$

유도기기의 고정자를 통하여 공급되는 파워 P_{ag}는 회전자 권선저항에 의하여 P_2만큼 소모되고, 그 나머지인 $I_2^2R_2(1-s)/s$는 기계적 파워 P_{mech}으로 변환된다. 이와 같은 해석은 유도기기가 모터로 작동 된다는 것을 의미하며, 슬립 s가 0보다 클 때, 다시 말해

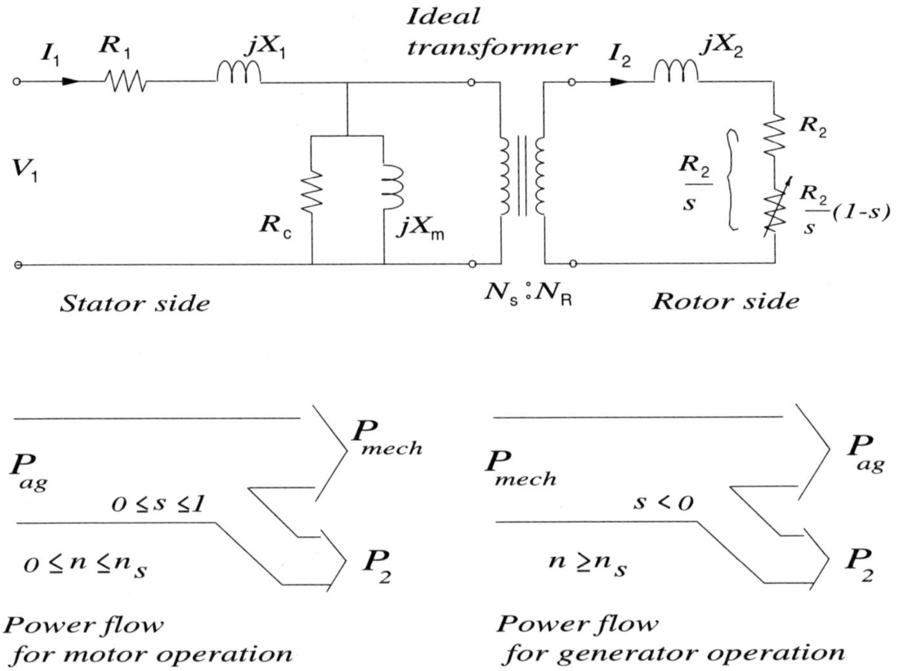

그림 1.39 유도기기의 정상상태 등가 회로와 파워 흐름도

회전자가 동기 속도보다 느리게 회전하는 경우에 성립한다.

한편, 슬립 s가 0보다 작게 되면, 다시 말해서 회전자가 동기 속도보다 빠르게 회전하면, 식 (1-69)에서 $I_2^2 R_2$를 제외한 나머지 항들은 모두 음수가 된다. 이와 같은 상태에서 유도기기는 어떻게 작동되고 있다는 것인가? 파워의 값이 음수라는 것은 그림 1.39의 하단부에 도시된 것처럼 에너지 흐름의 방향이 바뀐다는 것을 뜻한다. 즉, 슬립 s가 0보다 작게 되면, 유도기기의 회전자에 $I_2^2 R_2 (1-s)/s$만큼의 기계적 파워가 공급되고, 이중에서 $I_2^2 R_2$만큼은 회전자 권선 저항에 의하여 손실되고, 그 나머지인 $P_{ag} = I_2^2 R_2 / s$가 공극을 통하여 고정자 측으로 전달된다. 이와 같은 작동 상태는 유도기기가 발전기로 작동되고 있음을 뜻한다. 위 논의에 의하여 식 (1-70)과 같은 비례식이 성립함을 유도할 수 있다.

$$P_{ag} : P_2 : P_{mech} = \left(I_2^2 \frac{R_2}{s}\right) : \left(I_2^2 R_2\right) : \left(I_2^2 R_2 \frac{1-s}{s}\right) = 1 : s : (1-s) \quad (1\text{-}70)$$

이제 위의 논의를 조금 더 진행하여, 유도기기의 회전자 토크 T_{mech}와 회전자 속도 n (rpm)간의 관계를 유도해 보자.

$$P_{mech} = T_{mech}\omega_{mech} = I_2^2 R_2 \frac{(1-s)}{s} \quad (1\text{-}71)$$

여기서,

$$\omega_{mech} = \frac{2\pi n}{60} = \frac{2\pi n_s}{60}(1-s) = \omega_s(1-s)$$

식 (1-71)을 정리하면 다음의 관계식을 얻을 수 있다.

$$T_{mech} = \frac{P_{mech}}{\omega_{mech}} = \frac{1}{\omega_{mech}} I_2^2 \frac{R_2}{s}(1-s) = \frac{1}{\omega_s} I_2^2 \frac{R_2}{s} \quad (1\text{-}72)$$

한편, 그림 1.39의 회로는 그림 1.40처럼 Thevenin 등가 회로로 단순화할 수 있다. 이 회로를 이용하여 식 (1-72)를 (1-73)과 같이 고쳐 쓸 수 있다.

$$T_{mech} = \frac{1}{\omega_s} I_2^2 \frac{R_2}{s} = \frac{1}{\omega_s}(I_2')^2 \frac{R_2'}{s} = \frac{1}{\omega_s} \frac{V_{th}^2}{(R_{th} + R_2'/s)^2 + (X_{th} + X_2')^2} \frac{R_2'}{s} \quad (1\text{-}73)$$

식 (1-73)이 나타내는 회전자 토크를 회전자 속도 n, 또는 슬립 s에 대하여 그린 것이 그림 1.41이다. 그림에서 보듯이, 회전자 속도 n 또는 슬립 s의 조건에 따라 유도기기가 모터 또는 발전기로 작용하는 것을 알 수 있다. $0 \le s \le 1 (0 \le n \le n_s)$의 운전 조건에서 유도기기는 모터로 작동된다. 즉, 유도기기 고정자에 3상 교류 전원을 연결하면, 회전자는 기계적 부하를 이기면서 동기 속도로 회전하려 한다. 또한, $s < 0 (n > n_s)$의 운전 조건에서는 유도기기는 발전기로 작동된다. 외부 구동원에 의하여 회전자가 동기 속도 이

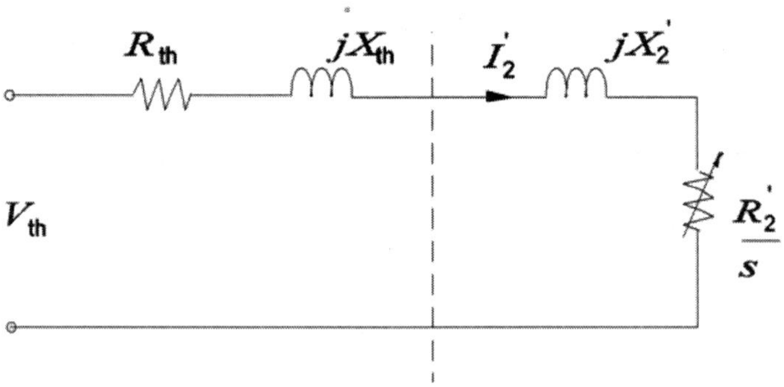

그림 1.40 유도기기의 테브낭 등가회로

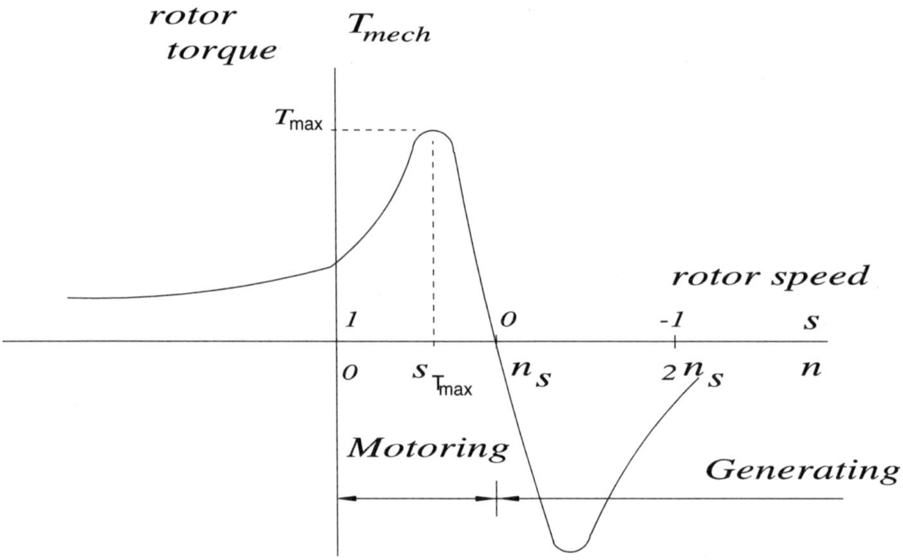

그림 1.41 정상상태에서 유도기기의 토크-속도 특성

상으로 회전하게 되고, 회전자에는 동기 속도로 회전하려 하는 발전기 반력 토크가 발생된다. 그림 1.41의 발전기 토크 - 회전자 속도 특성 커브에서 주로 사용되는 구간은 동기 속도 n_s 근처의 선형 구간이다. 대부분의 유도기기에 대하여, 이 구간은 2 ~ 4% 슬립에 해당된다. 식 (1-66)로부터, 이것은 회전자 속도 범위가 동기 속도의 96%에서 4%에 해당하는 아주 작은 구간임을 알 수 있다.

식 (1-73)과 $\dfrac{dT_{mech}}{ds}=0$의 조건으로부터 T_{mech}의 최대값 $T_{\max}$과 이 때의 슬립 $s_{T_{\max}}$을 구할 수 있으며, 이들은 식 (1-74)으로 표현된다.

$$T_{\max}=\frac{1}{2\omega_s}\frac{V_{th}^2}{R_{th}+\sqrt{R_{th}^2+(X_{th}+X_2{}')^2}} \tag{1-74}$$

$$s_{T_{\max}}=\frac{R_2{}'}{\sqrt{R_{th}^2+(X_{th}+X_2{}')^2}}$$

식 (1-74)를 살펴보면, $T_{\max}$는 $R_2{}'$와 무관하며 $s_{T_{\max}}$는 $R_2{}'$와 비례관계에 있음을 알 수 있다. 여기서, $R_2{}'$는 고정자 측으로 반영된 회전자 권선 저항을 나타내며, 그 값은

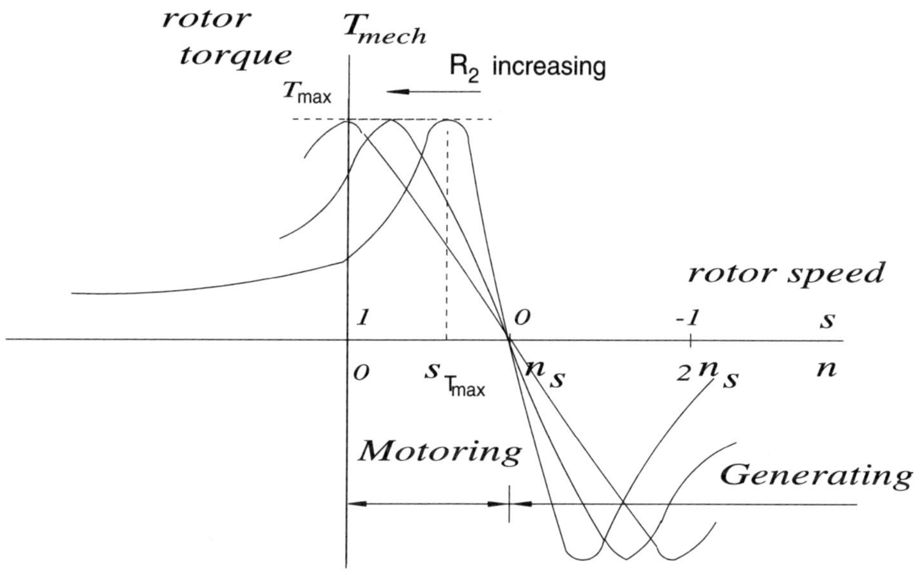

그림 1.42 회전자 외부저항 변화에 따른 유도기기의 토크-속도 특성 변화

$\left(\frac{N_S}{N_R}\right)^2 R_2$이다. 따라서 회전자의 저항 값을 외부에서 조절할 수 있다면, 그림 1.41의 회전자 토크 - 회전자 속도 특성 커브의 형상을 그림 1.42처럼 변화시킬 수 있다. 즉, 회전자 권선 저항의 값을 크게 하면, 선형 구간의 기울기를 완만하게 할 수 있다.

1.5.3 유도 발전기와 전력망(grid)과의 연결

유도 발전기를 전력망에 연결하는 가장 간단한 방법은 그림 1.43(A)처럼 고정자 권선 단자를 전력망에 그대로 연결하는 방법이다. 이 방법은 보통 'Danish concept'라고 부르는데, 그 이유는 1950년대에 Johannes Juul이 덴마크 남부해안 Gedser라는 곳에 설치한 200kW Gedser 풍력 터빈에 이 방식이 처음으로 적용되었기 때문이다. 이 방식에 사용되는 농형(squirrel cage) 유도 발전기는 고장이 적고, 그 구조가 단순하여 값도 저렴하다. 그러나 그림 1.41에 표시된 발전기 토크 - 회전 속도 특성을 있는 그대로 사용하기 때문에, 풍력 터빈 날개의 회전속도가 극히 제한된 범위에서만 작동되어야 한다는 단점이 있기에 지금은 거의 사용되지 않는 방식이다.

보다 넓은 회전 속도 범위로 유도 발전기의 사용 영역을 확장시키면, 풍력 터빈의 성능 효율을 개선할 수 있으며, 풍력 터빈에 미치는 기계적 하중의 크기도 완화 시킬 수 있다 [18-21]. 그림 1.41의 토크 - 회전속도 커브에서 가파른 선형 구간의 기울기를 완만하게 만들 수 있다면, 발전기의 회전 속도 범위를 확장시킬 수 있다. 전 절에서 논의된 대로, 회전자 권선에 외부 저항을 추가 연결하면 회전자 토크 - 회전자 속도 특성 커브의 기울기를 완만하게 만들 수 있다. 발전기의 회전 속도 범위를 확장시킬 수 있는 또 다른 방법은 발전기의 동기속도 n_s를 변화시키는 방법이다. 앞 절에서 논의되었듯이(식 (1-62) 참고), 유도 발전기의 동기속도 n_s는 고정자 권선에 공급되는 전원 주파수 f에 비례한다. 따라서 고정자 권선의 전원 주파수를 변화시킬 수 있다면, 유도 발전기의 회전 속도 범위를 확장시킬 수 있다. 이를 위하여, 그림 1.43(B)와 같이 DC-bus에 연결된 2개의 컨버터(converter) 구조를 사용하는데, 기능적으로 AC-DC-AC의 전력 변환을 수행한다. 고정자

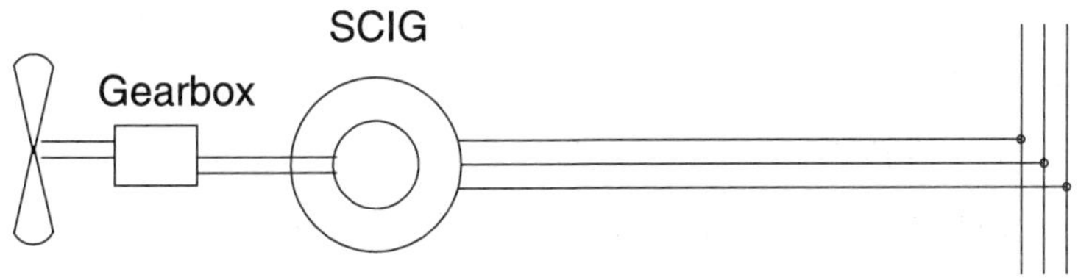

(A) Directly coupled squirrel cage induction generator

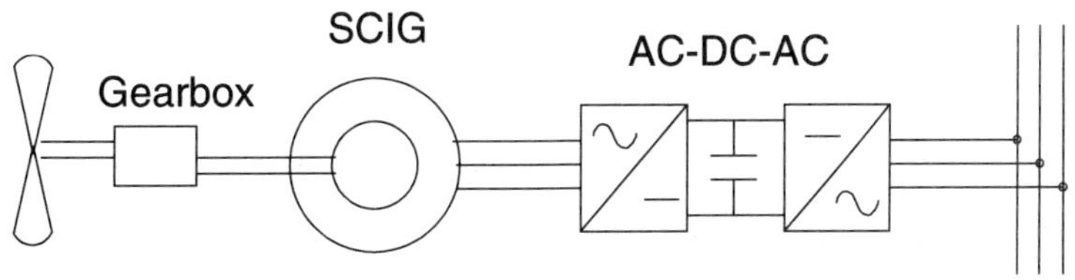

(B) Stator frequency controlled squirrel cage induction generator

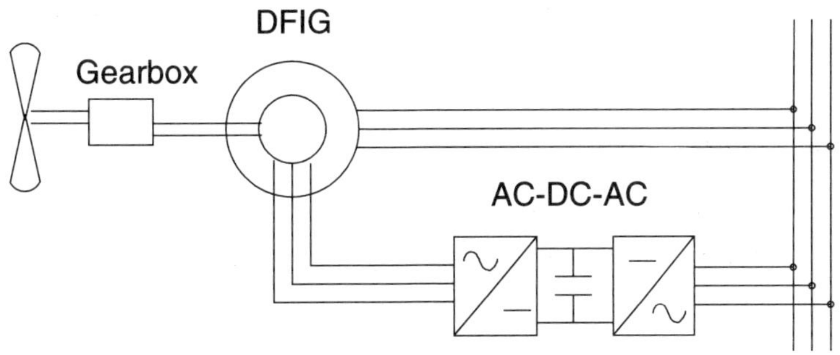

(C) Doubly fed induction generator

그림 1.43 유도발전기와 전력망과의 연결 구조

측 컨버터를 통하여 DC-bus와 고정자 AC 전원간의 전력 변환이 이루어지는데, 중요한 것은 이 컨버터를 이용하여 고정자 권선에 공급되는 AC 전원의 주파수 f를 변화시킬 수 있다는 것이다. 이와 같은 방식의 전력망 연결 방법은 AC-DC-AC 전력 변환회로의 용량이 풍력 터빈의 정격 발전 용량보다 크게 설계 되어야 하기 때문에, 풍력 터빈의 단가를 높이는 단점이 있다. 또한, 전력 변환회로 자체의 효율이 풍력 터빈의 전체 효율에 그대로 반영되므로, 고효율의 전력 변환회로를 사용해야 한다.

위와 같은 단점을 해결하기 위한 노력으로 1996년부터 이중여자 유도발전기 (doubly-fed induction generator, DFIG)의 적용이 시도되었다. 그림 1.43(C)에 DFIG를 사용한 전력망 연결 구조가 그려져 있다. 그림 1.43(B) 구조에 사용된 AC-DC-AC 전력 변환회로가 고정자 대신 권선형 회전자 측에 슬립 링(slip ring)을 통하여 연결되어 있고, 고정자는 전력망에 그대로 연결된 형상을 갖는다. 이와 같은 구조를 사용하면, 풍력 터빈이 회수하는 파워의 70% 정도는 고정자를 통하여, 그리고 ±30% 정도는 회전자를 통하여 전력망으로 전달된다. 따라서 사용되는 AC-DC-AC 전력 변환회로의 용량이 풍력 터빈 정격 발전 용량의 30% 정도만 요구되므로 발전기의 단가를 낮출 수 있게 된다.

DFIG의 또 다른 장점은 회전자에 공급되는 전류를 통하여 발전기의 토크(파워)를 직접 제어할 수 있다는 점이다. 반면에, 권선형 회전자 구조를 사용해야 하므로 슬립 링이나 브러시의 정기적인 유지 보수가 필요하고, DFIG를 위한 복잡한 제어 회로가 요구된다. 그림 1.44에 그려진 것처럼, DFIG는 다음과 같이 2가지 모드로 작동된다.

(1) sub-synchronous mode:

발전기 회전자가 동기 속도보다 작게 회전하는 경우이며, 슬립 s는 0보다 크게 된다. 그림 1.44처럼 회전자 측에서는 파워를 소모하며, 고정자 측에서는 파워를 생산한다. DC-bus로부터 회전자 측 컨버터(rotor side converter, RSC)를 통하여 회전자 권선 측으로 필요한 만큼의 파워가 공급되어야 한다. 따라서 전력망 측 컨버터(grid side converter, GSC)는 그 만큼의 파워를 전력망으로부터 DC-bus 쪽으로 공급해야 한다. 한편, 고정자 측에서는 항상 전력망 쪽으로 파워가 공급되는데, DFIG로부터 전력망에 공급되는 알짜 파워(net power), 즉, 회전자 파워와 고정자 파워의 합은 풍력 터빈 날

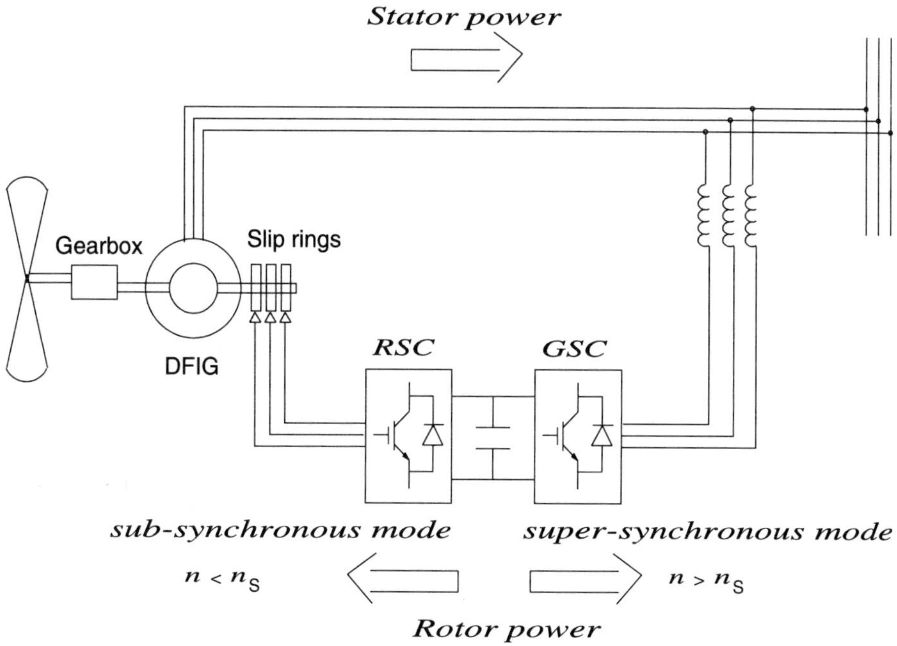

그림 1.44 DFIG의 작동 모드

개가 회수한 기계적 파워와 같게 된다.

(2) super-synchronous mode:

발전기 회전자가 동기 속도보다 빠르게 회전하는 경우이며, 슬립 s는 0보다 작게 된다. 그림 1.44처럼 회전자 측에서는 파워를 생산하고, 고정자 측에서도 파워를 생산한다. 회전자가 생산하는 파워는 DC-bus를 매개로 하여 전력망 측으로 전달된다.

여기서 논의된 내용은 제 3장에서 다루게 될 풍력 터빈의 제어 방식을 이해하기 위한 가장 기초적인 내용이다. DFIG 제어부를 포함한 풍력 터빈 제어 시스템의 개략도를 그림 1.45에 정리하였다[22]. 이 그림의 우측에 있는 피치 제어부는 제 5장에서 자세히 논의하게 될 것이다. 회전자 측 컨버터(RSC)는 DFIG 회전자 전류의 크기와 위상을 제어함으로서, 결국 풍력 터빈의 유효 및 무효 파워(active and reactive power)를 제어하는 역할을 수행한다. 이 그림에서 보듯이 발전기 토크를 제어하여 유효 파워를 조절하고 있다. 한편, 전력망 측 컨버터(GSC)는 DC-bus 전압을 제어함으로서 발전기 회전속도에 따라 회전자 측으로 파워를 공급하거나 또는 회전자에서 생성된 파워를 전력망 쪽으로 전달하는 역할을 한다.

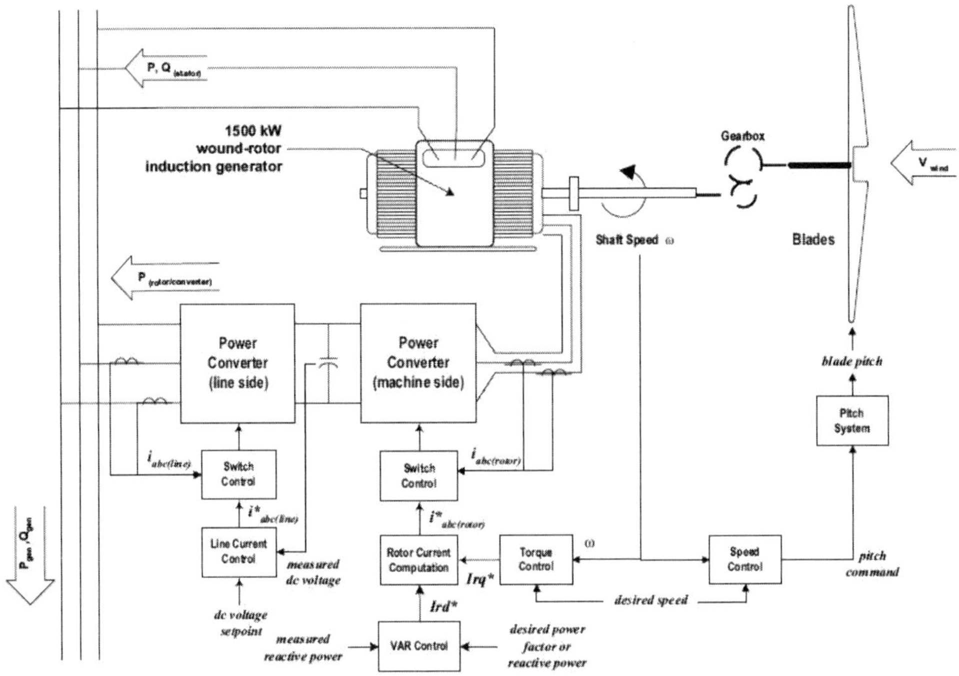

그림 1.45 DFIG의 제어 구조

DOWEC 2.75 MW 풍력 터빈

CHAPTER 2

앞으로 다루어질 풍력 터빈의 모든 해석은 DOWEC(Dutch offshore wind energy converter) 2.75MW를 기반으로 한 것이다. DOWEC 컨소시엄은 네덜란드 국립연구소인 ECN(the Energy Research Center of the Netherlands)과 NEG Micon[4)]을 포함한 5개 기관으로 1999년 결성되었으며, 6MW 80기로 구성된 500MW 규모의 해상 풍력단지를 건설하기 위한 기본 설계(baseline design)를 2003년까지 수행하였다[23]. 이 장에서 다루는 모든 해석은 DOWEC 프로젝트의 일부로 NEG Micon에 의하여 제작된 2.75MW 해상 풍력 터빈에 기초한 것이다[24].

2.1 DOWEC 2.75 MW 풍력 터빈 특성

DOWEC 2.75MW WT은 class III[5)][11]로 설계된 해상용이며, 그 특성들은 표 2.1에 정리되었다. 풍속 v에 대하여, 회전 날개가 생성하는 파워(power), P와 추력(thrust), F_T는 1.2 절의 식 (1-20)과 (1-22)와 같으며, 이들을 다시 쓰면 식 (2-1)과 같다.

$$P = \frac{1}{2}\rho\pi R^2 C_P v^3$$

$$F_T = \frac{1}{2}\rho\pi R^2 C_T v^2 \tag{2-1}$$

여기서, C_P는 파워 계수(power coefficient)라 하며, 풍력 터빈의 효율, 즉 바람 에너지를 전기 에너지로 변환하는 비율을 나타낸다. 또한, C_T는 추력 계수(thrust coefficient)라 부르며, 풍력 터빈이 바람에 의하여 뒤로 밀리는 정도를 나타낸다.

이들 두 계수는 바람과 회전 날개 형상과의 공기역학적인 관계에 의하여 결정된다. DOWEC 2.75MW WT에 대한 C_P와 C_T의 값을 선단 속도비(λ, tip speed ratio)와 피치각 β의 함수로 그린 것이 그림 2.1과 2.2이다. 이 그림들에서 점과 함께 표시된 선은

4) 2003년 Vestas로 합병.

5) 50년 주기의 10분 평균 최대 풍속이 37.5m/s를 넘지 않는 환경에서 작동되는 풍력 터빈.

표 2.1 DOWEC 2.75MW WT의 데이터

특성	값	단위	기호
정격 출력(rated electric power)	2,750	kW	P_{rated}
정격 풍속(rated wind speed)	12.3	m/s	v_R
회전날개 정격 회전속도(rated rotor speed)	15.57	rpm	Ω_{rated}
시동 풍속(cut-in wind speed)	4	m/s	v_{CI}
차단 풍속(cut-out wind speed)	25	m/s	v_{CO}
회전날개 반경(rotor radius)	46	m	R
회전날개 MOI(moment of inertia)	12.6×10^6	kgm^2	J_r
발전기 MOI(moment of inertia)	239	kgm^2	J_g
회전날개 최대 회전속도(max rotor speed)	18.402	rpm	$\Omega_{\max}$
회전날개 최소 회전속도(min rotor speed)	9.909	rpm	$\Omega_{\min}$
증속비(gearbox ratio)	70.65	-	N
타워 허브 높이	94	m	H
타워 상단부 직경(tower top diameter)	2.52	m	
타워 하단부 직경(tower base diameter)	4.2	m	

피치각이 0^o인 경우에 해당하며, 점선으로 표시된 선들은 피치각이 각각 -1^o와 -2^o일 때의 값들이다. 나머지 실선들은 피치각을 1^o씩 증가시킨 경우에 대한 C_P와 C_T 선도들인데, 각 그림에서 그 크기가 제일 작은 선도가 피치각이 22^o일 때이다. 피치각을 변화시키면, C_P와 C_T의 값들이 크게 변하는 것을 볼 수 있다.

이제 식 (2-1)의 첫 번째 식을 활용하여, 회전 날개에 작용되는 회전 토크[6], T_a를 구해 보자. 즉,

$$T_a = \frac{P}{\Omega_r} = \frac{1}{2}\rho\pi R^2 C_P v^3/\Omega_r = \frac{1}{2}\rho\pi R^3\left(\frac{C_P(\lambda,\beta)}{\lambda}\right)v^2 = \frac{1}{2}\rho\pi R^3 C_Q(\lambda,\beta)v^2 \tag{2-2}$$

회전 토크, T_a는 풍력 터빈의 회전 운동을 일으키는 동력으로서, 위 식에서 보듯이 그 특

6) 공기역학적 토크(aerodynamic torque), 또는 간략히 공력 토크.

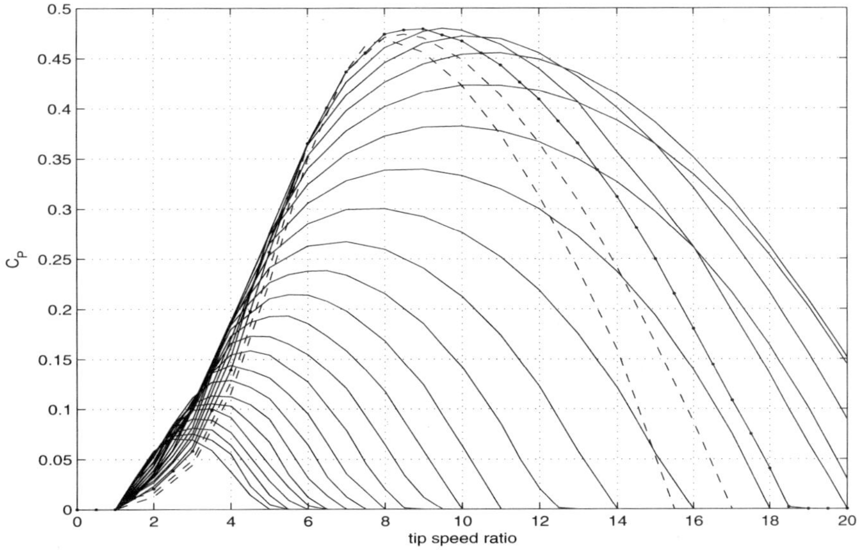

그림 2.1 선단 속도비와 피치각 변화에 따른 파워 계수 변화

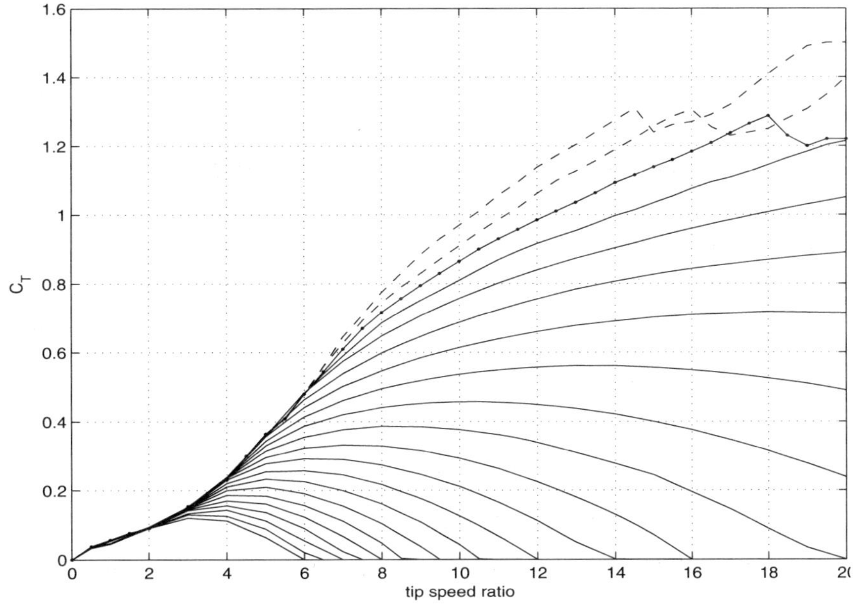

그림 2.2 선단 속도비와 피치각 변화에 따른 추력 계수 변화

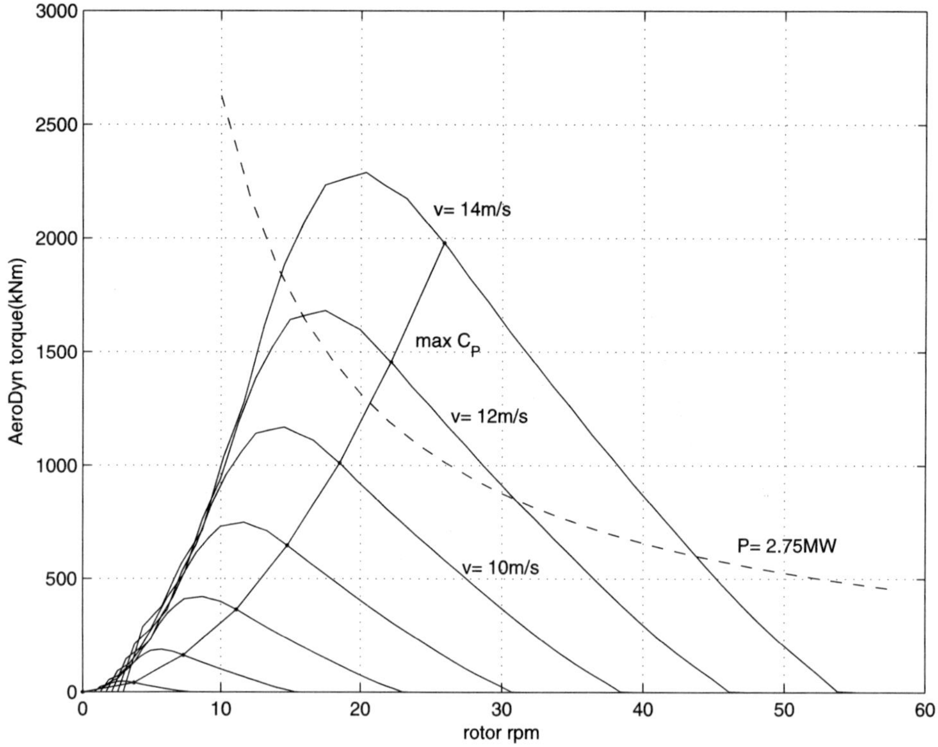

그림 2.3 풍속 변화에 따른 $\Omega_r - T_a$ 선도($\beta = 0^o$)

성이 매우 비선형이다. 또한, 회전 토크, T_a는 식 (2-2)처럼 λ, β, v 간의 간략한 수학적 관계로 표현되지만, 실제로는 보기만큼 단순하지 않다. 식 (2-2)의 회전 토크, T_a를 회전 날개의 회전 속도, Ω_r의 함수로 그린 것이 그림2.3 이다. 이 그림은 피치각을 0^o로 고정시킨 상태에서, 풍속 변화에 따른 $\Omega_r - T_a$관계를 그린 것이다. 산 모양의 7개 선도는 풍속이 각각 2, 4, 6, 8, 10, 12, 그리고 14m/s일 때, 각각의 $\Omega_r - T_a$관계를 나타낸다. 이 그림에서 쇄선은 풍력 터빈의 파워가 DOWEC WT의 정격 파워인 2.75MW가 되는 조건을 의미한다. 한편, 점과 함께 그려진 실선은 C_P가 최대가 되는 조건을 나타내며, 뒤의 식 (3-2)에서 유도되듯이 날개 회전 속도, Ω_r의 제곱에 비례하는 포물선이 된다.

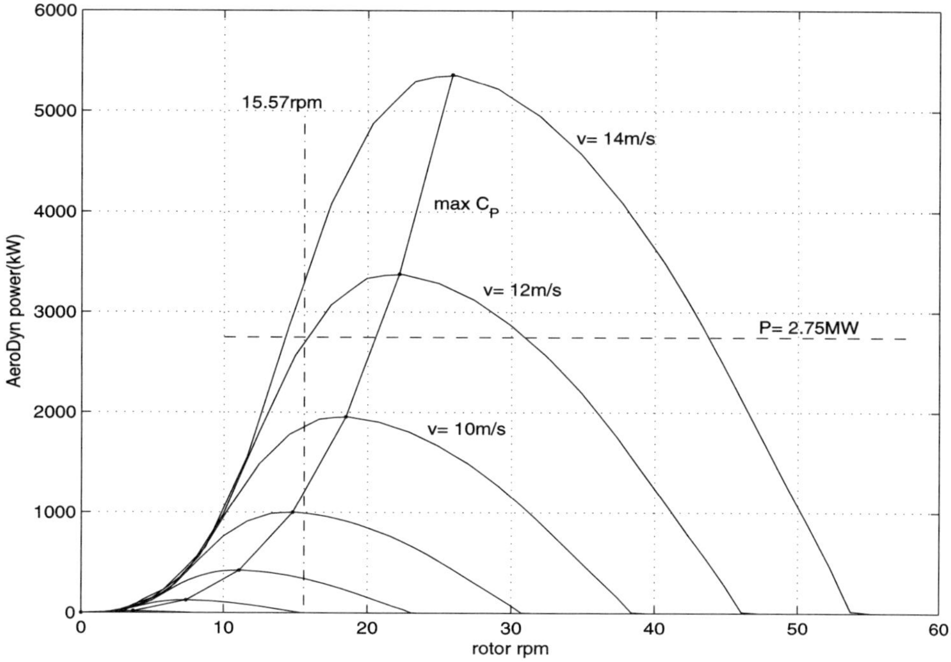

그림 2.4 풍속 변화에 따른 $\Omega_r - P$ 선도 $(\beta = 0^o)$

위와 동일한 조건에 대하여, 풍속 변화에 따른 $\Omega_r - P$관계를 그린 것이 그림 2.4 이다. max-C_P 궤적이 각 풍속 조건에서 최대 파워 점들을 지나고 있는 것을 볼 수 있다. 표 2.1에 정리된 바와 같이, DOWEC WT에 대한 Ω_r의 범위가 9.909 -18.402rpm이고, 정격 회전 속도가 15.57rpm 인 것을 고려하여 그림 2.3과 2.4를 살펴보아야 한다. 정격 풍속인 12.3m/s 이상의 바람에서는 DOWEC 풍력 터빈의 회전 속도와 출력은 15.57rpm과 2.75MW로 유지되어야 한다 (그림 2.4에서 두 점선이 만나는 작동점). 그림 2.4를 참조할 때, $v = 14$m/s의 풍속에서는 $\beta = 0^o$의 상태로는 위 조건을 만족시키지 못한다는 것을 알 수 있을 것이다. 이를 해결하는 방법은 피치각, β을 증가시켜서 C_P를 감소시켜, 풍력 터빈의 효율을 낮추는 것이다.

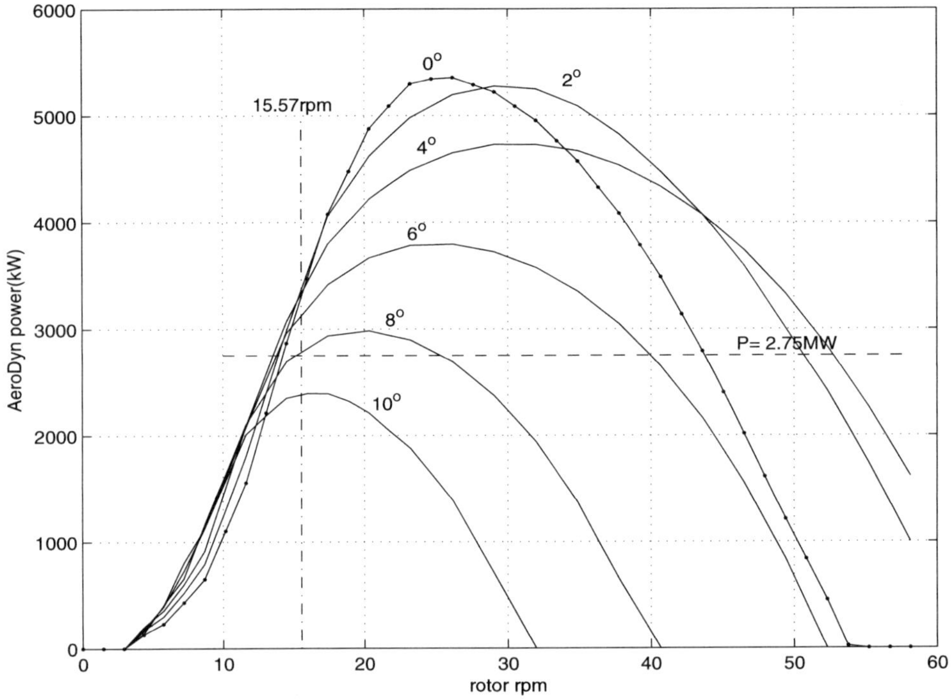

그림 2.5 14m/s의 풍속에서 피치각 변화에 대한 $\Omega_r - P$ 선도

그림 2.5는 14m/s의 풍속 조건에서 피치각을 변화시킬 때, $\Omega_r - P$선도가 어떻게 변화되는 지를 보여 준다. 점과 함께 표시된 선이 그림 2.4와 동일한 $\beta = 0^o$ 조건에서의 $\Omega_r - P$ 선도이다. 피치각을 크게 하면, C_P가 작아져서 풍력터빈의 출력이 작아지게 되는 것을 볼 수 있다. 이 그림으로부터 $v = 14$m/s의 풍속에 대하여 2.75MW의 출력을 유지하려면, 피치각을 8° 근처로 위치시켜야 함을 알 수 있다. 그림 2.1의 C_P 선도를 3차원 형상으로 다시 그린 것이 그림 2.6이다. 피치각이 커질수록, 또한 선단 속도비가 $\lambda_0 = 8.9$로부터 멀어질수록, 풍력 터빈의 효율 지표인 C_P 값이 작아지고 있는 것을 볼 수 있다. 또한, 그림 2.7은 피치각이 0^o인 조건에서의 선단 속도비, λ의 함수로 그린 C_P 선도와 C_Q 선도이다. 이 그림으로부터 피치각을 0^o로 유지하면서, $\lambda_0 = 8.9$인 조건

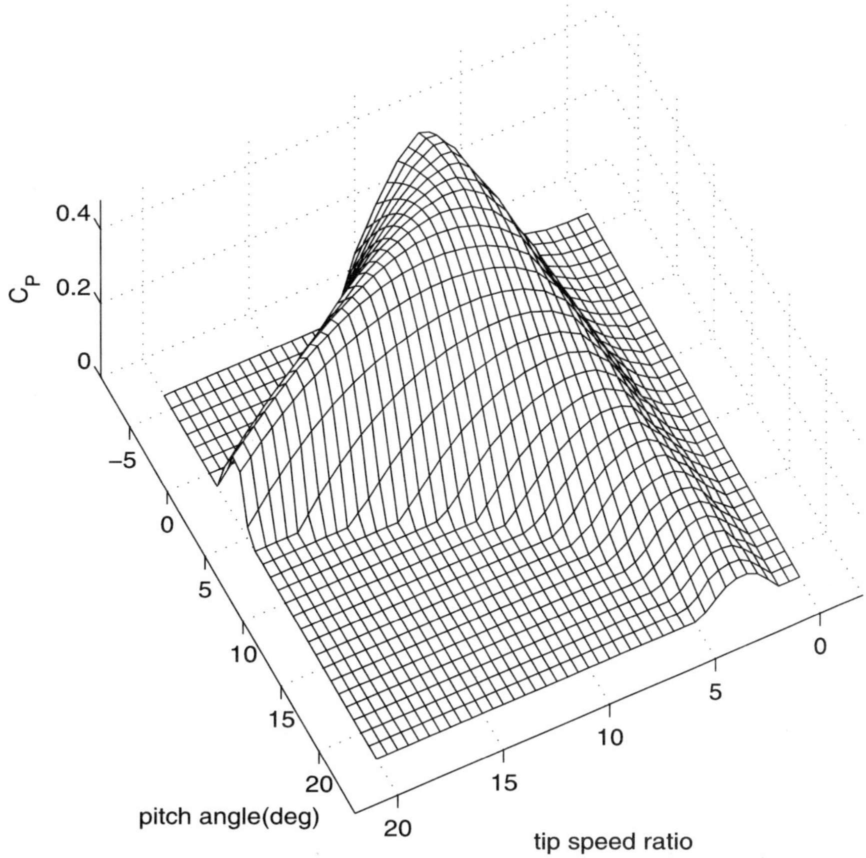

그림 2.6 피치각과 선단 속도비 변화에 따른 C_P의 3차원 선도

으로 풍력 터빈을 운전시킬 수 있다면, DOWEC 2.75MW WT은 바람이 갖고 있는 파워의48%(C_P=0.48)까지 회수할 수 있음을 유추할 수 있다. 또한, 그림 2.7을 보면, max C_P와 max C_Q는 동일한 선단 속도비에서 발생되지 않는다는 것을 알 수 있다. 즉, 일정한 풍속 조건에 대하여, 풍력 터빈의 회전 토크, T_a가 최대가 되는 날개 회전속도는 풍력 터빈의 파워를 최대로 만드는 날개 회전속도보다 항상 작게 된다.

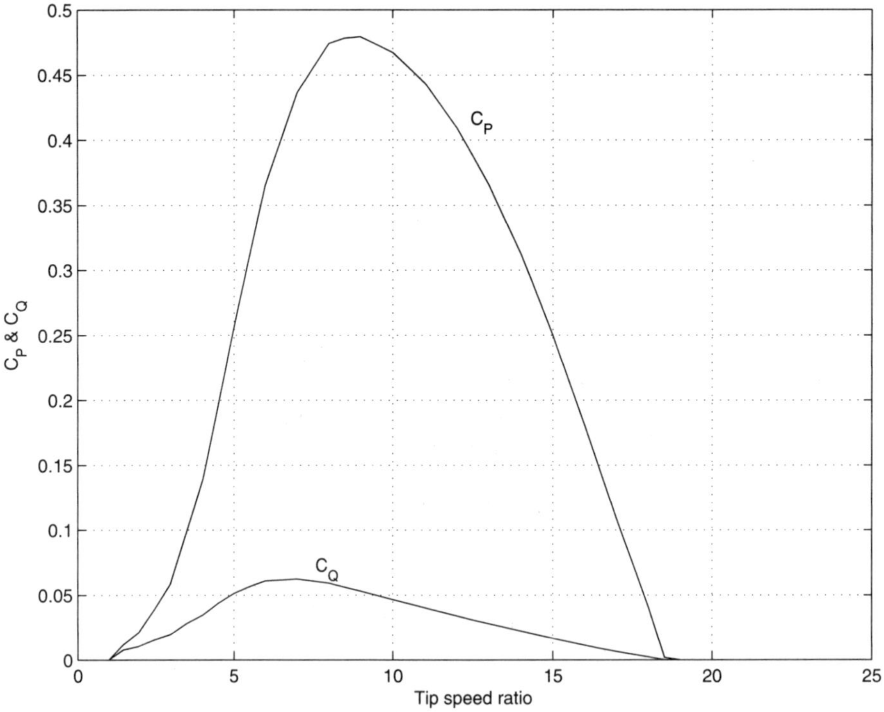

그림 2.7 피치각이 0^o인 조건에서 선단 속도비 변화에 따른 C_P와 C_Q선도

2.2 풍력 터빈의 비선형성과 공기역학적 안정성

앞선 논의로부터 풍력 터빈은 공기역학적 특성이 매우 비선형이라는 것을 알았다. 이 교재의 주된 목표는 풍력 터빈의 제어 시스템 설계에 관한 것이다. 비선형 시스템에 대한 여러 제어 이론들도 있지만, 대부분의 제어 이론은 선형 시스템에 기초한다. 풍력 터빈의 동적 특성을 파악하고 이에 대한 제어 알고리즘을 개발하려면, 풍력 터빈의 비선형 운동 특성을 선형 특성을 갖는 시스템으로 변환시켜야 한다. 이 절에서는 선형화 기법의 수학적 기반인 Taylor 시리즈 전개에 대해 간략하게 언급하고, 이를 풍력 터빈의 선형화 해석

에 응용하는 방법을 소개한다. 이와 함께 풍력 터빈의 공기역학적 안정성도 논의한다.

2.2.1 풍력 터빈의 비선형성

먼저 Taylor 시리즈에 대한 수학적 배경을 논의하자. 임의의 함수, $f(x)$는 어느 특정 작동점, $x=a$에 대하여 식 (2-3)과 같이 무한급수로 전개할 수 있는데, 이 시리즈를 Taylor 시리즈라 한다.

$$f(x)=f(a)+f'(a)(x-a)+\frac{f''(a)}{2!}(x-a)^2+\cdots+\frac{f^{(n)}(a)}{n!}(x-a)^n+\cdots \quad (2\text{-}3)$$

Taylor 시리즈의 유용성은 다음과 같은 근사식에서 나온다. 만약, $x-a \simeq 0$, 즉 x가 작동점 a에서 크게 벗어나 있지 않다는 조건에 대하여, 식 (2-3)은 (2-4)와 같이 근사화시킬 수 있다[7].

$$f(x)\simeq f(a)+f'(a)(x-a) \quad (2\text{-}4)$$

식 (2-4)는 비선형 함수, $f(x)$에 대한 선형 관계식이다. 이 식을 이용하여 비선형 함수에 대한 선형화 해석을 할 수 있다. 우리가 얻는 것은 그 해석이 명료한 선형 관계식이지만, 지불해야 하는 대가는 비선형 함수, $f(x)$가 정의되는 영역, S(즉, $x\in S$)을 여러 부분으로 쪼개어 각 영역마다 식 (2-4)와 같은 선형화 관계식을 찾아야 한다는 것이다. 즉, 하나의 비선형 시스템에 대하여, 여러 개의 선형 시스템을 대응시켜야 한다는 것이다. 여러 개의 독립변수를 갖는 함수에 대한 Taylor 시리즈의 근사식, 즉 선형화 관계식은 식 (2-5)와 같다.

$$f(x,y,z)\simeq f(a,b,c)+\left(\frac{\partial f}{\partial x}\bigg|_{(a,b,c)}\right)(x-a)+\left(\frac{\partial f}{\partial y}\bigg|_{(a,b,c)}\right)(y-b)+\left(\frac{\partial f}{\partial z}\bigg|_{(a,b,c)}\right)(z-c)\Bigg\} \quad (2\text{-}5)$$

7) 작은 수를 제곱, 세제곱하면 더욱 더 작은 수가 되므로, 식 (2-3)에서 $f'(a)(x-a)$ 이후의 항들은 무시할 수 있을 정도로 작게 되어 식 (2-4)가 성립한다.

여기서, $\left(\left.\frac{\partial f}{\partial x}\right|_{(a,b,c)}\right)$는 함수, $f(x)$에 대한 x의 1차 편미분을 동작점, (a,b,c)에서 계산한 값이다.

이제 회전 날개에 작용되는 회전 토크, T_a 관계식 (2-2)를 다시 살펴보자. 회전 토크, T_a는 날개 회전속도 Ω_r, 풍속 v, 그리고 피치각 β의 비선형 함수임을 바로 알 수 있다. 식 (2-5)을 사용하여, 회전 토크, T_a 관계식을 선형화시킬 수 있다. 즉,

$$T_a = \frac{1}{2}\rho\pi R^3 C_Q(\lambda,\beta)v^2 = T_a(\Omega_r, v, \beta)$$

$$\simeq T_a(\Omega_{r0}, v_0, \beta_0) + \left.\frac{\partial T_a}{\partial \Omega_r}\right|_{(\Omega_{r0}, v_0, \beta_0)}(\Omega_r - \Omega_{r0}) + \left.\frac{\partial T_a}{\partial v}\right|_{(\Omega_{r0}, v_0, \beta_0)}(v - v_0) + \left.\frac{\partial T_a}{\partial \beta}\right|_{(\Omega_{r0}, v_0, \beta_0)}(\beta - \beta_0) \tag{2-6}$$

각 변수의 변화량을 고려하면, 식 (2-6)은 좀 더 간략한 식으로 고쳐 쓸 수 있다. 즉,

$$\begin{aligned} \delta T_a &= T_a(\Omega_r, v, \beta) - T_a(\Omega_{r0}, v_0, \beta_0) \\ \delta \Omega_r &= \Omega_r - \Omega_{r0} \\ \delta v &= v - v_0 \\ \delta \beta &= \beta - \beta_0 \end{aligned} \tag{2-7}$$

으로 정의하면, 식 (2-6)은 식 (2-8)과 같이 변경된다.

$$\delta T_a = B_\Omega \delta\Omega_r + B_v \delta v + K_\beta \delta\beta \tag{2-8}$$

여기서,

$$B_\Omega = \left.\frac{\partial T_a}{\partial \Omega_r}\right|_{(\Omega_{r0}, v_0, \beta_0)} = \left[\frac{1}{2}\rho\pi R^3 v^2 \frac{\partial C_Q}{\partial \lambda}\frac{\partial \lambda}{\partial \Omega_r}\right]_{(\Omega_{r0}, v_0, \beta_0)} = \left[\frac{1}{2}\rho\pi R^4 v \frac{\partial C_Q}{\partial \lambda}\right]_{(\Omega_{r0}, v_0, \beta_0)}$$

$$B_v = \left.\frac{\partial T_a}{\partial v}\right|_{(\Omega_{r0}, v_0, \beta_0)} = \left[\frac{1}{2}\rho\pi R^3 v^2 \frac{\partial C_Q}{\partial \lambda}\frac{\partial \lambda}{\partial v} + \frac{1}{2}\rho\pi R^3 C_Q(2v)\right]_{(\Omega_{r0}, v_0, \beta_0)}$$

$$= \left[-\frac{1}{2}\rho\pi R^4 \Omega_r \frac{\partial C_Q}{\partial \lambda} + \rho\pi R^3 C_Q v \right]_{(\Omega_{r0}, v_0, \beta_0)}$$

$$K_B = \left.\frac{\partial T_a}{\partial \beta}\right|_{(\Omega_{r0}, v_0, \beta_0)} = \left[\frac{1}{2}\rho\pi R^3 v^2 \frac{\partial C_Q}{\partial \beta} \right]_{(\Omega_{r0}, v_0, \beta_0)}$$

풍속의 변화가 없다면, 풍력 터빈은 정상상태 조건으로 운전되고 있을 것이다. 즉, 일정한 풍속, v_0에 대하여, 피치각은 β_0를 유지하고 있고, 회전 날개는 Ω_{r0}의 일정한 속도로 회전하고 있을 것이다. 풍력 터빈에 어떤 변화가 가해지지 않는다면, 풍력 터빈은 $P_0 = T_a(\Omega_{r0}, v_0, \beta_0) \times \Omega_{r0}$의 파워를 생산하는 정상상태를 유지할 것이다. 이 작동점에 대하여, 풍속이 순간적으로 v_0에서 $v = v_0 + \delta v$로 증가된다면, 회전 토크는 어떻게 변화될까?

식 (2-8)을 적용하면, 회전 토크는 $T_a(\Omega_{r0}, v_0, \beta_0)$에서 $T_a(\Omega_{r0}, v_0, \beta_0) + \delta T_a = T_a(\Omega_{r0}, v_0, \beta_0) + B_v \delta v$으로 $B_v \delta v$만큼 증가될 것이다. 식 (2-8)에서 정의된 3개 파라미터, 즉, B_Ω, B_v, K_β의 값들은 작동점이 변화되면 그 값들도 함께 변화된다는 것을 잊지 말자.

2.2.2 풍력 터빈의 공기역학적 안정성

식 (2-8)에서 정의된 3개 파라미터들의 물리적 의미를 생각해 보자. 특히, B_Ω는 날개 회전속도 변화에 대한 회전 토크의 변화의 비(ratio)를 나타내는 량으로서, 풍력 터빈의 안정성(stability)에 직접적인 영향을 미치는 인자이다. B_Ω의 부호가 (+)이면, 풍력 터빈은 공기역학적으로 불안정한 상태에 있게 된다. 식 (2-8)에 명시된 B_Ω의 수학적 정의를 살펴보아도 그 이유를 알 수 있지만, 여기서는 그림 2.8(A)에 그려진 $\Omega_r - T_a$선도를 이용해서 설명해 보자[25].

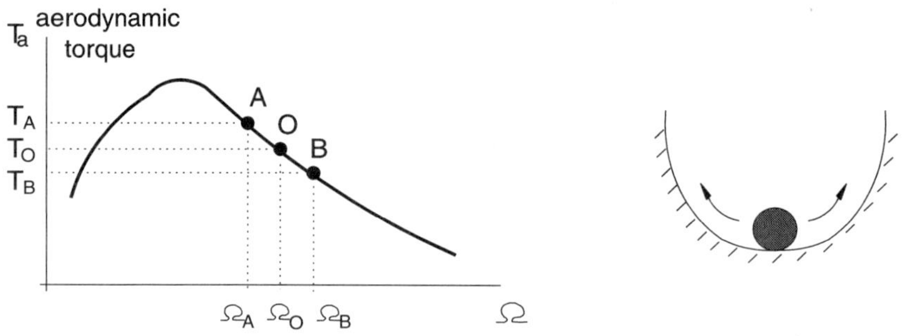

(A) stable operating condition

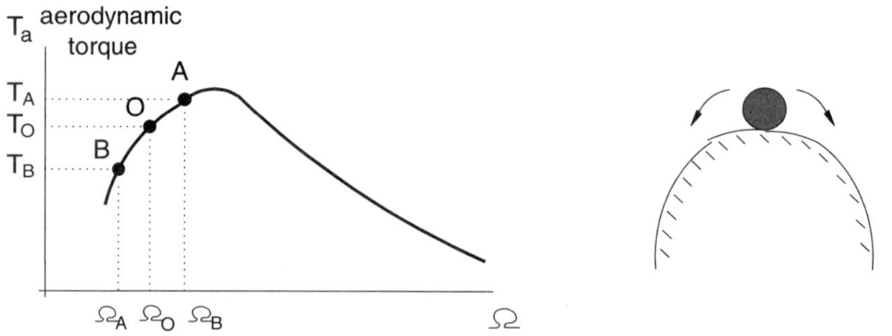

(B) unstable operating condition

그림 2.8 풍력 터빈의 공기역학적 안정성

그림 2.8(A)에서와 같이, 일정 풍속 v_0에 대하여, 풍력 터빈이 작동점 O에서 정상상태를 유지하고 있다고 가정해 보자. 즉, 이 조건에서 풍력 터빈의 회전 날개는 Ω_0의 일정한 속도로 회전하고 있게 된다. 이때, 풍속의 변화가 없는 상태에서, 어떤 요인으로 인하여 날개의 회전속도가 Ω_0에서 Ω_A로 감소되었다고 가정해 보자. 그러면, 그림 2.8(A)에서 보듯이 날개의 회전을 생성하는 회전토크, T_a는 T_O에서 T_A로 증가되어, 감소된 날개 회전 속도를 다시 증가시키려 할 것이다. 또한, 회전 날개의 속도가 Ω_0에서 Ω_B로 증가된 경우에도, 회전 토크가 T_B의 값으로 감소되기 때문에 날개의 회전은 감속되어, 풍

력 터빈의 운전 상태는 다시 작동점 O로 돌아가려 한다. 이와 같은 작용은 공기역학적인 현상으로 자연스럽게 발생되며, 마치 공이 그림 2.8(A)과 같이 놓인 안정된 역학 상태와 동등하다. 또한 $\Omega_r - T_a$선도의 기울기가 (-)임을 살펴보고, 식 (2-8)에서 정의된 B_Ω는 $\Omega_r - T_a$선도에서 기울기라는 것도 확인해 보자. 이제 그림 2.8(B)의 운전 조건, 작동점 O는 공기역학적으로 불안정한 상태를 의미한다는 것을 쉽게 유추할 수 있을 것이며, 이 상태에서 B_Ω의 부호가 (+)라는 것을 바로 확인할 수 있을 것이다.

이제 풍력 터빈의 전체 작동영역에 대하여 3개 파라미터, 즉 B_Ω, B_v, K_β의 값들은 어떻게 변화하는 지 알아 보자. 표 2.1을 참조하면, DOWEC 2.75MW 풍력 터빈의 운전 범위는 식 (2-9)와 같다.

$$\begin{aligned}&\text{날개 회전속도}(\Omega_r)\text{: } (9.9 \sim 18.5)\ \text{rpm}\\&\text{풍속}(v)\text{: } (4 \sim 25)\ \text{m/s}\\&\text{피치각}(\beta)\text{: } (-2 \sim 30)\ \text{deg}\end{aligned} \tag{2-9}$$

그러면, 위와 같은 운전 영역에 대하여, B_Ω 변화를 어떻게 구할 수 있을까? 식 (2-8)의 정의는 이 값들을 구하는 데에는 아무런 쓸모가 없다. Matlab/Simulink를 이용한 수치해석적인 방법을 적용해 보자.

그림 2.9는 회전 토크, 즉 $T_a = \frac{1}{2}\rho\pi R^3 C_Q(\lambda,\beta)v^2$를 Simulink로 다시 표현한 것이다. 이 모델은 3개 입력, 즉 날개 회전 속도(Ω_r), 풍속(v), 피치각(β)에 대한 2 개 출력, 즉 회전 토크(T_a), 토크 계수(C_Q)의 관계를 나타낸다. 그림 2.9에서, $C_Q(=C_P/\lambda)$는 선단 속도비와 피치각의 함수인데, 여기서는 그림 2.6의 데이터를 활용하여 look-up 테이블로 나타낼 수 있다. Matlab의 'linmod'라는 명령어를 사용하면, 그림 2.9과 같은 비선형 시스템에 대한 선형화 관계식, 즉 식 (2.10)의 상태 공간식(state space form) 표현을 얻을 수 있다.

$$\begin{aligned}\dot{\mathbf{x}} &= A\mathbf{x} + Bu\\ y &= C\mathbf{x} + Du\end{aligned} \tag{2-10}$$

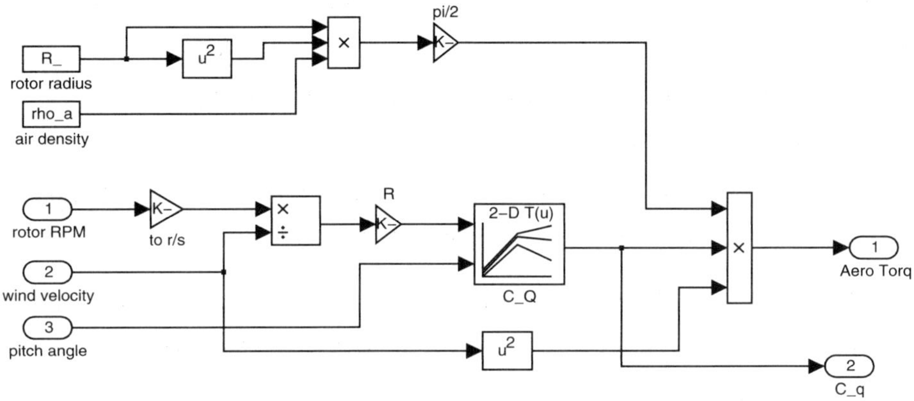

그림 2.9 $T_a = \rho\pi R^3 C_Q(\lambda,\beta)v^2/2$의 Simulink 모델

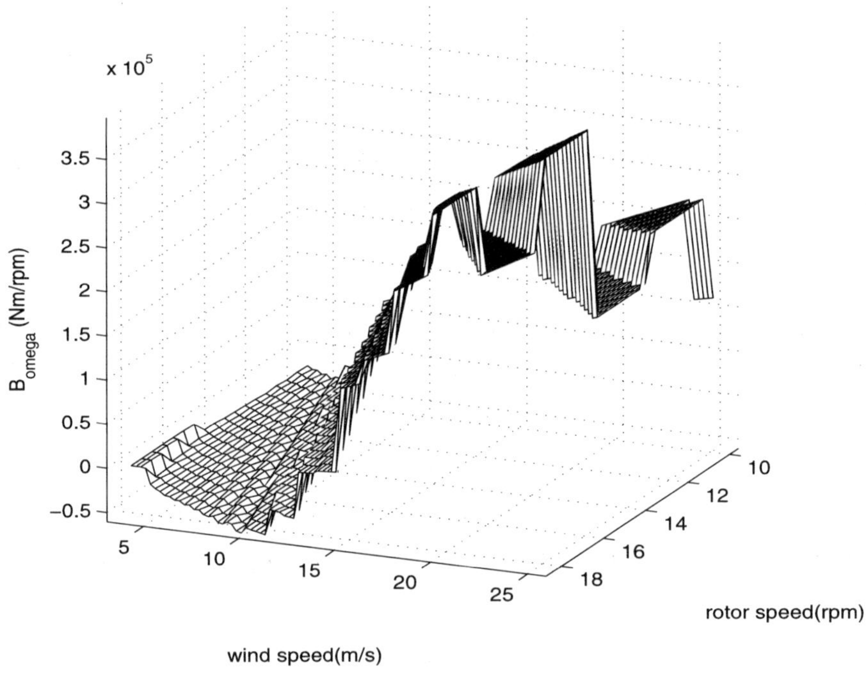

그림 2.10 풍력 터빈 작동영역에서 B_Ω의 변화 ($\beta = 0^o$)

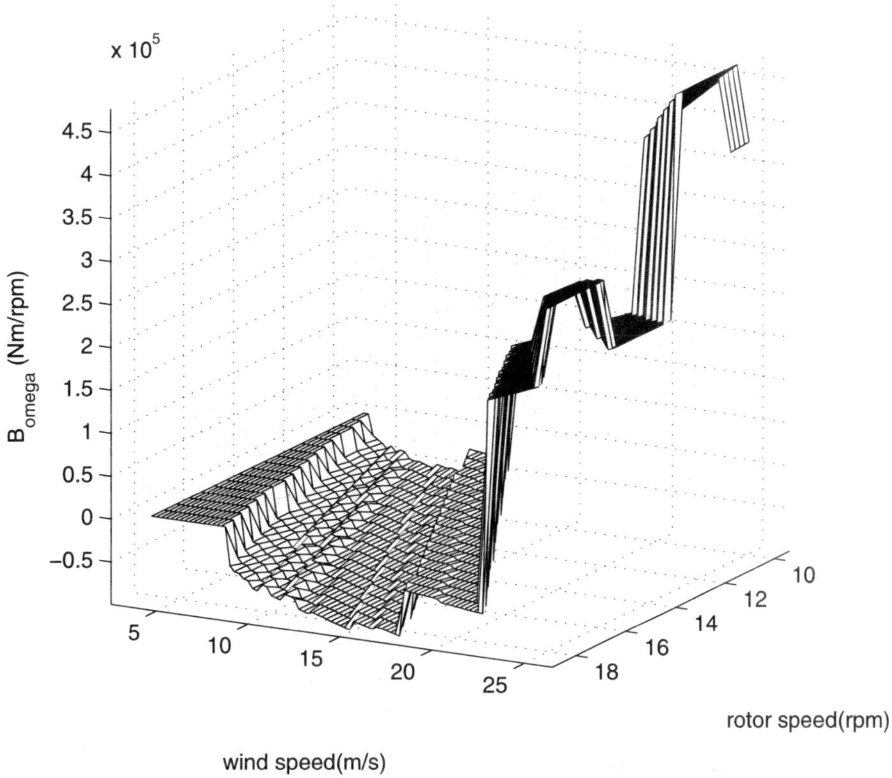

그림 2.11 풍력 터빈 작동영역에서 B_Ω의 변화 ($\beta = 10^o$)

여기서, u는 그림 2.9 시스템의 입력, 즉 Ω_r, v, β이며, y는 시스템의 출력, 즉 T_a와 C_Q을 나타낸다. 그림 2.9의 관계는 시간과는 무관한 정적인(static) 관계이므로, 식 (2-10)에서 A, B, C 매트릭스는 모두 0이 되며, 입출력 신호간의 선형 관계를 의미하는 D 매트릭스만이 0이 아닌 값을 갖게 된다. 이 매트릭스는 2×3인데, 그 이유는 쉽게 짐작될 것이다. 우리가 구하려 하는 B_Ω는 D 매트릭스 요소들 중에서 $D(1,1)$에 해당하며, B_v는 $D(1,2)$, 그리고 K_B는 $D(1,3)$가 된다.

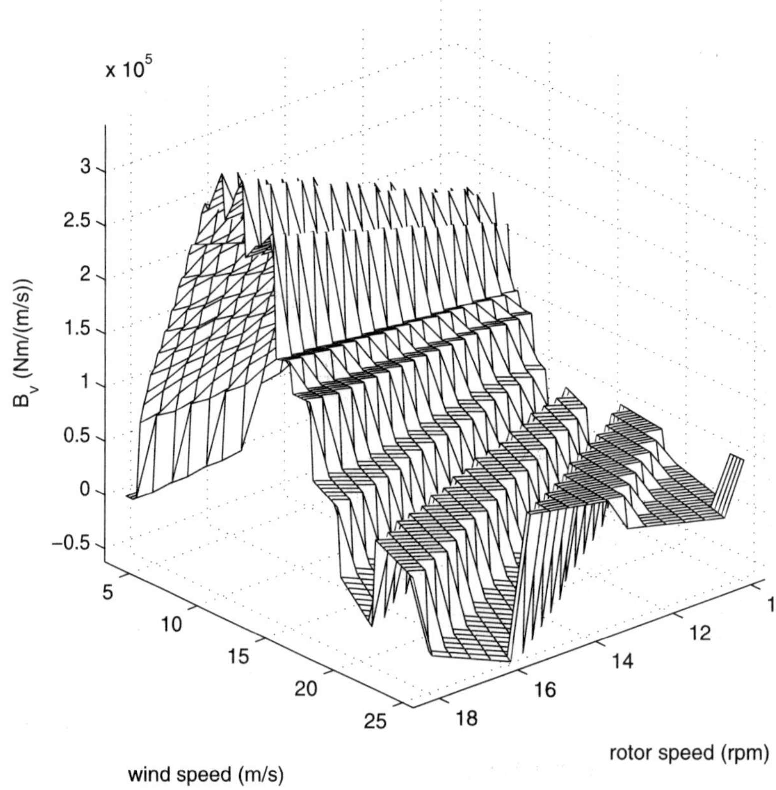

그림 2.12 풍력 터빈 작동영역에서 B_v의 변화 ($\beta = 0^o$)

그림 2.10은 피치각을 0^o로 고정시킨 상태에서, 날개 회전속도와 풍속이 식 (2-9)의 범위에서 변화될 때, B_Ω의 값을 그린 것이다. 정격 풍속, 12.3m/s 이하의 바람 조건에서는 회전 날개 속도에 무관하게, B_Ω의 값이 음이 된다. 그러나 정격 풍속 이상에서는 이 값은 양으로 바뀌어, DOWEC WT은 공기역학적으로 불안정한 상태에 놓이게 된다. 그림 2.11은 피치각을 10^o로 한 조건에서 B_Ω의 값을 다시 그린 것이다. 그림 2.10과 비교할 때, B_Ω의 값이 음이 되는 영역이 정격 풍속 이상의 바람 영역까지 확장되어, 풍력 터빈의 안정 작동영역이 크게 확대된 것을 볼 수 있다.

그림 2.12는 피치각이 0^o인 조건에서 B_v 값의 변화를 그린 것이다. 대부분의 영역에서 이 값의 부호가 양인 것을 확인할 수 있는데, 이것은 풍속이 증가되면 날개의 회전 토크도 증가한다는 것을 뜻한다. 마지막으로 그림 2.13은 피치각이 0^o인 조건에서 K_β 값의 변화를 나타낸다. 식 (2-8)에서도 알 수 있듯이, K_β는 회전 토크 생성에 대한 피치 운동의 유효성을 의미한다. 즉, 이 값이 양이면서 그 값이 크다면, 피치각을 양의 방향으로 조

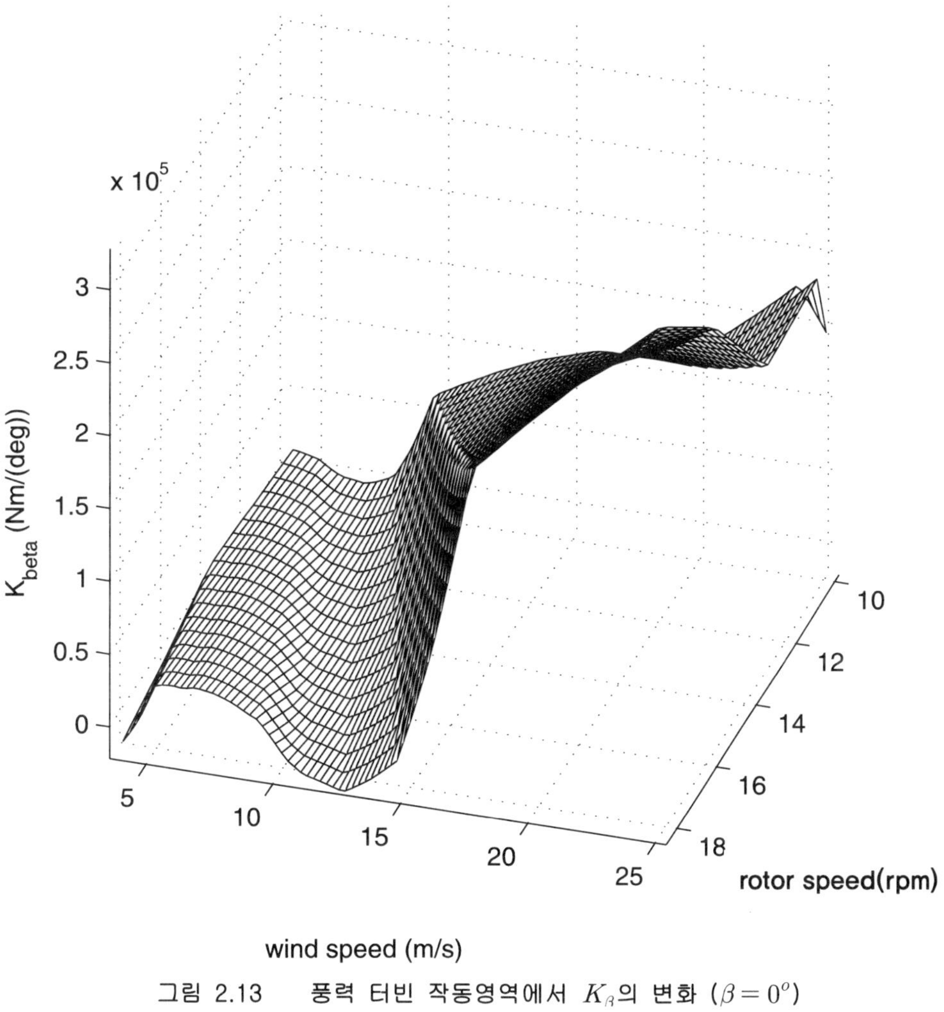

그림 2.13 풍력 터빈 작동영역에서 K_β의 변화 ($\beta = 0^o$)

금만 움직여도 회전 토크가 크게 증가한다는 것을 뜻한다. 풍속이 세고, 회전 날개의 속도가 큰 작동 조건일수록, K_β의 값이 커지는 것을 볼 수 있다.

회전 날개의 공기역학적 특성은 매우 비선형이다. 이 장에서는 선형화 해석 방법을 소개하면서, 뒤의 제어계 설계 문제에서 중요하게 다루어질 3개 파라미터, 즉 B_Ω, B_v, K_β를 정의하였고 각 파라미터의 의미를 살펴보았다. 특히, DOWEC2.75MW 풍력 터빈을 예로 하여, 3개 파라미터 값들이 운전 조건 변화에 따라서 어떻게 변하는 지 알아 보았다.

풍력 터빈 제어 전략

CHAPTER 3

풍력 터빈은 바람의 파워를 최대로 회수하는 동시에 풍력 터빈에 가해지는 기계적 하중은 최소화되도록 제어되어야 한다. 또한, 전력망으로 전송되는 전기의 전력 품질(power quality)도 관리되어야 한다. 특히, 풍력 터빈이 대형화될수록, 위의 3가지 요구조건들을 동시에 충족시키는 제어 시스템을 설계하는 것은 쉽지 않은 일이다[26].

3.1 풍력 터빈의 제어 모드와 제어 구조

3.1.1 풍력 터빈의 제어 모드

그림 3.1은 시스템 관점에서 본 풍력 터빈의 개략적 구조이다. 바람을 포함한 파도, 지진 등의 외란(disturbance)에 대하여, 풍력 터빈에서 직접 제어할 수 있는 변수들은 회전날개의 피치각 β 그리고 발전기의 반력 토크 T_g이다. 날개의 피치각은 피치 엑츄에이터를 구동함으로서, 그리고 발전기 토크는 그림 1.45와 같은 발전기 제어 회로에 토크 명령 신호(torque command signal)를 인가함으로서 직접 제어될 수 있다. 그림 1.44에 그려진 것처럼 발전기의 회전자(rotor)는 기어 박스 고속회전 축(HSS, high speed shaft)에 직결되어 있는데, 발전기 토크만큼 고속회전 축의 회전을 방해하는 방향으로 작용하게 된다. 따라서 발전기 토크를 조절하여 회전날개의 속도를 변화시킬 수 있는 것이다.

한편, 피치각 β을 조절하면, 풍력 터빈의 에너지 회수 효율, 즉 C_P의 값을 변화시킬 수 있다. 바람을 포함하여 풍력 터빈에 인가되는 여러 입력 신호들에 의하여, 풍력 터빈 구조물은 기계적 하중(mechanical loads)을 받게 된다.

대형 풍력 터빈일수록 경량화 설계에 초점을 맞추게 되는데, 이러한 설계일수록 구조물의 기계적 하중을 완화시키는 제어 구조가 점점 더 중요하게 된다. 앞서도 논의되었지만, 그림 3.2의 파워 커브(power curve)대로 바람 에너지가 회수되어야 한다. 풍속 범위에 따라 다음과 같이 3 가지 제어 모드가 존재한다.

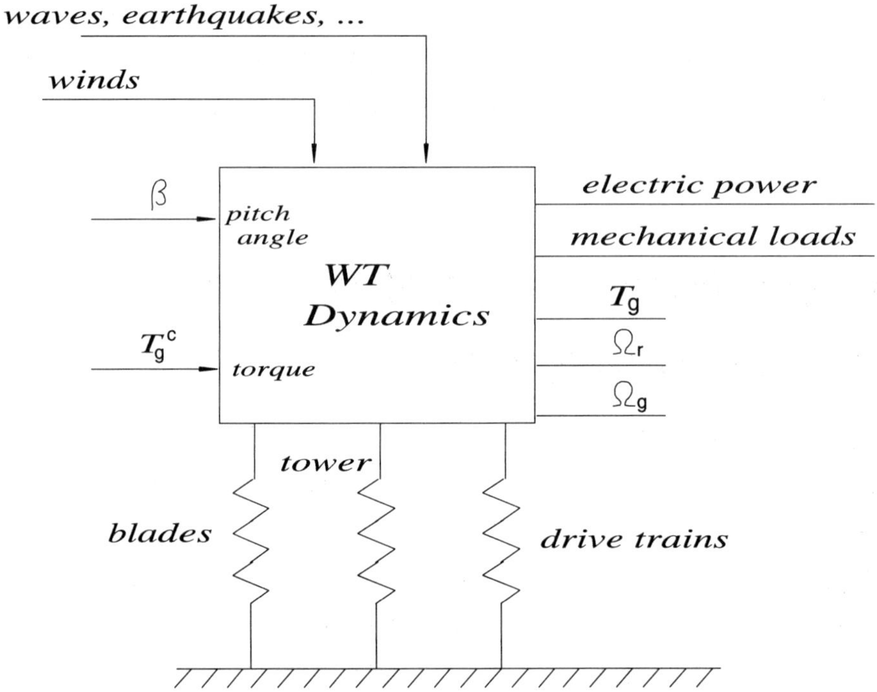

그림 3.1 풍력 터빈의 개략적 구조

(1) max-C_P 영역(Region I):

바람 에너지 회수 효율이 최대가 되도록 풍력 터빈이 제어되는 영역이다. 즉, 1.3.1절에서 설명한 max-C_P 제어가 수행되는데, 이것은 풍력 터빈의 운전 상태가 그림 2.3의 $\Omega_r - T_a$ 선도에 그려진 max-C_P 포물선을 따라 작동되어야 하는 것을 뜻한다. 간단한 계산을 통하여 이를 증명하여 보자. max-C_P 조건에서의 선단 속도비를 λ_o라 하면, 이 값을 유지하기 위하여 풍속 v과 날개 회전 속도 Ω_r간에는 식 (3-1)이 성립하여야 한다.

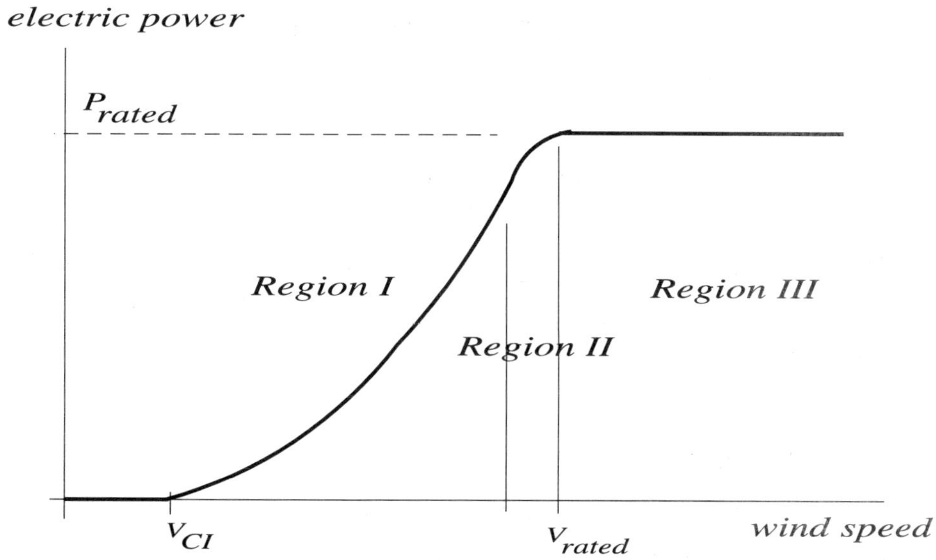

그림 3.2 풍력 터빈의 파워 커브와 제어 모드

$$v = \frac{\Omega_r R}{\lambda_0} \tag{3-1}$$

한편, 식 (2-2)에 위 식을 대입하고 정리하면 식 (3-2)를 유도할 수 있다.

$$\begin{aligned} T_a &= \frac{1}{2}\rho\pi R^3\left(\frac{C_{Pmax}}{\lambda_0}\right)v^2 = \frac{1}{2}\rho\pi R^3\left(\frac{C_{Pmax}}{\lambda_0}\right)\left(\frac{\Omega_r R}{\lambda_0}\right)^2 \\ &= \frac{1}{2}\rho\pi R^5\frac{C_{Pmax}}{\lambda_0^3}(\Omega_r)^2 = k_{op}\Omega_r^2 \end{aligned} \tag{3-2}$$

max-C_P 조건 하에서, 공력 토크 T_a와 날개 회전속도 Ω_r사이에는 식 (3-2)의 관계가 성립한다. 식 (2-2)로 주어지는 공력 토크는 기어박스를 통과하여, 고속회전 축과 직결된 발전기 회전축으로 전달된다. 풍속이 일정하다면, 회전날개도 일정한 속도로 회전하는 정상상태(steady state)에 도달하게 될 것이다. 이와 같은 정상상태 조건에서, 동력 전달 축에서의 토크 손실이 없다고 가정하면, 식 (2-2)에 의한 공력 토크와 발전기 반력 토크, T_g는 서로 평형을 이루어야 한다.

$$T_g = \frac{T_a}{N} = \frac{1}{2N}\rho\pi R^5 \frac{C_{Pmax}}{\lambda_0^3}(\Omega_r)^2 = \frac{k_{op}}{N}\Omega_r^2 = \frac{k_{op}}{N^3}\Omega_g^2 \tag{3-3}$$

여기서, N은 기어박스의 증속비이고, Ω_g는 발전기의 회전 속도이다. 풍력 터빈의 발전기 토크가 식 (3-3)을 만족하도록 제어된다면, 이것은 이 영역에서 풍력 터빈이 max-C_p 조건으로 작동된다는 것을 뜻한다.

(2) 정격 파워 유지 영역(Region III)

풍력 터빈의 출력 파워가 정격 파워(rated power), P_{rated}로 유지되도록 작동되는 영역이다. 피치각 제어를 통하여 바람 에너지 회수 효율을 조절하게 된다.

(3) 천이 영역(Region II)

max-C_P 제어 영역(Region I)과 파워 유지 영역(Region III) 사이의 천이 영역(transition region)이다. 두 영역간의 부드러운 전환이 이루어지도록 제어가 수행되어야 한다.

3.1.2 풍력 터빈의 제어 구조

지금까지의 논의를 종합하면, 그림 3.3의 풍력 터빈 제어 구조를 그려볼 수 있다. 그림에서 보듯이, 두 개의 제어 루프, 즉 발전기 토크 제어 루프 그리고 피치각 제어 루프가 존재한다. max-C_P 영역(Region I)에서는 피치각을 일정한 값 β_0으로 유지하면서, 발전기 토크가 식 (3-3)의 관계를 만족하도록 토크 제어 루프가 작동된다. 그림 1-45와 같은 복잡한 구조의 발전기 제어 부를 포함하는 발전기 전체의 특성은 아래의 2차 전달함수로 근사화 될 수 있다[24].

$$\frac{T_g(s)}{T_g^c(s)} = \frac{\omega_{ng}^2}{s^2 + 2\zeta_g \omega_{ng} s + \omega_{ng}^2} \tag{3-4}$$

여기서,

T_g^c=발전기 토크 명령신호

ω_{ng}(=38r/s), 발전기 제어 시스템의 고유 진동수(natural frequency)

ζ_g(=0.7), 발전기 제어 시스템의 댐핑(damping)

발전기의 토크 제어 특성이 식 (3-4)과 유사하게 되도록, 그림 1.45와 같은 발전기 제

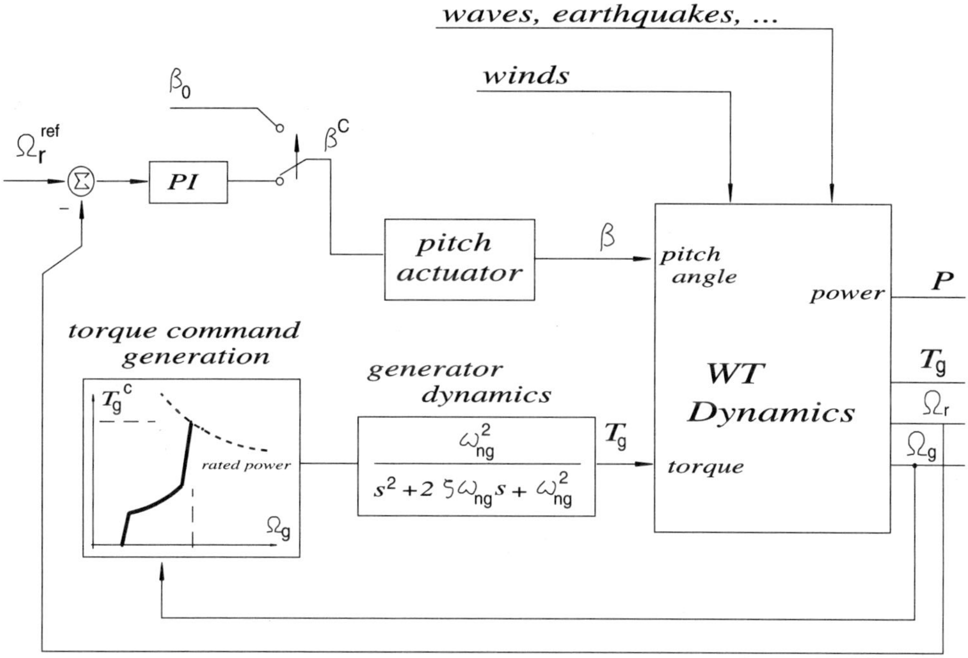

그림 3.3　풍력 터빈의 개략적인 제어 시스템 구조

어 회로는 설계된다. 이에 대한 논의는 이 교재의 범위에 포함되지 않으며, 앞으로의 이론 전개는 식 (3-4)과 같은 간략한 발전기 제어 모델만으로 충분하다.

그림 3.2의 파워 유지 영역에서는 날개의 피치각을 제어하여, 풍력 터빈의 출력 파워를 정격으로 유지시킨다. 피치각을 조절하는 피치 엑츄에이터는 유압 또는 전기 모터로 구현되는데, 이들의 동적 특성은 보통 (3-5)와 (3-6)으로 근사화될 수 있다[13, 24].

$$\frac{\beta(s)}{\beta^c(s)} = \frac{1}{1+\tau_p s} \tag{3-5}$$

여기서,

β^c= 피치각 명령신호

τ_p(= 0.0385 r/s), 피치 제어 엑츄에이터의 시정수(time constant)

또는

$$\frac{\beta(s)}{\beta^c(s)} = \frac{\omega_{n\beta}^2 e^{-T_\beta s}}{s^2 + 2\zeta_\beta \omega_{n\beta} s + \omega_{n\beta}^2} \tag{3-6}$$

여기서,

T_β(= 100msec), 피치 제어 엑츄에이터의 지연 시간(delay time)

$\omega_{n\beta}$(= 80~100r/s), 피치 제어 엑츄에이터의 고유 진동수(natural frequency)

ζ_β(= 0.3~0.5), 피치 제어 엑츄에이터의 댐핑(damping)

피치 엑츄에이터 모델에서 반드시 고려해야 할 요소는 피치 운동의 비선형성, 즉, 포화(saturation) 특성이다. 피치각 변위와 피치 각속도 운동은 일반적으로 식 (3-7)과 같은 한도 내에서 제한된다.

$$-5^o \le \beta \le 92^o \quad -7(^o/s) \le \dot{\beta}) \le 7(^o/s) \tag{3-7}$$

풍력 터빈의 규모나 특성에 따라 그 특성이 다르겠지만, 본 교재에서 다루는 2.75MW 풍력터빈의 피치 엑츄에이터는 식 (3-7)의 비선형성을 가진다고 가정한다. 그림 3.4에 위에서 소개한 피치 엑츄에이터의 모델들에 대한 블록선도를 도시하였다.

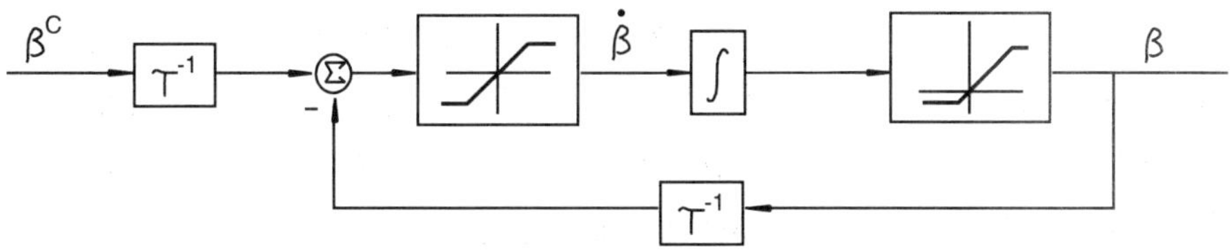

(A) first order model

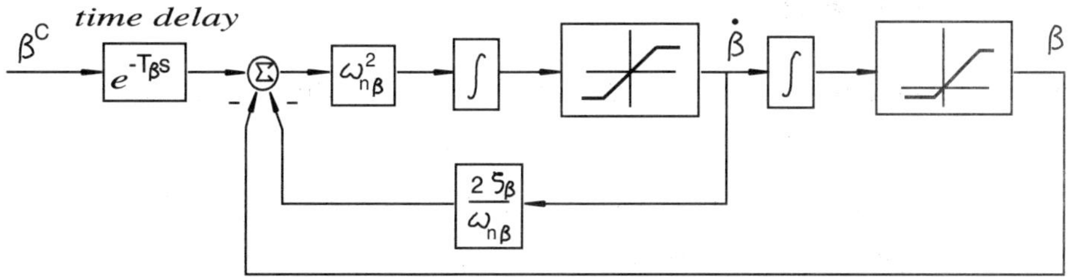

(B) Second order model with time delay

그림 3.4 피치 엑츄에이터 모델의 블록선도

3.2 풍력 터빈의 운전 방식

바람 에너지를 회수하는 가장 단순한 구조는 그림 3.5와 같이 농형 유도발전기(squirrel cage induction generator, SCIG)를 사용하여 전력망에 바로 연결하는 방법이다. 'Danish concept' 또는 고정속도(fixed speed) 운전방식이라 불리는 위의 구조는 농형 유도발전기 자체가 저렴하면서 잔 고장이 적고, 풍력 터빈의 제어 구조도 단순하다는 장점이 있다. 한편, 고 풍속 운전영역에서는 풍력 터빈의 안전성 확보를 위하여, 풍력 터빈의 출력 파워를 정격 이하로 제한시켜야 한다. 이를 이룰 수 있는 가장 단순한 방법은 회전 날개의 공기역학적 실속 현상을 이용하는 것이다. 1957년에 제작된 그림 1.2의 200kW Gedser

풍력 터빈은 이러한 개념으로 설계된 것이다. 그러나 이 운전 방식은 회전 날개의 운전속도 범위가 극히 제한적이기 때문에 바람 에너지 회수 효율 면에서 불리할 뿐 아니라, 돌풍(wind gust)이나 고 풍속 조건에서 풍력 터빈 구조물에 미치는 기계적 부하가 크고 그 영향이 바로 출력 파워에 그대로 나타난다는 단점이 있다. 이러한 단점들을 보완하기 위하여 개발된 운전 방식이 가변속 피치제어(variable speed -pitch regulated) 방식이다[27].

3.2.1 고정속도-실속제어(fixed speed-stall regulated) 운전 방식

MW 규모 풍력 터빈에는 거의 선택되지 않는 운전 방식이지만, 그 작동 원리는 풍력 터빈에 대한 이해를 넓히기 위하여 알아 둘 필요가 있다. 그림 3.5처럼 농형 유도발전기의 고정자 권선은 전력망에 그대로 연결되므로, 회전자의 동기 속도 n_s는 1장의 식 (1-62)으로 결정된다. 이에 상응하는 회전날개의 회전 동기속도 Ω_r^s(rpm)은 식 (3-8)로 결정된다.

$$\Omega_r^s = \frac{n_s}{N} = \frac{2}{pN}(f \times 60) = \frac{120}{pN} f \qquad (3\text{-}8)$$

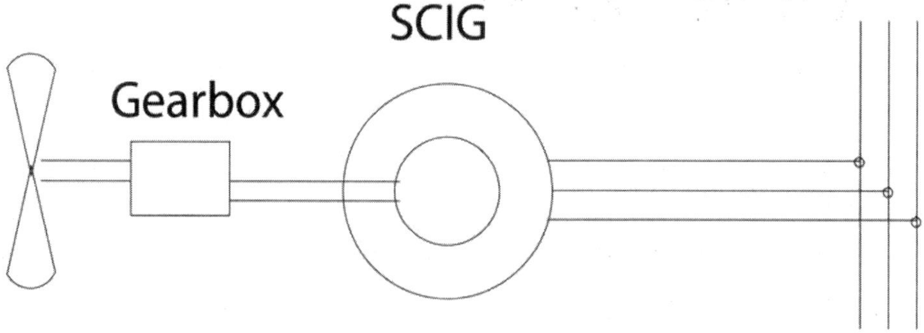

그림 3.5 농형 유도발전기와 전력망의 연결

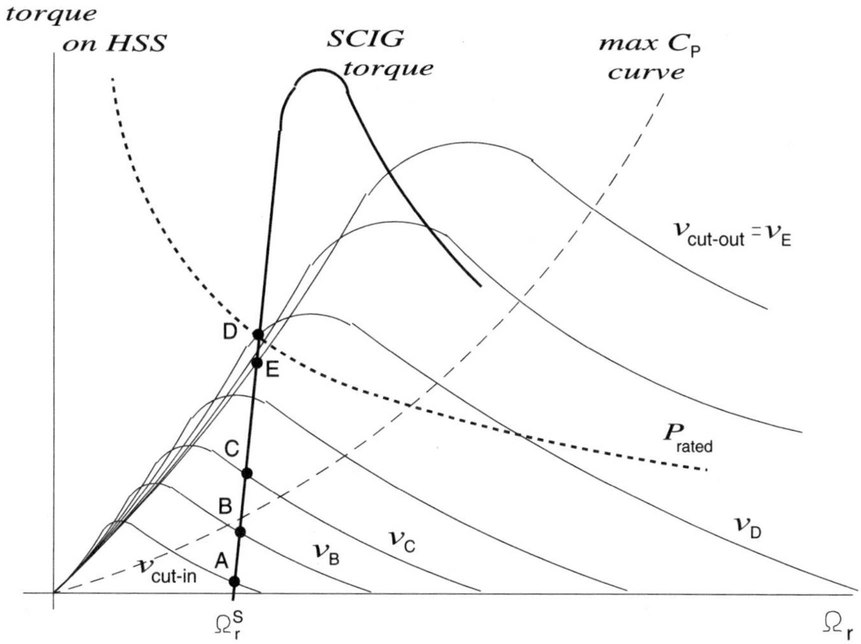

그림 3.6 고정속도 운전방식 풍력 터빈의 토크-회전 속도 특성

여기서, N은 기어박스의 증속비, p는 유도발전기의 극수이며, f는 고정자 전원에 연결된 3상 전원의 주파수(Hz)이다. 회전 날개가 회수하는 공기역학적 회전토크를 발전기 축(고속회전 축, HSS)으로 환산하여 날개 회전속도 Ω_r에 대하여 그려보면, 그림 3.6의 곡선 커브(그림 2.3의 $\Omega_r - T_a$ 선도)들이 된다. 이 그림에 농형 유도 발전기의 토크 특성도 굵은 실선으로 함께 표시하였는데, 발전기 토크를 (+)부호로 생각하기 때문에 그림 1.41의 토크 커브가 반전된 모양으로 그려져 있다. 또한, 이 그림에서 가는 점선은 max-C_P 커브를, 그리고 굵은 점선은 정격 파워 조건을 각각 나타낸다.

이 그림에서 농형 유도발전기의 토크 커브와 공기역학적 토크 커브와의 교점, 다시 말해서 회전 날개가 회수한 공기역학적 토크와 발전기의 반력 토크가 같아지는 조건은 풍력 터빈의 운전 상태가 정상상태임을 뜻한다. 즉, 풍속의 변화가 없다면, 풍력 터빈의 날개 회전 속도는 그 상태를 계속 유지하게 된다. 이제 풍속이 시동풍속(cut-in wind speed)에서 불기 시작하여 차단 풍속(cut-out wind speed)까지 완만하게 증가되고 있다고 가정하여 보자. 그러면, 풍력 터빈의 운전 상태는 A-B-C-D-E 궤적을 따라 변하게 된다. 풍속이 v_D에 도달하게 되면, 풍력터빈 블레이드는 실속 상태에 진입하게 된다. 회전날개의 속도가 거의 변하지 않은 상태에서 풍속이 v_D보다 더 크게 되면, 블레이드 단면이 맞는 받음각은 점점 더 커지면서 점점 더 실속영역으로 들어가게 된다(그림 1.15의 우측 그림 참조). 따라서 풍속이 증가함에 따라 풍력 터빈의 작동점은 발전기 토크 커브를 따라 다시 E점으로 이동된다. E 작동 조건에서의 풍속이 바로 차단 풍속이다.

그림 3.6에서 볼 수 있듯이 고정속도 방식을 사용하는 풍력 터빈의 작동점들은 농형 유도발전기의 토크 특성 커브 위에 놓이게 된다. 따라서 회전 날개의 속도 범위는 동기 속도의 ±3% 정도라는 극히 제한된 영역이다[8]. 고정속도 운전방식을 적용한 풍력 터빈은, 그림에서 보는 바와 같이, max-C_P 운전 조건을 추종할 수 없기 때문에, 바람 에너지 회수 효율 면에서 불리하다. 1.3.2절의 마지막 부분에서 설명한대로, 실속 영역에서는 항력계수 C_D의 값이 커지므로 풍력 터빈에 작용되는 기계적 하중이 크게 증가된다. 고정속도-실속제어 운전방식이 더 이상 채택되지 않는 이유는 에너지 회수의 비효율성과 함께, 풍력 터빈에 미치는 기계적 부하나 출력 파워의 품질을 개선할 수 있는 마땅한 제어 수단을 갖고 있지 못하기 때문이다.

3.2.2 가변속-피치제어(variable speed-pitch regulated) 운전 방식

식 (3-8)에서 보듯이, 고정자 권선에 공급되는 3상 전원의 주파수 f를 변화시키면, 회전 날개의 동기 속도 Ω_r^s를 조절할 수 있다. 그림 3.7처럼 고정자 권선과 전력망 사이에

8) 그러므로, 고정 속도(fixed speed) 운전 방식이라는 용어는 정확한 표현은 아니다.

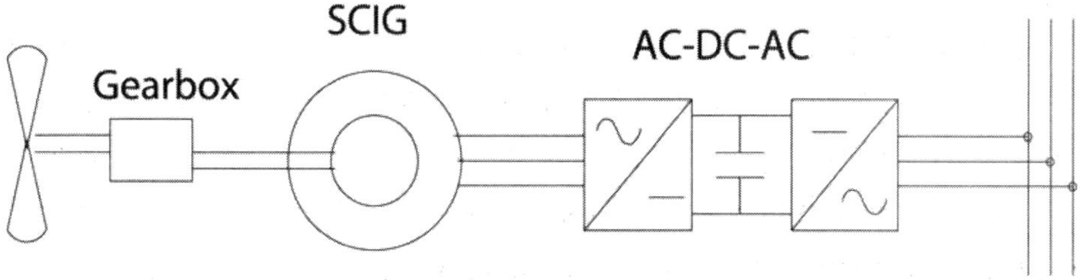

그림 3.7 AC-DC-AC 전력변환 장치를 사용하는 농형 유도발전기와 전력망의 연결

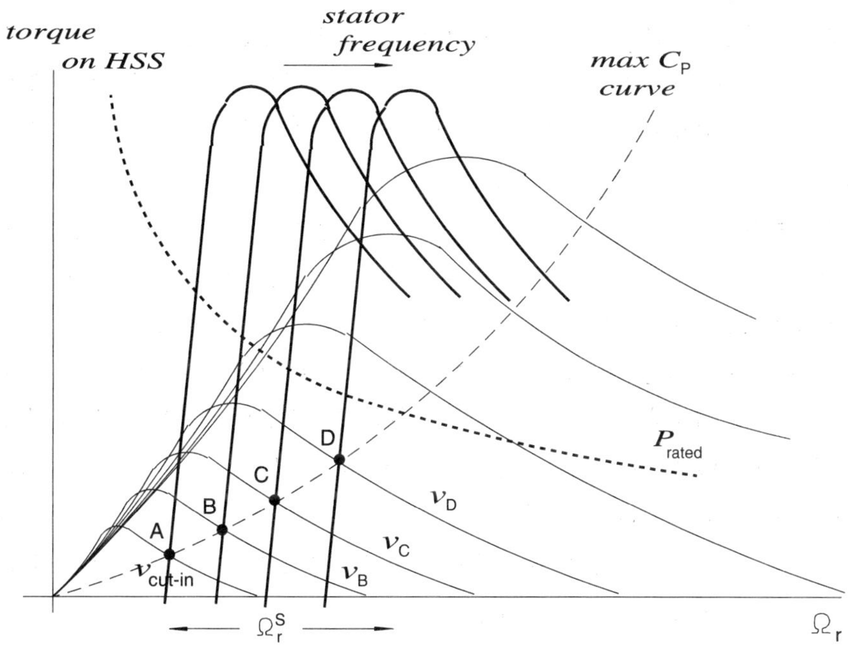

그림 3.8 가변속 운전방식 풍력 터빈의 토크-회전 속도 특성

AC-DC-AC 전력변환을 수행하는 2개의 컨버터를 위치시키면, 고정자 권선의 전원 주파수 f를 바꿀 수 있다. 그림 3.8은 이 방식을 적용하는 풍력 터빈의 토크-회전속도 특성을 나

타낸다. 고정자 권선의 전원 주파수 f를 변화시켜, 발전기 토크 특성 커브의 위치를 그림 3.8처럼 이동시킬 수 있다는 것에 주목하자. 풍속이 시동풍속에서 v_B, v_C, v_D까지 차례로 증가될 때, 풍력 터빈의 작동점들은 A-B-C-D로 이동되어 max-C_P 커브를 추종할 수 있게 된다. 이처럼 회전 날개의 속도 범위를 확장시키면, 풍력 터빈의 에너지 회수 효율을 극대화할 수 있게 되는데, 이러한 방식을 가변속(variable speed) 운전방식이라 부른다. 1.5.3절에서 소개된 이중여자 유도 발전기(doubly fed induction generator, DFIG)를 이용하여 가변속 제어를 수행하면 여러 가지 장점이 있는데, 이에 대한 논의는 이 절에 후반부에서 다시 다루어진다.

정격 풍속이상의 바람 영역, 즉 그림 3.2의 파워 유지(Region III) 영역에서는 풍력 터빈의 출력 파워를 정격으로 유지시켜야 한다. 앞 절에서 설명된 공기역학적 실속 방식은 풍력 터빈에 가해지는 기계적 부하를 크게 한다. 이러한 단점은 블레이드 피치 제어를 통하여 해결할 수 있다. 피치 제어는 'pitch to feather' 방식과 'pitch to stall' 방식[9]으로 구분할 수 있다.

가변속 피치제어 운전 방식으로 작동되는 풍력 터빈의 토크-회전속도 특성이 그림 3.9에 그려져 있다. 풍속이 시동 풍속에서 차단 풍속까지 서서히 증가했다면, 풍력 터빈의 작동 상태는 A-B-C-D-E를 따라 이동하게 된다. 이 그림에서 풍속 v_E는 정격 풍속(rated wind speed)이다. 가변속 운전에 의하여, 풍력 터빈은 시동 풍속에서 정격 풍속까지 max-C_P 조건을 유지할 수 있다. 이 때, 블레이드의 피치각은 일반적으로 β_0의 값으로 고정된다. 이제 풍속이 정격 풍속보다 크게 되면, 피치 제어를 통하여 풍력 터빈의 출력을 정격 파워(rated power)로 유지시켜야 한다. 그림 3.9에서 굵은 점선으로 표시한 2개 토크 커브는 풍속이 v_F와 v_G인 각 조건에 대하여 적절한 피치 제어가 수행된 경우에 대한 공기역학적 회전 토크를 그린 것이다.

만약 위 풍속 조건에 대하여 피치각을 β_1, β_2로 변화시키지 않고 β_0로 계속 유지한다

9) 피치제어를 활용하는 이 방식은 'active stall' 또는 'combi-stall'으로도 부른다. 반면, 공기역학적 실속 방식은 'passive stall'이라 부른다. 이에 대한 자세한 설명은 1.3.2 절을 참조하라.

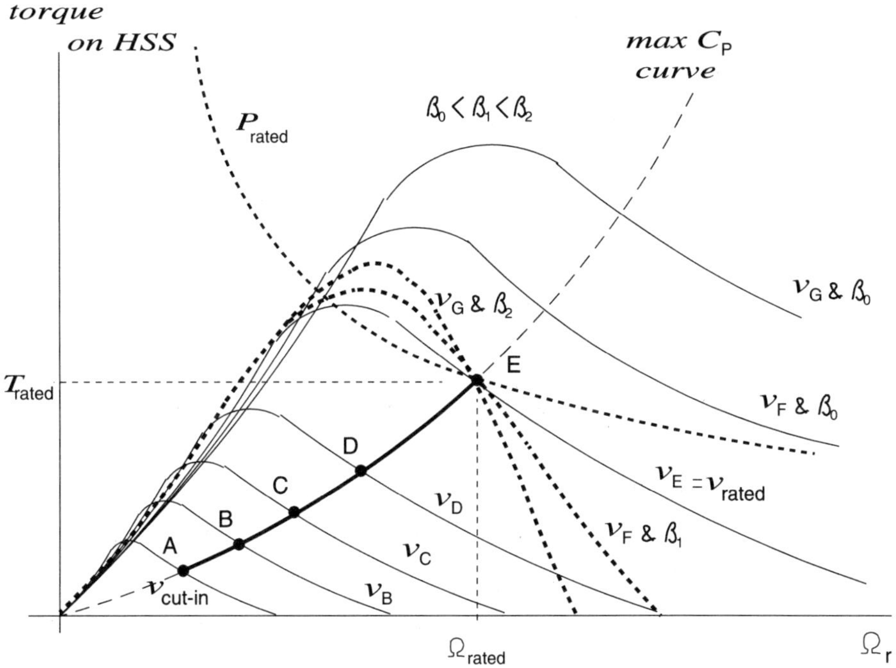

그림 3.9 가변속 피치제어 운전방식 풍력 터빈의 토크-회전 속도 특성

면, 풍력 터빈의 출력 파워는 어떻게 될까? 정격 파워보다 훨씬 큰 파워를 생산할 수 있겠지만, 풍력 터빈은 증가된 기계적 하중에 의하여 조만간 파손될 것이다. 정격 풍속보다 빠른 바람에 대하여, 즉 그림 3.2의 파워 유지(Region III) 영역에 대하여, 풍력 터빈의 작동점은 정격 파워의 유지를 위하여 계속 E점에 머물러 있어야 한다. 따라서 이 영역에서 풍력 터빈의 제어 시스템은 회전 날개의 속도를 정격인 Ω_{rated}로, 그리고 발전기 토크를 T_{rated}로 유지하도록 작동되어야 한다.

이제 이중여자 유도 발전기(DFIG)를 사용하는 풍력 터빈의 제어 방식에 대하여 논의하자. 그림 3.10은 DFIG와 전력망과의 연결 구조를 나타낸다. 1.5.3절에서 논의되었지만, 회전자 측에 연결된 AC-DC-AC 전력 변환회로의 용량은 풍력 터빈 정격 파워의 30%에

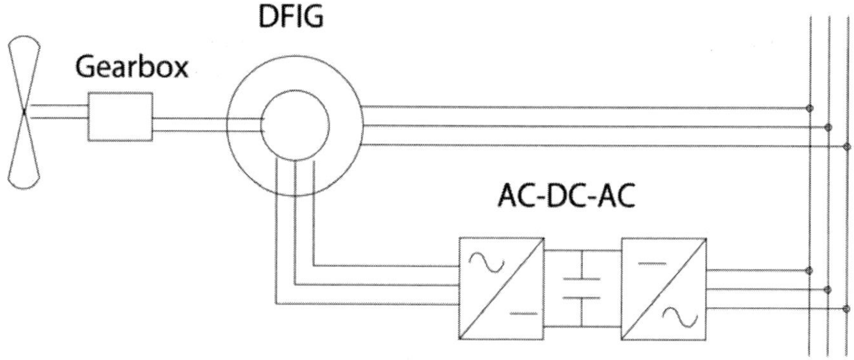

그림 3.10 이중여자 유도발전기와 전력망의 연결

해당한다. 이에 따라 발전기 회전 축의 속도 범위도 동기 속도를 중심으로 ±30%까지 확장되므로, 가변속 운전이 가능하다. DFIG 풍력터빈의 토크-회전 속도 특성을 그림 3.11에 그려 보았다. 이 그림에서 Ω_2는 거의 DFIG의 동기 속도와 같게 되는데, 이를 중심으로 $0.7\Omega_2$이 $\Omega_{\min}$, 그리고 $1.3\Omega_2$가 $\Omega_{\max}$에 해당한다. 전과 마찬가지로 시동 풍속에서 시작하여 차단 풍속까지 풍속이 서서히 증가한다고 가정하면, 각 풍속 조건에서 DFIG의 반력 토크는 그림 3.11의 실선을 추종하도록 제어된다. max-C_P 커브 상의 점들인 A-B-C-D-E-F' 포물선 궤적을 따르지 않고 양끝 단에서 직선을 추종하는데 그 이유는 아래와 같다.

(1) $\Omega_{\min} \le \Omega_r \le \Omega_1$ 구간: DFIG의 반력 토크를 공기역학적 회전 토크보다 낮게 설정한다. 이와 같이 함으로서, 풍력 터빈을 시동할 때 동력 전달축(drive train axis)에 존재하는 마찰 토크 등을 이기면서, 풍력 터빈이 빠르게 max-C_P 운전 상태를 추종할 수 있도록 만들 수 있다.

(2) $\Omega_1 \le \Omega_r \le \Omega_2$ 구간: max-C_P 조건이 만족되도록 DFIG의 반력 토크를 식 (3-3) 처럼 포물선으로 설정한다.

(3) $\Omega_2 \le \Omega_r \le \Omega_{rated}$ 구간: 이 구간에서 발전기 반력 토크의 기울기는 그림 1.41와 같은 유도 발전기의 토크-회전속도 기울기를 고려하여 설정하여야 한다. 기울기를

너무 가파르게 설정하면, DFIG 토크 제어가 어려워진다.

풍속이 증가하여 정격 속도에 도달하면, 작동점 F에 진입하면서 피치 제어가 작동하기 시작한다. 정격 풍속 이상의 바람 조건에서는 피치각을 조절해 가면서 작동점이 계속 F에 머물러 있도록, 피치 제어 시스템이 동작한다.

바람에너지 회수 효율 관점에서 생각하면, 발전기의 반력 토크가 A-B-C-D-E-F'의 궤적을 따르도록 제어하는 것이 최선의 방법이다. 그러나 회전 날개 끝의 속도가 72~74m/s의 범위를 넘으면, 날개 회전에서 발생되는 소음이 사람의 귀에 거슬리게 된다[28].

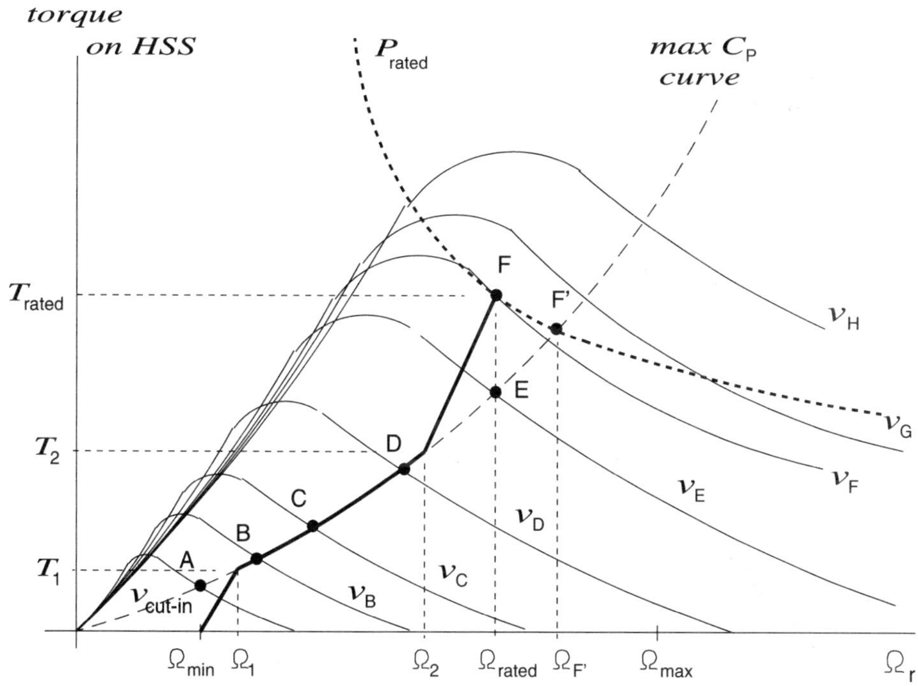

그림 3.11 DFIG 풍력 터빈의 토크-회전 속도 특성

거대 규모 풍력 터빈일수록, 위의 소음제한 조건으로 인하여 날개의 정격 회전속도, Ω_{rated}은 점점 작아지게 된다. 이러한 경우, 차선책은 발전기 토크가 A-B-C-D-E-F의 궤적을 따르도록 제어하는 것이다. 영구자석 동기발전기를 사용하는 풍력 터빈은 대부분 이러한 발전기 제어 특성 커브를 갖는다. 그러나 DFIG를 적용하는 풍력 터빈의 경우, 앞서 설명한 이유로 A-B-C-D-E-F'의 궤적을 따르는 발전기 제어는 불가능하며, A-B-C-D-E-F의 궤적을 추종하도록 설계된다.

풍력 터빈의 날개 회전은 그 회전 주파수 성분과 이의 고조파(harmonics) 성분으로 풍력 터빈을 가진 시키게 된다. 가변속 제어방식 풍력 터빈인 경우, 가진(excitation) 주파수의 범위가 상대적으로 크게 된다. 따라서 낮은 댐핑을 갖고 있는 기계 구조물은 공진 현

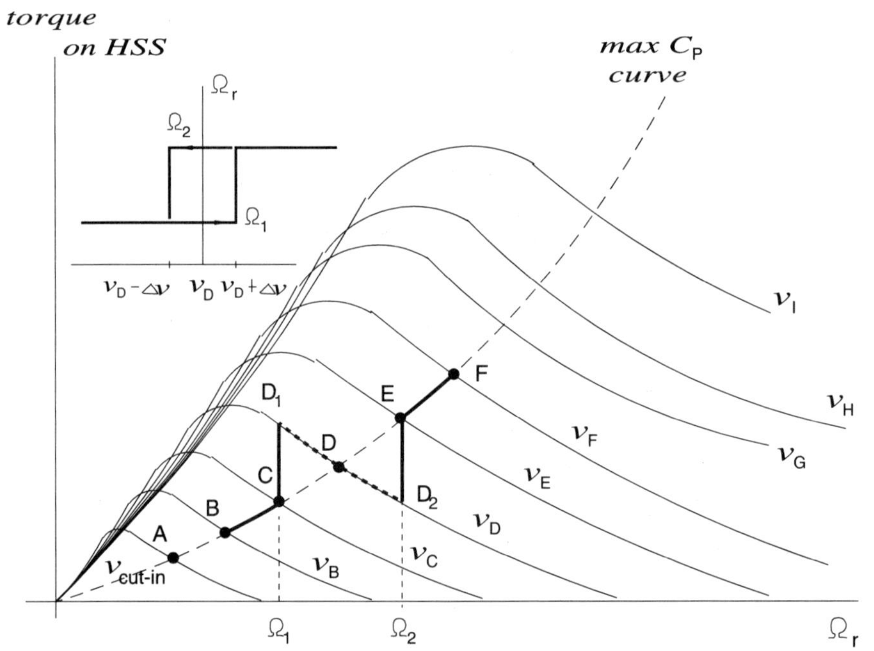

그림 3.12 공진 회피 운전을 위한 토크-회전 속도 특성

상이 발생할 가능성이 높아진다. 이와 같은 경우, 에너지 회수 효율이 조금 낮더라도, 공진을 회피할 수 있는 운전 방식을 선택하여야 한다. 그림 3.12에서와 같이 $\Omega_1 \sim \Omega_2$ 사이에 공진 주파수가 존재한다고 가정해 보자. 이 경우, 풍력 터빈이 C-E의 max-C_P 커브를 추종하도록 제어하는 것은 공진 현상을 유발할 수 있으므로 바람직하지 않다. 풍속이 증가하는 경우, B-C-D_1-D-D_2-E-F의 궤적을 따라 풍력 터빈이 작동되도록 발전기 토크를 제어하여야 한다. 풍속이 감소하면, 반대 방향의 궤적으로 제어해야 한다. 이와 같은 운전 방식은, 풍력 터빈의 날개 회전 속도를 Ω_1 또는 Ω_2으로만 운전시키므로 공진현상을 피할 수 있게 된다. 그러나 풍속이 지속적으로 v_D 근처에서 불게 되면, 너무 빈번한 스위칭이 발생된다. 그림 3.12처럼 히스테리시스 특성을 이용한 스위칭을 사용하면, 이러한 곤란을 해결할 수 있다.

풍력 터빈의 동적운동 모델과 특성 해석

CHAPTER 4

풍력 터빈은 광범위한 운동 영역에서 작동하고, 그 운동 특성도 매우 비선형이라는 것을 2장에서 논의하였다. 또한, 3장에서는 풍력 터빈의 제어 모드와 이를 달성하기 위한 제어 구조와 제어 방식에 대하여 알아보았다. 이제 남은 절차는 풍력 터빈의 제어 시스템을 설계하는 일이다. 제어 시스템을 성공적으로 설계하려면, 제어할 대상인 풍력 터빈의 운동 특성을 잘 파악하고 있어야 한다. 따라서 이 장에서는

(1) 풍력 터빈의 운동 특성을 분석할 수 있는 수학적 모델을 유도하고,

(2) 이 모델을 활용하여 풍력 터빈의 정상상태 운동해석(steady state analysis)을 수행한다. 이로부터 풍력 터빈의 운동 영역을 정의하고,

(3) 이 영역 내에서 풍력 터빈의 동적 특성(dynamic characteristic)이 어떻게 변화하는지 살펴보기로 한다.

위와 같은 해석을 완료하면, 제 5장의 내용인 풍력 터빈의 제어를 다루기 위한 충분한 준비를 한 것이다.

4.1 풍력 터빈의 동적 운동 모델

여기서 유도될 풍력 터빈의 동적 모델은 풍력 터빈의 성능 특성 해석에만 적합한 모델이다. 공기역학적 효과에 의한 회전 날개의 진동이나 타워의 구조 동역학을 다루는 모델은 포함되지 않았다[29,30]. 그림 4.1은 풍력 터빈 회전 날개에서 발전기까지의 구조를 간략화 시켜 표현한 것이다. 여기서, J_r은 3개 회전 날개, 허브, 그리고 저속 회전축(low speed shaft, LSS)의 효과를 모두 고려한 관성 질량(moment of inertia)이고, J_g는 발전기 회전축의 관성 질량을 나타낸다. 3개 회전 날개에 의한 공기역학적 결과로 저속 회전축에는 공력 회전 토크(aerodynamic torque)가 발생되는데, 이는 식 (2-2)과 같으며 이를 다시 정리하면 식 (4-1)이 된다.

$$T_a = \frac{1}{2}\rho\pi R^3 \frac{C_P(\lambda,\beta)}{\lambda} v^2 \tag{4-1}$$

여기서,

$\rho=$ 1.225 kg/m^3, 공기 밀도

$R=$ 회전날개 반경

$\lambda = \Omega_r R/v$, 선단 속도비(tip speed ratio)

$\Omega_r =$ 날개 회전속도

$v=$ 풍속

$C_P=$ 출력 계수(power coefficient)

$\beta=$ 날개의 피치각

그림 4.1의 각 관성질량에 대하여, Newton의 운동 방정식을 적용하면 식 (4-2)를 유도할 수 있다.

$$\begin{aligned} J_r\frac{d\Omega_r}{dt} &= T_a - k_S(\theta_r - \frac{1}{N}\theta_g) - c_S(\Omega_r - \frac{1}{N}\Omega_g) - B_r\Omega_g \\ J_g\frac{d\Omega_g}{dt} &= \frac{k_S}{N}(\theta_r - \frac{1}{N}\theta_g) + \frac{c_S}{N}(\Omega_r - \frac{1}{N}\Omega_g) - B_g\Omega_g - T_g \end{aligned} \tag{4-2}$$

여기서,

$k_S=$ 동력 전달축(drive train axis)의 비틀림 계수

$c_S=$ 동력 전달축(drive train axis)의 비틀림 댐핑 계수

$N=$ 기어박스의 증속비

$B_r, B_g=$ 저속 회전축, 고속 회전축(발전기 회전축)의 댐핑 계수

$T_g=$ 발전기 반력 토크(generator reaction torque)

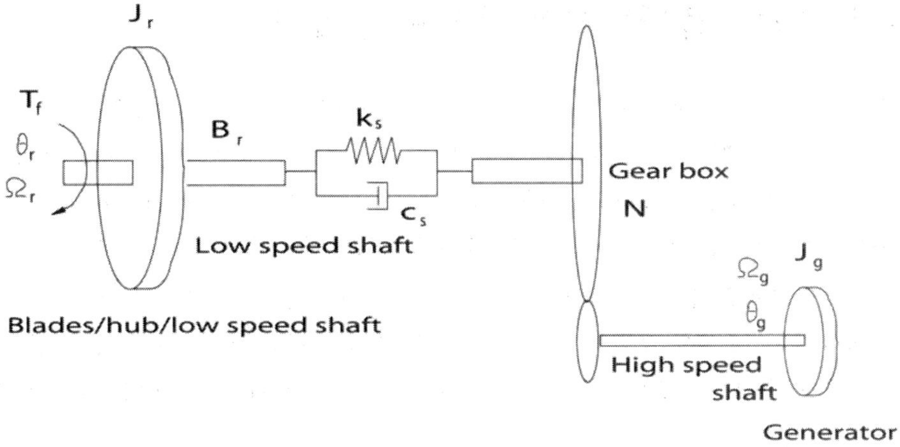

그림 4.1 풍력 터빈의 동적 모델

식 (4-1)의 비선형성에 대한 논의는 이미 제 2장에서 충분히 수행되었다. 앞서 정리된 식 (2-6)을 다시 사용하여, 식 (4-1)을 선형화해 보자.

$$
\begin{aligned}
T_a &= \frac{1}{2}\rho\pi R^3 C_Q(\lambda,\beta)v^2 = T_a(\Omega,v,\beta) \\
&\simeq T_a(\Omega_{r0},v_0,\beta_0) + \left.\frac{\partial T_a}{\partial \Omega_r}\right|_{(\Omega_{r0},v_0,\beta_0)}(\Omega_r-\Omega_{r0}) + \left.\frac{\partial T_a}{\partial v}\right|_{(\Omega_{r0},v_0,\beta_0)}(v-v_0) + \left.\frac{\partial T_a}{\partial \beta}\right|_{(\Omega_{r0},v_0,\beta_0)}(\beta-\beta_0) \\
&\simeq T_a(\Omega_{r0},v_0,\beta_0) + B_\Omega|_{(\Omega_{r0},v_0,\beta_0)}(\Omega_r-\Omega_{r0}) + B_v|_{(\Omega_{r0},v_0,\beta_0)}(v-v_0) + K_\beta|_{(\Omega_{r0},v_0,\beta_0)}(\beta-\beta_0)
\end{aligned}
\tag{4-3}
$$

식 (4-3)에서 $B_\Omega|_{(\Omega_{r0},v_0,\beta_0)}$의 값은 식 (4-2)의 B_r과 같은 물리적 의미를 갖는데, 제 2장에서 충분히 논의한대로, 이 값은 풍력 터빈의 작동점이 변하면 함께 변한다. 특히, 이 값이 B_r보다 큰 양수의 값을 갖게 되는 운전조건에서는, 소위 "음의 댐핑(negative damping)" 조건이 되어 식 (4-2)로 표현되는 풍력 터빈의 운동 방정식이 불안정해 지게 된다.

4.2 풍력 터빈의 정상상태 운전 조건

일정한 속도의 바람이 지속적으로 불고 있다고 가정해 보자. 이 때, 풍력 터빈은 어떻게 작동하고 있을까? 풍력 터빈의 작동 상태도 시간에 따라 변함이 없는 일정한 상태, 즉 정상상태(steady state)로 운전되고 있을 것이다. 즉, 주어진 풍속 v에 대하여, 피치각 β, 날개의 회전 속도 Ω_r, 발전기 토크 T_g, 출력 파워 P, 선단 속도비 λ 등등은 모두 정상상태의 값인 일정한 값들로 유지될 것이다. 여기서, 위의 변수들이 서로 독립적이지 않다는 사실에 주목하자. 즉, 풍력 터빈의 정상상태는 오직 3 개의 독립변수에 의해서만 결정된다는 것을 기억해 둘 필요가 있다. 이들은 바로 풍속 v, 피치각 β, 그리고 날개의 회전 속도 Ω_r이다.

예를 들어, 출력 파워 P는 $1/2\rho\pi R^2 C_P v^3$의 식으로 계산되는데, C_P가 $\lambda(= R\Omega_r/v)$와 β의 함수이므로, 출력 파워 P는 위의 3개 독립변수의 함수가 된다. 따라서 (v, Ω_r, β)의 한 조합은 풍속 v인 조건에서 풍력 터빈의 정상상태를 정의할 수 있다. 물론, Ω_r과 β는 풍력 터빈이 그림 3.2와 같은 파워 커브의 특성을 갖도록 결정되어야 할 것이다.

4.2.1 정상상태 운전조건에서의 발전기 토크

풍력 터빈이 그림 3.2의 파워 커브처럼 작동되려면, 발전기 토크는 어떻게 설정해야 하는가? 다시 말하여, 정격 풍속 이하에서는 max-C_P 조건으로 그리고 정격 풍속 이상에서는 정격 파워를 유지하도록 풍력 터빈이 작동되려면, 발전기 토크는 어떻게 설정하여야 하는 가에 대한 논의가 이 절의 주제이다.

정상상태 조건$\left(\dfrac{d\Omega_r}{dt} = \dfrac{d\Omega_g}{dt} = 0\right)$이라면, 식 (4-2)의 두 식은 하나로 정리될 수 있다. 이 식에 대하여 식 (3-2)의 max-C_P 작동 조건을 적용하고, 발전기 토크 T_g에 관하여 정

리하면 식 (4-4)와 같이 된다.

$$T_g = \frac{T_a}{N} - \frac{B_r \Omega_r}{N} - B_g \Omega_g = \frac{1}{2N} \rho \pi R^5 \frac{C_{Pmax}}{\lambda_0^3} \Omega_r^2 - \frac{B_r \Omega_r}{N} - NB_g \Omega_r \tag{4-4}$$

파워 커브를 추종하기 위한 발전기 토크 설정은 아래와 같이 4개 구간으로 구성된다 [24]. 그림 3.11과 3.2.2절의 마지막 부분을 참조하면서 아래의 내용을 살펴보기 바란다.

(1) 기동 구간, $\Omega_{\min} \le \Omega_r \le \Omega_1$:

발전기 토크가 날개 회전 속도에 따라 선형적으로 변하는 구간이며, 식 (4-3)으로 그 관계가 주어진다.

$$T_g^C = \frac{\Omega_r - \Omega_{\min}}{\Omega_1 - \Omega_{\min}} T_{g1} \tag{4-5}$$

여기서,

$$T_{g1} = \frac{1}{2N} \rho \pi R^5 \frac{C_{Pmax}}{\lambda_o^3} \Omega_1^2 - \frac{B_r \Omega_1}{N} - NB_g \Omega_1$$

식 (4-5)로 설정되는 발전기 토크는 max-C_P 작동 조건을 달성하기 위한 발전기 토크인 식 (4-4)의 값보다 항상 작게 된다. 이를 그림 4.2를 보면서 확인해 보라. 그러면, 이 구간에서 발전기 토크를 식 (4-5)로 설정한 이유를 말할 수 있겠는가? 이에 대한 답을 모른다면 3.2.2절을 다시 참조하라.

(2) max-C_P 구간, $\Omega_1 \le \Omega_r \le \Omega_2$:

풍력 터빈의 효율이 최대가 되도록 발전기 토크가 설정되는 구간이다. 따라서 이 구간에서 발전기 토크와 회전 날개 속도는 식 (4-4)의 관계로 주어진다.

(3) 천이 구간, $\Omega_2 \le \Omega_r \le \Omega_{rated}$:

발전기 토크가 날개 회전 속도에 따라 선형적으로 변하는 구간이며, 식 (4-6)으로 그 관계가 주어진다.

$$T_g^C = T_{g2} + \frac{\Omega_r - \Omega_2}{\Omega_{rated} - \Omega_2}\left(\frac{P_{rated}}{\Omega_{rated}} - T_{g2}\right) \tag{4-6}$$

여기서,

$$T_{g2} = \frac{1}{2N}\rho\pi R^5 \frac{C_{Pmax}}{\lambda_o^3}\Omega_2^2 - \frac{B_r\Omega_2}{N} - NB_g\Omega_2$$

(4) 파워 유지 구간, $\Omega_{rated} \le \Omega_r \le \Omega_{\max}$:

풍력 터빈의 출력이 정격으로 유지되는 구간이다. 발전기 토크는 식 (4-7)과 같이 날개 회전 속도에 반비례한다.

$$T_g^C = \frac{P_{rated}}{\Omega_r} \tag{4-7}$$

그림 4.2에서 점과 함께 그린 실선이 위의 관계식을 사용하여 얻은 발전기 토크-회전 날개 속도 커브이다. 표 2.1에 정리된 DOWEC WT 데이터가 사용되었다. 발전기 토크가 max-C_P 조건에서 벗어나 있는 이유는 고속 및 저속 회전축에서의 손실이 반영되었기 때문이다. 대부분의 반력 토크가 이 커브처럼 제어된다면, 대부분의 풍속 영역에서 풍력 터빈은 그림 3.2와 같은 파워 커브를 추종하게 된다. max-C_P에서 벗어나는 작동 영역이 구간 (1)과 구간 (3)인데, 이들은 회전 날개 속도 Ω_1과 Ω_2를 어떻게 선정하는 가에 달려 있다. 정격 풍속을 기준으로 풍력 터빈의 제어 전략은 다음과 같이 정리할 수 있다.

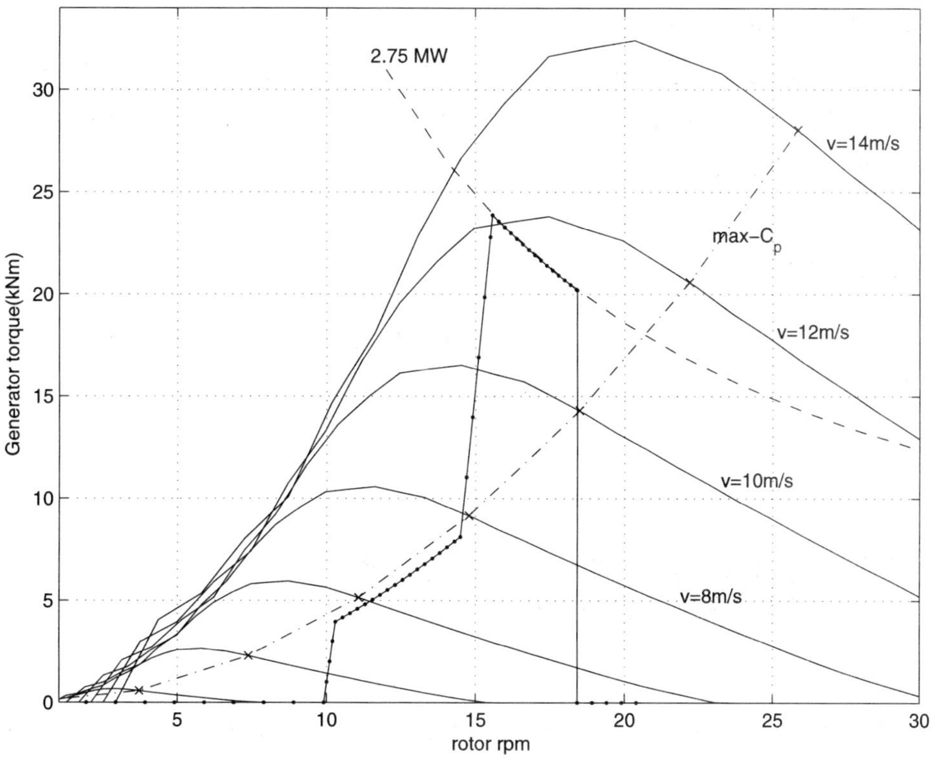

그림 4.2 발전기 토크-날개 회전 속도 커브

(1) **정격 풍속 이하의 바람 영역:**

피치각을 일정한 값, β_0으로 고정시킨 상태에서, 풍력 터빈이 max-C_P 조건으로 작동될 수 있도록 발전기 토크를 제어한다. 즉, 이 절에서 유도한 그림 4.2의 운전 궤적을 따라 풍력 터빈이 작동된다. max-C_P의 정상상태 조건을 구한다는 것은, 주어진 풍속 v에 대하여 (v, Ω_r, β)의 한 조합을 찾는 것이다. 이 영역에서 피치각은 β_0으로 고정되므로, max-C_P 조건에 부합하는 회전날개의 속도 Ω_r만을 결정하면 된다.

(2) 정격 풍속 이상의 바람 영역:

회전 날개의 속도는 정격 속도 Ω_{rated}로 고정시킨 상태에서, 풍력 터빈의 출력을 정격 파워로 유지시켜야 한다. 이를 위하여 식 (1-25)처럼 에너지 회수 효율은 풍속의 3승에 반비례하도록 제어되어야 한다. 이 영역에서 날개의 회전속도는 Ω_{rated}로 고정되므로, 주어진 풍속 v에 대하여 풍력 터빈의 출력이 정격으로 유지되도록 피치각 β을 결정해야 한다.

다음 절에서는 각 영역에 대한 정상 상태 운전 조건을 구하는 방법에 대한 논의가 진행된다.

4.2.2 정격 풍속 이하의 바람 영역에 대한 정상상태 운전 조건

이 영역에서 피치각은 β_o의 값으로 고정되므로, 주어진 풍속에 대하여 그림 4.2의 운전 궤적을 따르는 회전 날개의 속도 Ω_r를 구하면 된다. 정상상태 조건에 대하여 식 (4-2)은 식 (4-8)로 변환된다.

$$\frac{T_a}{N}-\frac{B_r\Omega_r}{N}-B_g\Omega_g-T_g=\frac{1}{2N}\rho\pi R^3C_Q(\lambda,\beta)v^2-\frac{B_r\Omega_r}{N}-NB_g\Omega_g-T_g=0 \qquad (4\text{-}8)$$

위 식을 잘 살펴보면, 피치각 β는 β_0로 고정되므로 주어진 풍속에 대하여, 식 (4-8)에서 날개의 회전 속도 Ω_r가 유일한 미지수이다. 따라서 식 (4-8)의 해를 구하는 것은 수학적으로는 매우 쉬운 문제처럼 보인다. 그러나 C_P의 값이 그림 2.6처럼 3차원 테이블로 주어지기 때문에, 이것은 수치 해법적으로 접근되어야 한다.

그림 4.3은 식 (4-8)에 대한 Matlab/Simulink 모델이다. 발전기 토크 T_g는 4.2.1절에서 설명한 절차대로 구한 그림 4.2의 결과가 사용된다. 그림 4.3을 간략히 설명해 보자.

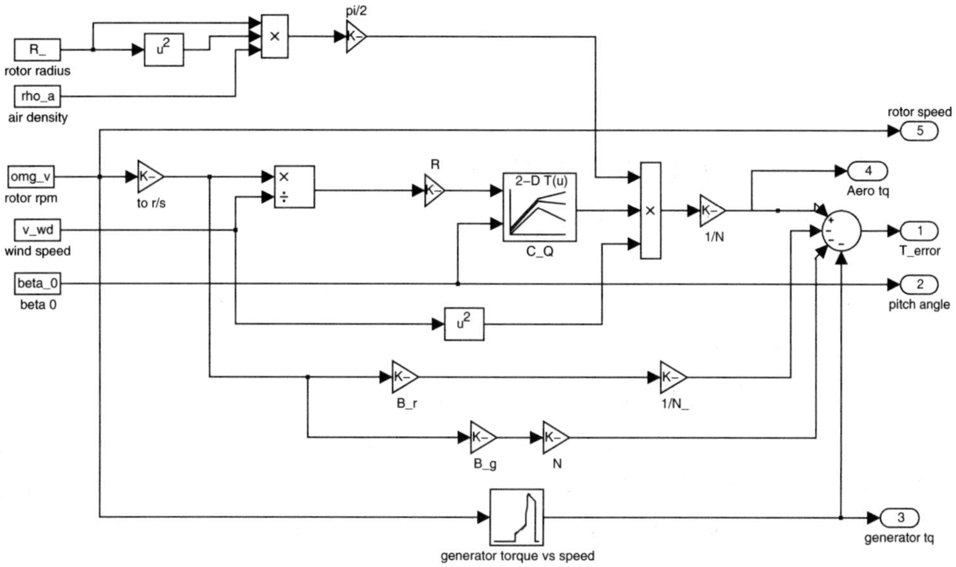

그림 4.3 식 (4-8)에 상응하는 Matlab/Simulink 모델 (below rated)

4 번째 출력인 'Aero tq'는 식 (4-8)의 첫 번째 항을 계산한 결과이다. 그 아래 부분은 식 (4-8)의 각 항에 순차적으로 대응한다. 특히, 이 그림 하단부의 'generator torque vs speed' 블록은 그림 4.2의 발전기 토크-날개 회전 속도 커브를 테이블로 갖고 있으며, 주어진 풍속에 대한 발전기 토크를 산출하게 된다. 그림 4.3의 Simulink 모델에서 첫 번째 출력인 'T_error'는 식 (4-8)의 좌변 값에 해당한다. Matlab의 최적화 프로그램을 사용하여, max-C_P 풍속 범위에 대하여 그림 4.2의 발전기 토크-날개 회전 속도 커브를 추종하는 날개의 회전 속도 Ω_r를 구할 수 있다.

그림 4.3에 사용되는 변수들 중에서 유일하게 결정되지 않은 미지수는 Ω_r(=omg_v)이다. β_0 (beta_0)는 0o로 고정되므로, Matlab의 최적화 프로그램은 주어진 풍속(v_wd)에 대하여 그림 4.3의 출력 1인 'T_error'의 크기를 최소화하는 회전날개의 속도 Ω_r(=omg_v)를 찾게 된다. 풍속을 변경시키면서 위의 최적화 절차를 반복 실행하면, 정격 풍속 이하

의 바람 영역에 있어서 그림 4.2의 운전궤적을 따르는 회전 날개의 속도 Ω_r를 모두 구할 수 있다.

4.2.3 정격 풍속 이상의 바람 영역에 대한 정상상태 운전 조건

이 절에서 다룰 내용은 정격 풍속 이상의 바람 영역에서, 풍력 터빈의 회전 날개가 정격 속도로 회전하고 있을 때, 식 (4-8)의 정상상태 조건을 만족시키는 피치각 β을 결정하는 것이다. 이것은 풍력 터빈이 정격 출력 P_{rated}을 생산하려면, 피치각을 어떻게 설정하여야 하는 가에 대한 문제와 동일하다. 이를 위한 Matlab/Simulink 모델이 그림 4.4이다. 그림 4.3과 마찬가지로 이 모델은 식 (4-8)을 표현한 것인데, 그림 4.3과는 다르게 날개의 회전속도(rpm_rated)가 15.57rpm으로 고정된 반면, 피치각은 β_0 (beta_0) 의 고정 값에

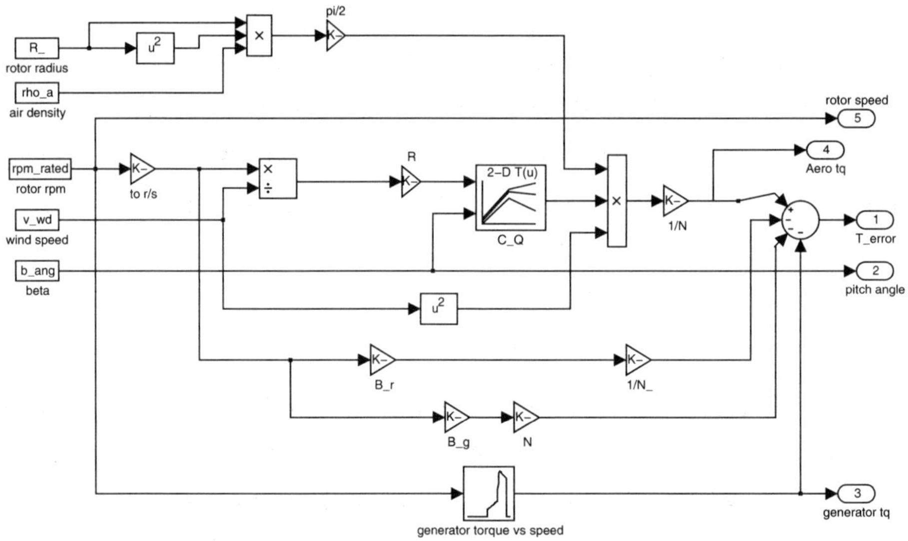

그림 4.4 식 (4-8)에 상응하는 Matlab/Simulink 모델 (above rated)

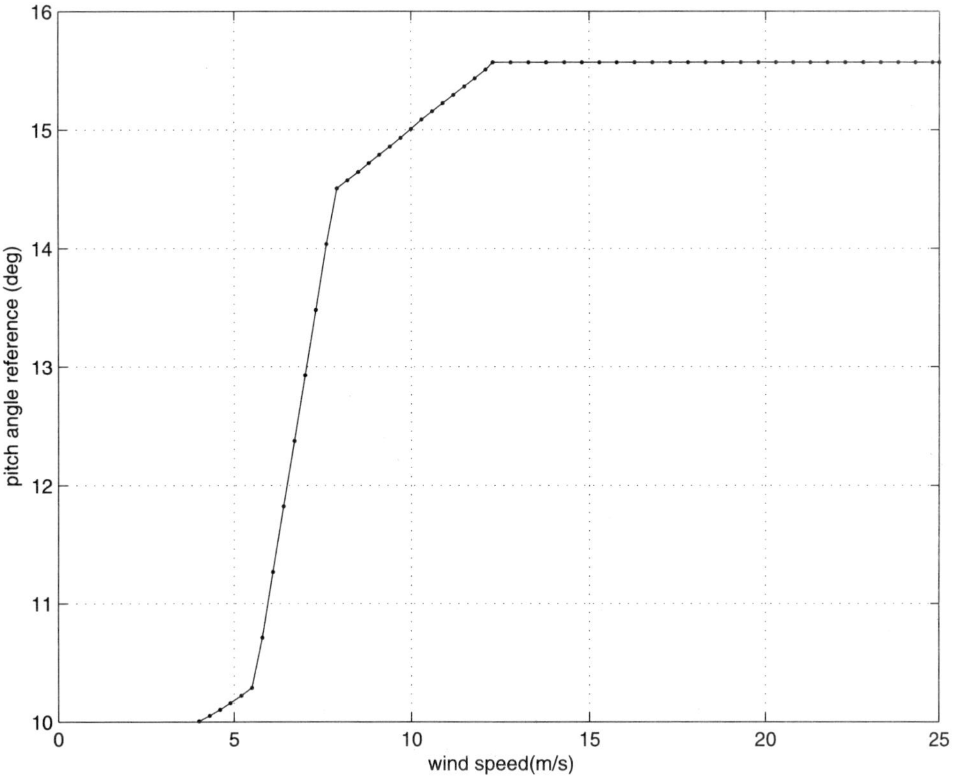

그림 4.5 정상상태 조건에서 풍속 변화에 따른 회전날개의 속도 설정

서 미지의 변수인 'b_ang'으로 바뀐 점을 주목할 필요가 있다. Matlab 최적화 프로그램을 사용하여, 그림 4.4의 첫 번째 출력인 'T_error'의 크기를 최소로 만드는 피치각(=b_ang)을 찾을 수 있다.

위의 결과를 종합하면, 전체 풍속영역에 대한 날개의 회전속도와 피치각 변화는 그림 4.5와 4.6처럼 된다. 그림 4.5에서 보듯이, 풍속에 따른 날개의 회전속도는 4개의 구간으로 나뉘어져 있다. 각 구간은 4.2.1절에서 설명한 4개 구간과 일대일로 대응되는데, 이것을 일일이 확인해 보기 바란다. 그림 4.6은 위의 알고리즘을 적용하여 구한 풍속에 따른

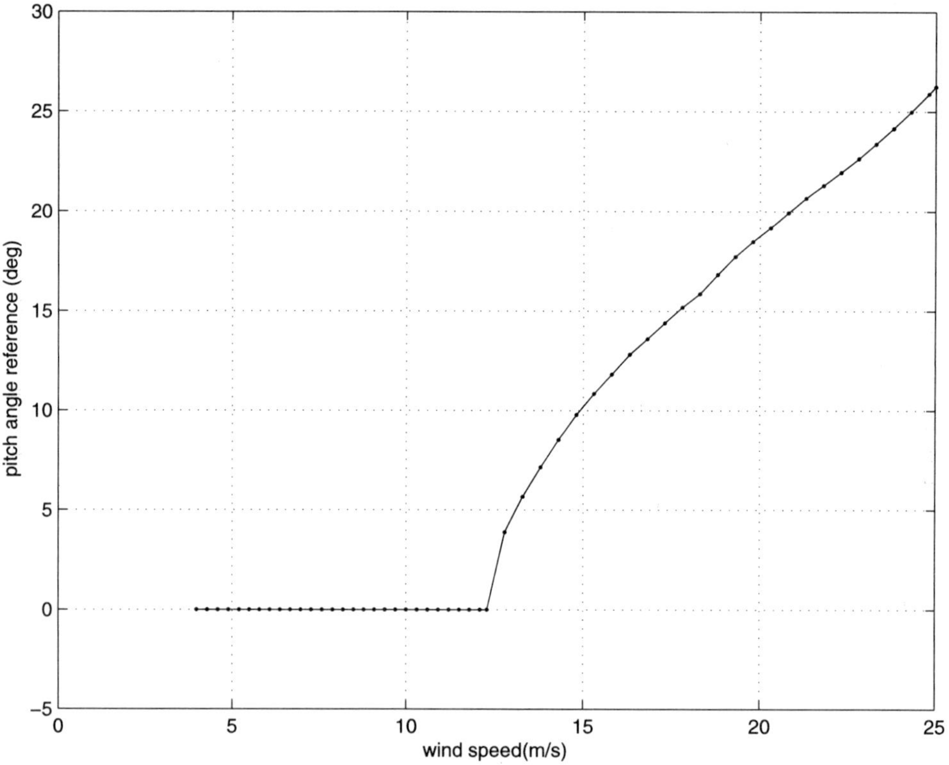

그림 4.6 정상상태 조건에서 풍속 변화에 따른 피치각 설정

피치각 변화를 그린 것이다. 정격 풍속인 12.3m/s 이하의 바람 조건에서 0^o의 피치각을 유지하는 반면, 정격 풍속 이상의 바람에 대하여 피치각이 변하고 있음을 볼 수 있다.

4.3 작동점 변화에 따른 풍력 터빈의 운동 특성 해석

지금까지 정격 풍속 이하의 바람 영역 그리고 이상의 바람 영역으로 나누어 풍력 터빈의 정상상태 운전 조건에 대하여 알아보았다. 풍력 터빈의 정상상태 운전 조건을 풍력 터빈의 작동점이라 부른다. 이 절에서는 풍속이 변하면, 풍력 터빈의 작동점이 어떻게 변화되는지 또한 각 작동점에 대한 운동 특성은 어떻게 변화되는지 살펴보기로 한다.

4.3.1 풍속 변화에 따른 풍력 터빈의 작동점 변화

앞서도 설명이 있었지만, 풍력 터빈의 작동점은 3개의 파라미터, 즉 풍속 v, 날개 회전속도 Ω_r, 그리고 피치각 β에 의하여 결정된다. 풍속이 시동 풍속에서 시작하여 차단 풍속까지 아주 완만하게 변하면서 불어온다면, 풍력 터빈의 작동상태도 이에 따라 완만하게 변하게 될 것이다. 이 때, 작동점들의 변화 궤적을 3차원 공간상에 그려 보면 그림 4.7과 같게 될 것이다. 시동 풍속인 4m/s에서 날개의 회전이 시작되고, 정격 풍속인 12.3 m/s에서는 정격 회전속도 15.57rpm으로 회전한다. 이때까지 날개의 피치각은 0^o로 유지되다가, 이 후 풍속이 증가함에 따라 피치각도 함께 증가하는 것을 볼 수 있다. 이 때, 날개의 회전속도는 15.57rpm으로 고정되어 있다.

그림 4.8은 풍속, 피치각, 그리고 날개 회전속도의 함수로 풍력 터빈의 에너지 회수 효율, 즉 C_P의 변화 등을 그린 것이다. 이 그림들로부터 풍력 터빈의 작동점 변화에 대한 이해를 높일 수 있다. 첫 번째 그림은 풍속이 증가함에 따라 C_P가 어떤 변화를 하는지 보여 준다. 시동 풍속 이하의 바람영역에서 회전날개가 정지해 있으므로, C_P의 값은 0으로 유지된다. 4m/s ~ 5.5m/s의 풍속 범위 영역은 4.2.1절에서 설명한 기동 구간이다. 5.5m/s ~ 7.9m/s의 풍속 영역은 max-C_P 구간에 해당하는데, C_P값이 0.4793으로 유지되고 있음을 볼 수 있다. 이 값은 DOWEC WT의 최대 C_P값인 0.48보다 약간 작은 값이다(2.1절 참조). 천이 구간에 대한 풍속 범위는 7.9m/s ~ 12.3m/s 이며, 에너지 회수 효율이 점차적으로 낮아지고 있음을 볼 수 있다. 여기까지가 정격 풍속 이하의 바람영역이

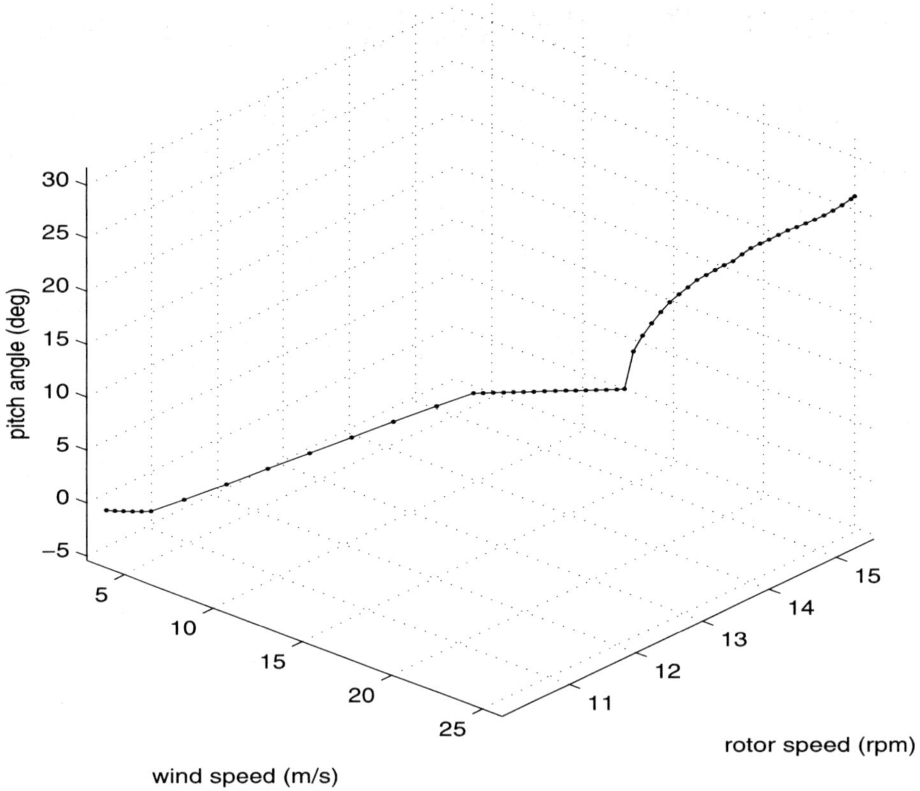

그림 4.7 정상상태 조건에서 풍속 변화에 따른 작동점 변화의 궤적

며, 날개의 피치각은 0°로 고정되어 있다. 12.3m/s의 정격 풍속에서 25m/s의 차단풍속까지는 정격 파워를 유지하는 구간이다. C_P 값이 풍속의 3승 값에 반비례하여 변하기 때문에, 풍속이 증가할수록 회수효율은 급격히 0으로 근접하고 있음을 볼 수 있다. 이러한 특성은 그림 4.8의 두 번째 그림에서도 확인할 수 있다. 피치각이 0^o로 유지되는 동안의 C_P 값과 피치각이 증가되면서 그 값이 어떻게 감소하고 있는 지 살펴보라. 그림 4.8의 세 번째 그림은 회전날개 속도 변화에 따른 C_P 값 변화를 그린 것이다. max-C_P 구간에 해당하는 회전 속도 범위인 $\Omega_1 \sim \Omega_2$ 구간을 살펴보고, 이를 그림 3.11에서 확인해 보라.

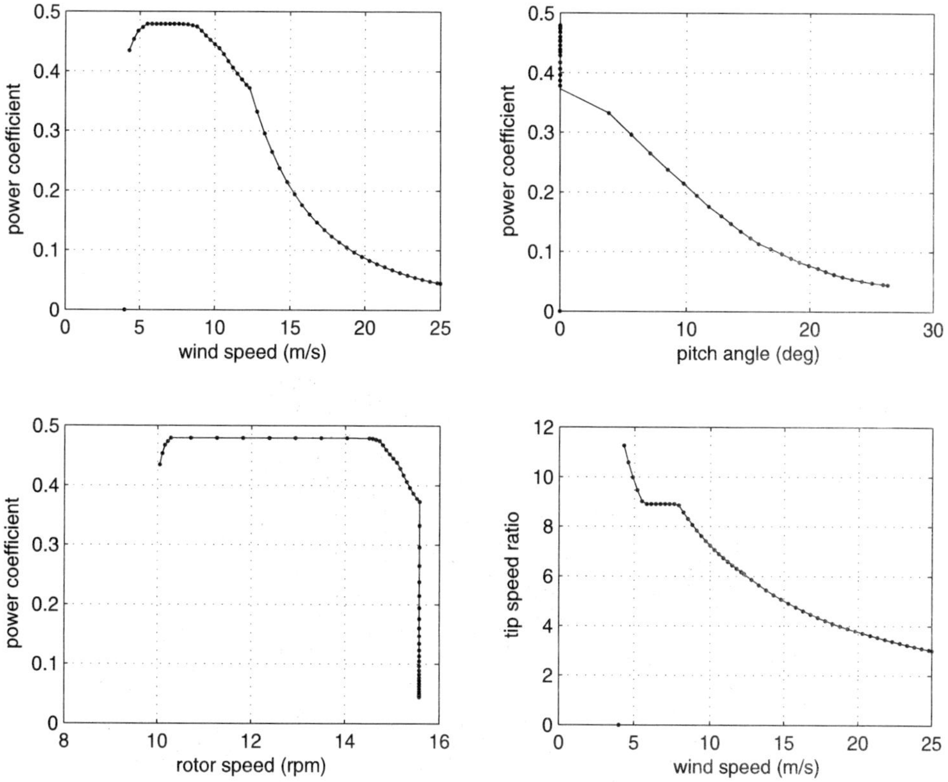

그림 4.8 작동점 변화에 따른 C_P와 λ의 변화

또한, 회전 날개의 속도가 정격인 조건에서, 즉 Ω_{rated}=15.57rpm에서 C_P 값이 작아지는 이유를 설명할 수 있어야 한다. 네 번째 그림은 풍력 터빈의 전체 작동영역에 있어서, 풍속과 선단 속도비 간의 관계를 보여준다. 일반적으로, 선단 속도비 $\lambda = R\Omega_r/v$의 값만으로 풍력 터빈의 작동상태를 유추하는 것은 쉽지 않다. 그러나 이 그림을 참조하면, 선단 속도비와 풍력 터빈의 작동 상태간의 관계를 쉽게 파악할 수 있게 된다. 낮은 풍속 영역에서 선단 속도비의 값은 크며, 풍속이 증가될수록 그 값은 점점 작아지게 된다. 특히, max-C_P 영역에서 선단 속도비가 $\lambda_0 = 8.9$의 값으로 유지되고 있는데, 이것이 갖는

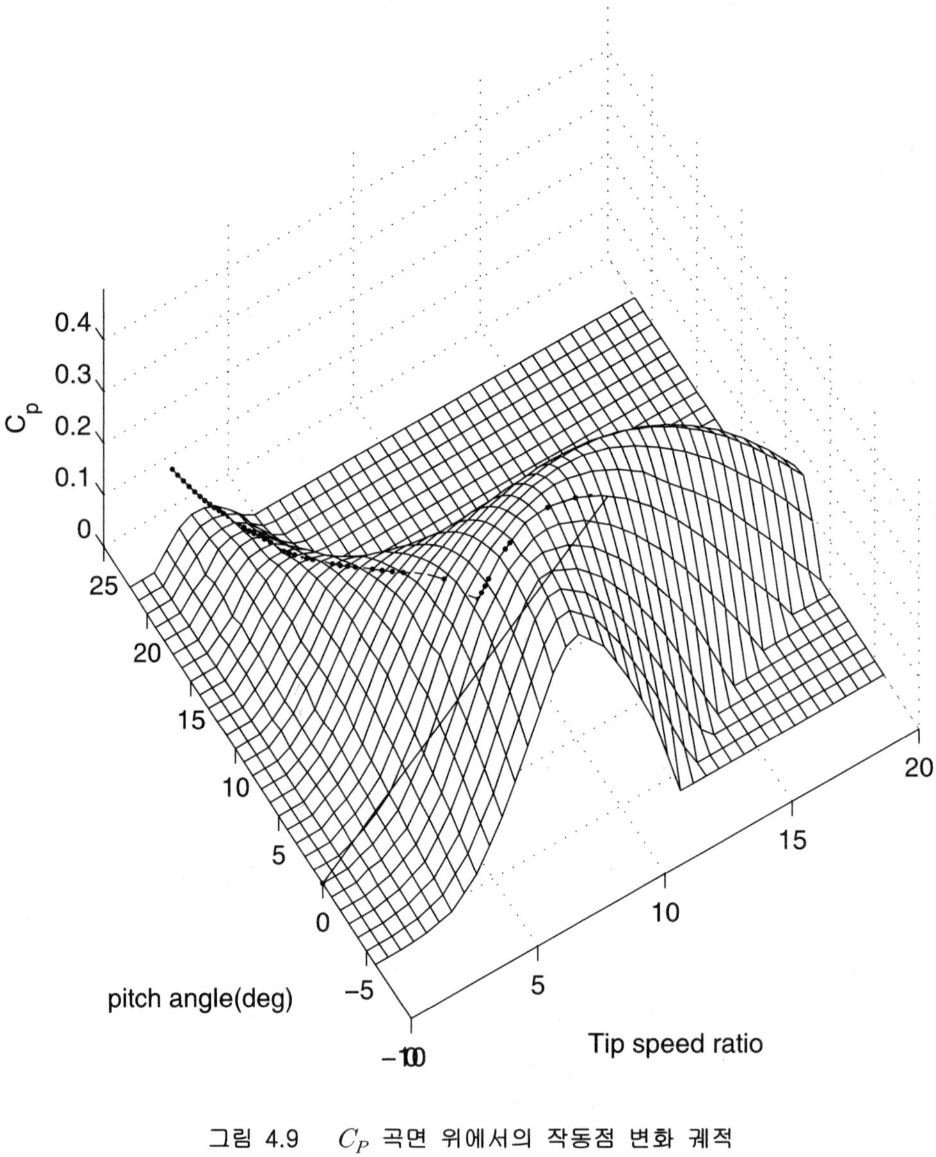

그림 4.9 C_P 곡면 위에서의 작동점 변화 궤적

의미도 설명할 수 있어야 한다.

지금까지의 논의를 모두 이해한다면, 그림 4.9의 3차원 C_P-곡면 위에서 풍력 터빈의 작동점들이 어떻게 변화하고 있는 지 유추할 수 있어야 한다. 이제 다시 풍속이 0m/s에서 차단 풍속인 25m/s까지 아주 천천히 변하면서 풍력 터빈 쪽으로 불어오고 있다고 가정해 보자. 풍속이 시동풍속인 4m/s에 도달하기 전까지는 풍력 터빈의 작동 상태는 $(\beta_0, \lambda_0, C_P) = (0^o, 0, 0)$ 인 한 점에 계속 머물고 있다. 시동 풍속인 4 m/s에 다다르면, 작동점은 C_P-곡면 위의 점인 $(\beta_0, \lambda_0, C_P) = (0^o, 11.26, 0.4344)$로 이동한다. 풍속이 증가할수록 C_P-곡면의 최정상 점으로 접근하며, 풍속이 5.5m/s ~ 7.9m/s인 max-C_P 영역에서는 $(\beta_0, \lambda_0, C_P) = (0^o, 8.9, 0.4793)$의 최정상 점 위에서 한동안 머무르게 될 것이다. 이후 풍속이 증가 될수록 λ와 C_P의 값들은 작아지게 되는데, 작동점들은 그림 4.9의 C_P-곡면 최정상 점에서 좌측 경사면을 따라 하강하게 된다. 정격 풍속인 12.3m/s의 바람 조건에 대한 작동점은 $(\beta_0, \lambda_0, C_P) = (0^o, 6.05, 0.368)$에 해당한다. 이후 풍속이 증가될수록 정격 파워 생산을 위하여 피치각은 점점 커지는데, 이에 따라 풍력 터빈의 작동점들은 C_P-곡면의 전방 경사면을 따라 급격하게 하강하는 궤적을 추종한다.

4.3.2 작동점 변화에 따른 풍력 터빈의 운동 특성 해석

풍력 터빈이 그림 3.2의 파워 커브를 추종하도록 제어되려면, 풍력 터빈은 그림 4.9와 같은 운전 궤적을 따라 작동되어야 한다. 그렇다면, 이 운전 궤적 상의 각 작동점에서 풍력 터빈의 동적 특성은 서로 모두 동일할까? 서로 다르다면, 얼마나 차이가 있을까? 제 5장에서 다루어질 피치 제어기 설계에 앞서, 이러한 특성을 잘 파악하는 것은 매우 중요하다. 3장의 3.1.2절에서 풍력 터빈의 제어 구조에 대한 논의가 있었다. 그림 3.3에서 보듯이 2개의 피드백 제어 루프가 존재한다. 하나는 다음 장에서 논의될 피치 제어 루프이며, 다른 하나는 발전기 토크제어 루프이다. 그림 4.10과 같이 발전기 토크제어 루프가 포함된 상태에서, 각 작동점에서의 운동 특성이 어떻게 변화되는지 살펴보자.

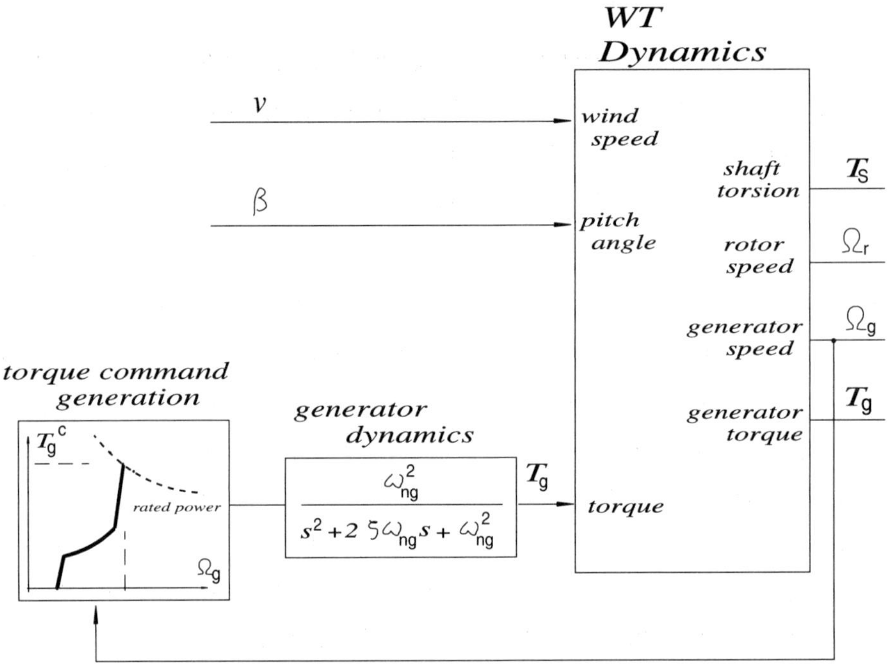

그림 4.10 토크제어 루프가 포함된 풍력 터빈의 모델

운전 궤적 상에 있는 각 작동점에서 풍력 터빈의 동적 운동 특성은 식 (4-2)에 의해 지배된다. 이 운동 방정식에 토크제어 루프를 포함시키면 그림 4.11의 Matlab/Simulink 모델이 된다. 식 (4-2)은 그림 4.11의 상단부이고, 이 그림의 하단 부는 토크제어 루프에 해당한다. 앞서도 언급되었지만, 식 (4-2)의 T_a는 공기역학적 토크인데 그 특성은 비선형이다. 각 작동점에 대하여 선형화 해석을 수행하면, 식 (4-9) 상태 공간식 표현을 얻을 수 있다.

$$\begin{aligned} \dot{\mathbf{x}} &= A\mathbf{x} + Bu \\ y &= C\mathbf{x} + Du \end{aligned} \tag{4-9}$$

여기서,

$$\mathbf{x} = [x_1\ x_2\ x_3\ x_4\ x_5\ x_6]^T = [\Theta_g\ \Theta_r\ \Omega_r\ \Omega_g\ T_g\ \dot{T}_g]^T$$
$$u = [u_1\ \ u_2]^T = [v\ \ \beta]^T$$
$$y = [y_1\ y_2\ y_3\ y_4]^T = [T_S\ \Omega_r\ \Omega_g\ T_g]^T$$

$\Theta_g =$ 발전기 회전축 각 변위(rad)

$\Theta_r =$ 날개 회전축 각 변위(rad)

$T_S =$ 동력 전달축의 토션(Nm)

식 (4-9)를 Laplace 변환하면, 다음과 같은 전달함수 매트릭스(transfer function matrix)를 얻을 수 있다.

$$\begin{Bmatrix} T_S(s) \\ \Omega_r(s) \\ \Omega_g(s) \\ T_g(s) \end{Bmatrix} = \begin{bmatrix} G_{11}(s)\ G_{12}(s) \\ G_{21}(s)\ G_{22}(s) \\ G_{31}(s)\ G_{32}(s) \\ G_{41}(s)\ G_{42}(s) \end{bmatrix} \begin{Bmatrix} v(s) \\ \beta(s) \end{Bmatrix} \tag{4-10}$$

여기서, $G_{ij}(s)$는 j-번째 입력에 대한 i-번째 출력의 전달함수를 나타낸다. 예를 들어, $G_{22}(s)$는 2 번째 입력인 피치각의 변화에 따른 2 번째 출력, 즉 날개 회전속도 변화를 나타내는 전달함수이다. 논의를 더 진행하기 전에, 그림 4.11과 식 (4-9)과의 차이점에 대하여 다시 한 번 언급한다. 먼저 그림 4.11의 모델은 풍력 터빈의 전체 운동 영역에서 사용될 수 있는 비선형 운동 모델이다. 그러나 풍력 터빈의 동적 운동 특성에 대한 해석이나 피치 제어기를 설계하려면, 식 (4-9)과 같은 선형 운동 모델이 필요하다. 2.2.1절에서도 언급되었지만, 식 (4-9) 또는 동등하게 식 (4-10)은 작동점 근처의 작은 영역에서만 성립하는 관계이다. 따라서 그림 4.9처럼 풍력 터빈의 운동 상태가 변화되면, 즉 작동점이 변화되면 식 (4-9)으로 표현되는 선형 시스템의 운동 특성도 이에 따라 달라진다.

식 (4-9)과 그림 4.11에서 보듯이, 토크제어 루프는 포함하고 피치제어 루프는 개방시킨 조건에서 얻은 풍력 터빈의 선형 모델은 6개의 극점(pole)을 갖고 있다. 그림 4.12는 풍력 터빈의 운전 조건 변화에 대하여 이 극점들이 어떻게 변화하는 가를 보여주고 있다.

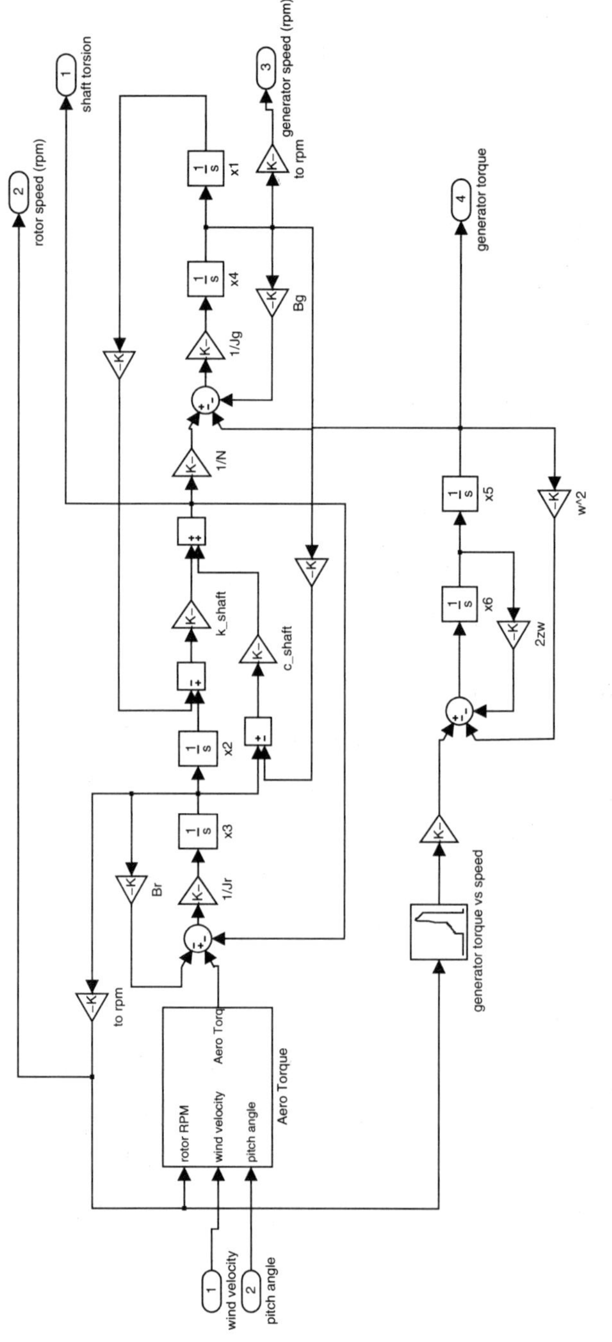

그림 4.11 토크제어 루프를 포함한 풍력 터빈의 비선형 Matlab/Simulink 모델

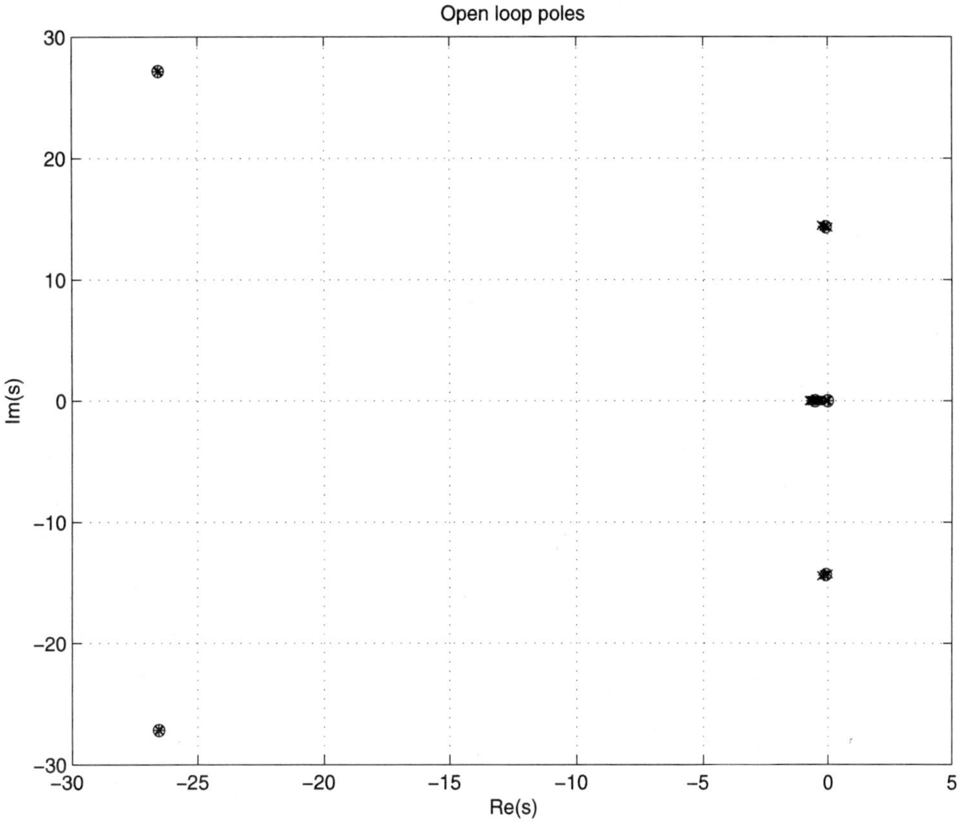

그림 4.12 작동점 변화에 따른 개루프 극점의 변화

그림 4.2에서 'o'로 표시된 점은 시동 풍속(4 m/s)일 때의 극점, 그리고 '+'로 표시된 점은 차단 풍속(25 m/s)에서의 극점을 각각 표시한다. $-27 \pm j27$ 근처에 있는 극점들은 식 (3-4)에 의한 극점들로서, 발전기의 동적특성을 나타낸다. 풍력 터빈의 운전 조건이 변해도 그 특성은 거의 변하지 않음을 볼 수 있다. $\pm j14.3$ 근처에 존재하는 낮은 댐핑을 갖는 극점들은 동력 전달축의 토션 방향 진동모드에 의한 것들이다. 발전기 특성과 연관된 극점들보다는 작동조건 변화에 조금 더 민감하게 영향을 받고 있음을 알 수 있다.

s －평면에서 원점 근처를 확대해 보면, 원점에 존재하는 고정 극점, 그리고 매우 작은 시정수를 갖는 가변 극점이 하나씩 존재하는 것을 알 수 있다. 원점에 있는 고정 극점은 그림 4.11의 'x1' 적분기와 관련된 극점이며, 작동 조건 변화에 대하여 무관하다. 원점 근처의 가변 극점이 풍속에 따라 어떻게 변화하는 가를 나타낸 것이 그림 4.13이다.

이 극점은 원점에 가장 가까이 있는 극점[10]이기 때문에, 그림 4.11의 시스템 응답 특성을 결정하는 가장 중요한 극점이다. 여기서, 한 가지 특별한 점은 5.5 ~ 7.9m/s의 풍속 영역에서, 즉 풍력 터빈이 max-C_P로 작동되는 조건에서 이 극점의 위치는 원점에 아주 가까워진다는 것이다. 이로부터 그림 4.11의 응답 특성은 max-C_P 운전 영역에서 제일 느리게 될 것으로 예상된다.

이제 작동점 변화에 따라 개루프 피치제어 시스템의 주파수 응답이 어떻게 변하는 지 살펴보자. 피치각 변화에 따른 날개 회전 속도 변화 관계는 식 (4-10)에서 전달함수 $G_{22}(s) = \Omega_r(s)/\beta(s)$에 의하여 결정된다. 이 전달함수에 대한 주파수 응답이 그림 4.14에 도시되어 있다. 시동 풍속에서 차단 풍속까지의 총 55개 풍속 조건 각각에 대한 주파수 응답을 겹쳐서 그린 것이다. 풍속 변화에 대한 주파수 응답의 변화 정도가 매우 크다는 것을 알 수 있으며, 세부적으로 분석하면 다음의 특성을 이끌어 낼 수 있다.

(1) 55개 작동점들은 다음과 같이 두 가지로 분류할 수 있다. 0.1r/s 근처의 느린 극점을 갖는 그룹과 0.3 ~ 0.8 r/s 근처의 극점을 갖는 그룹으로 분류된다. 그림 4.13를 참조하면, 느린 극점을 갖는 그룹은 풍속이 5.5 ~ 7.9m/s인 영역으로, 풍력 터빈이 max-C_P 조건으로 작동하는 풍속영역에 해당한다. 그림 4.14를 볼 때, 0.1 r/s 근처에서 크기 선도나 위상 선도의 기울기가 변하는 주파수 응답들이 max-C_P 조건에 해당한다.

(2) 그림 4.14에서 DC게인이 -40dB 이하인 주파수 응답들은 정격 풍속 (12.3m/s) 이하의 바람 조건에 해당한다. 따라서 저 풍속 조건에서의 피치각에 의한 시스템 민감도는 고 풍속 조건에서의 값보다 훨씬 작게 된다.

10) 우세 극점(dominant pole)이라 부르며, 시스템의 응답 특성을 좌우한다.

(3) 위상 선도가 180o에서 시작하는 운전 조건은 풍력 터빈이 정격 풍속 이상의 바람 영역에서 작동할 때에 대응한다.

이제 계단(step)형 풍속 변화에 대한 비선형 시뮬레이션 결과를 살펴보자. 이 시뮬레이션에 사용된 모델은 그림 4.11이다. 따라서 이 수치 해석의 결과는 토크제어 루프는 포함시키고, 피치제어 루프는 개방시킨 운전 조건에서 얻은 데이터들이다. 그림 4.11의 모델을 시뮬레이션 하려면, 두 개의 입력 신호인 풍속과 피치각을 입력시켜야 한다. 그림 4.15의

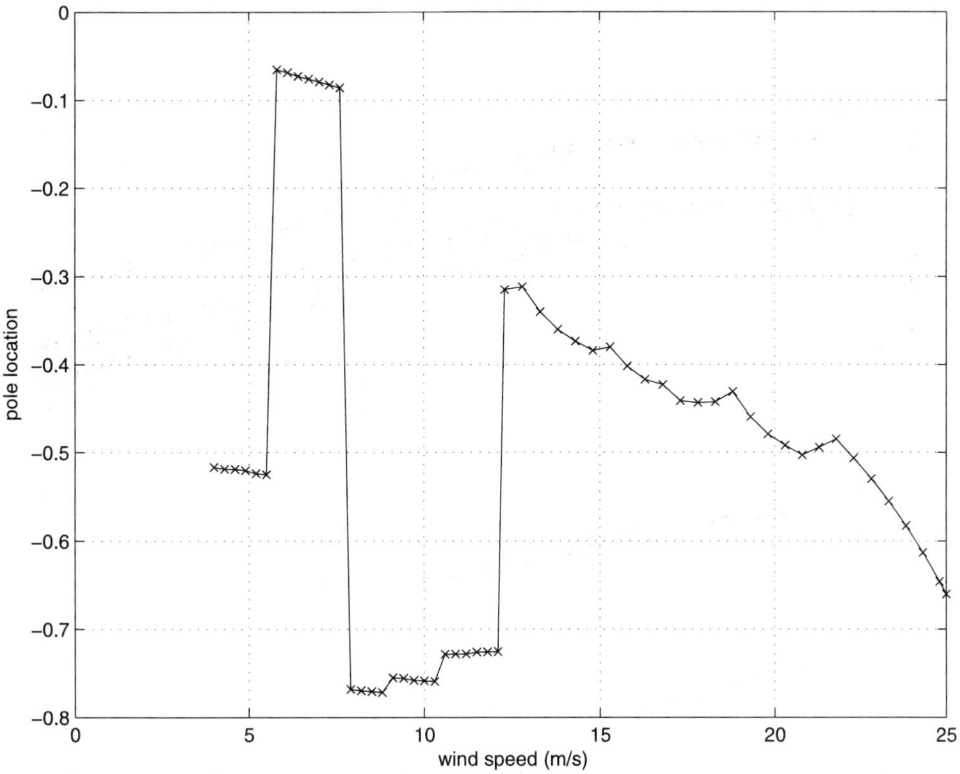

그림 4.13 작동점 변화에 따른 $G_{22}(s)$ 전달함수 우세 극점(dominant pole)의 변화

첫 번째 그림은 첫 번째 입력신호인 풍속의 변화를 나타낸다. 즉, 처음 5초간은 4.9m/s, 5초에서 25초 구간은 9.1m/s, 25초에서 35초까지는 14.3m/s, 그리고 마지막 50초까지는 20.8m/s 의 풍속 변화를 가정하였다.

이 때, 두 번째 입력요소인 피치각은 그림 4.6에 도시된 정상상태 작동조건에서의 값들이 입력되었다. 즉, 처음 5초 구간과 5초에서 25초까지인 두 번째 구간은 모두 정격 이하의 바람 조건이므로 $\beta_0 = 0^o$, 또한 25초에서 35초까지의 구간에서는 $\beta = 8.536^o$, 그리고 마지막 구간인 35초에서 50초까지는 $\beta = 19.94^o$의 값으로 피치각을 고정시킨 상태에서 시뮬레이션이 진행되었다. 그림 4.15의 두 번째 그림은 로터의 회전 속도를 나타낸다.

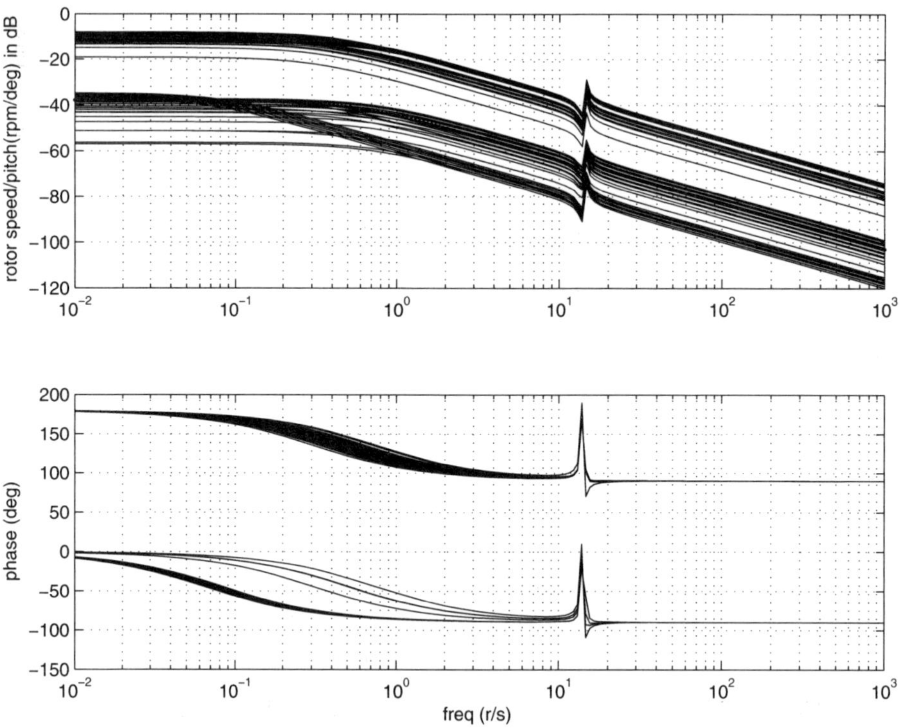

그림 4.14 작동점 변화에 따른 개루프 피치제어 시스템의 주파수 응답, $G_{22}(j\omega)$

각 풍속에 대응하는 날개의 정상상태 회전 속도는 10.16, 14.79, 15.57, 그리고 15.57rpm에 해당한다. 풍속이 4.9m/s에서 9.1m/s로 바뀌었을 때, 로터 회전 속도, 발전기 토크, 주축 비틀림 모멘트의 응답은 타 응답 조건에 비하여 매우 느리다. 풍속 변화 후, 거의 17초가 지난 후, 정상상태에 도달함을 볼 수 있다. 이것은, 앞서 논의되었던 5.8 ~ 8.2m/s의 풍속 영역에서 풍력터빈 특성이 매우 느리기 때문에 발생된 현상이다(그림 4.13 참조). 그림 4.15의 세 번째 및 네 번째 그림은 발전기 토크와 주축의 비틀림 모멘트를 나타낸다. 앞서 유도된 식 (4-2)에서 비틀림 모드의 댐핑 값을 0.02로 가정하였기 때문에, 비틀림 모멘트 응답에서 진동이 계속되고 있음을 볼 수 있다.

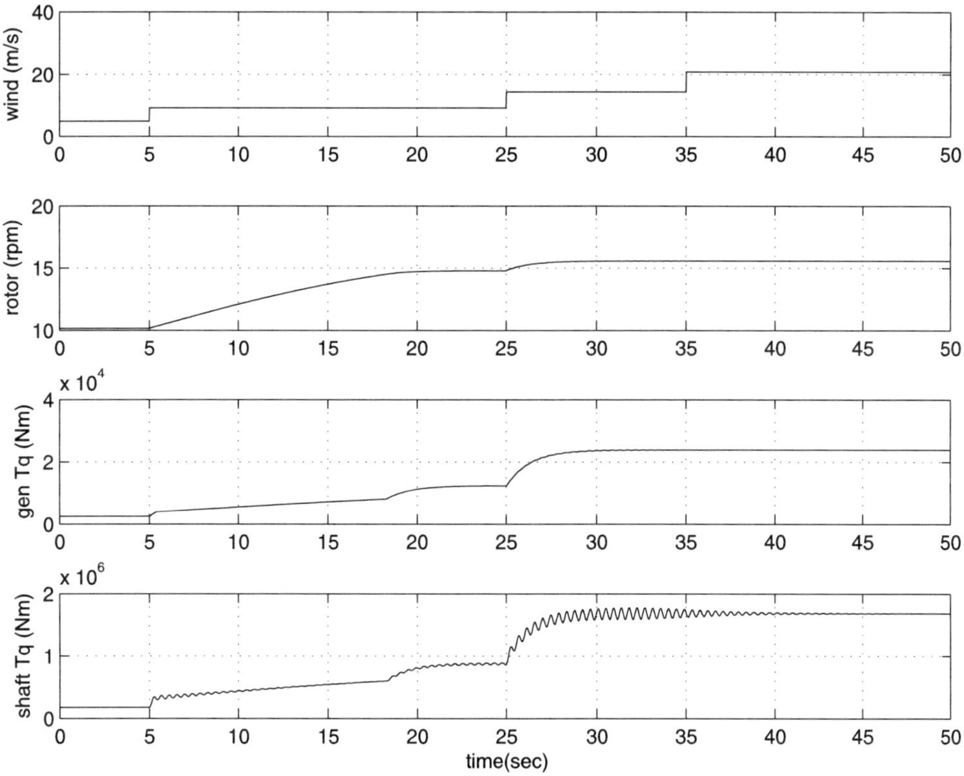

그림 4.15 풍속 변화에 따른 풍력 터빈의 시간영역 응답 (그림 4.11의 풍력 터빈 모델)

풍력 터빈의 제어

CHAPTER 5

5.1 PI-제어기를 이용한 피치제어 루프 설계

5.2 게인 스케쥴링(gain scheduling) 제어 기법

5.3 피치 제어 시스템의 성능 평가

풍력 터빈의 개략적인 제어 구조가 제 3장의 그림 3.3에 소개되었고, 편의를 위하여 이를 그림 5.1로 다시 쓰기로 하자. 이 그림에서 보듯이, 2개의 제어루프가 존재하는데, 이중에 토크제어 루프는 이미 제 4장에서 충분히 논의되었다. 이 장에서는 피치제어 루프 설계에 대하여 논의한다. 피치제어 루프는 정격 풍속을 기준으로 아래의 2가지 작동 모드를 갖는다. 정격 풍속 이하의 바람 영역에서는, max-C_P 운전을 위하여 피치각을 일정한 값 β_o로 유지시킨다. 또한, 정격 풍속 이상의 바람 영역에서는, 비례-적분(proportional-integral, PI) 제어기를 사용하여 피치각을 조절한다. 따라서 피치제어 루프의 설계는 PI 제어기의 비례제어 게인 k_P과 적분제어 게인 k_I을 구하는 단순한 문제로 보일 수 있다. 그러나 풍력 터빈이 갖고 있는 아래와 같은 특성으로 인하여, 피치제어 루프의 설계는 생각만큼 그렇게 단순하지 않다.

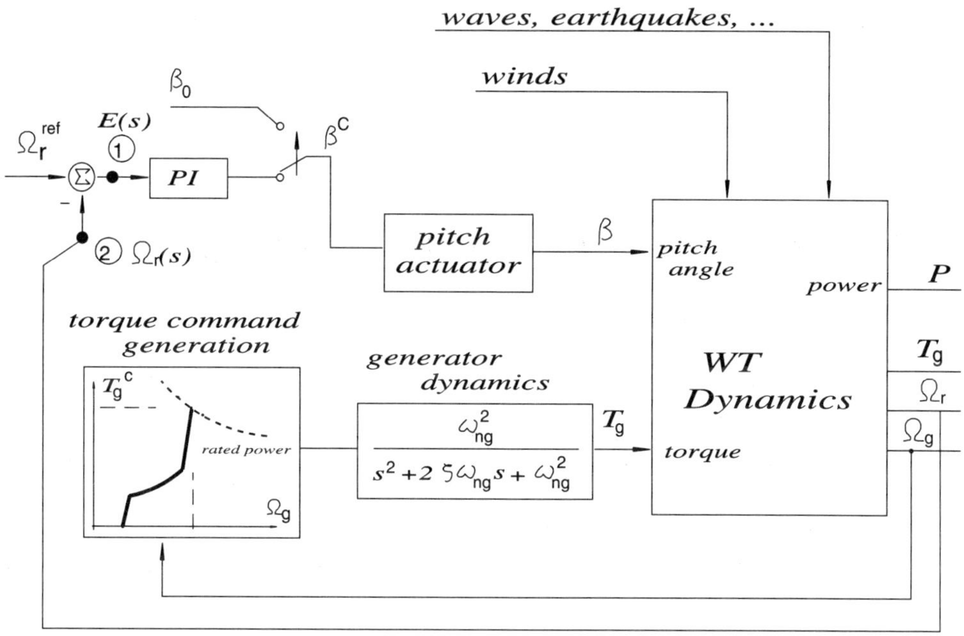

그림 5.1 풍력 터빈의 개략적인 제어 시스템 구조

(1) 풍력 터빈의 동적 특성은 회전 날개에 작용하는 공기역학적 현상으로 인하여 근원적으로 비선형이다. 4.3절에서 논의한 선형화 해석이 요구되는데, 그 결과는 식 (4-10)의 전달함수 매트릭스이다. 문제는 각 전달함수의 크기와 위상이 풍속에 따라 계속 변한다는 것이다. 따라서 고정된 게인 값을 갖는 단일 PI 제어기로는 역부족이며, 작동점 변화에 따라 각 게인 값들을 바꿔주는 게인 스케쥴링(gain scheduling) 기법이 필요하다.

(2) 피치 엑츄에이터 역시 비선형 동작 특성을 갖고 있다. 3.1.2절의 식 (3-7)처럼, 피치각 변위와 속도는 포화(saturation) 특성이 있는데, 이것은 적분제어와 연동되어 적분누적(integrator windup) 문제를 유발할 수 있다.

이 장에서는 위에서 제시된 문제점들에 대한 해결책을 제시하면서, 피치제어 루프의 설계 절차에 대하여 논의한다. 이장의 내용을 이해하려면, 학부 수준의 제어공학 이론을 먼저 알고 있어야 한다[31, 32].

5.1 PI-제어기를 이용한 피치제어 루프 설계

그림 5.1의 피치제어 루프를 설계할 때, 직접적인 영향을 미치는 전달함수는 식 (4-10)의 전달함수 매트릭스 중에서 $G_{22}(s) = \Omega_r(s)/\beta(s)$ 전달함수이다. 전체 풍속영역에 대하여, 이 전달함수의 주파수 응답은 그림 4.14에 그려진 바와 같이 크게 변하고 있다. 피치 제어는 정격 풍속 이상의 바람영역에서 수행되므로, 정격풍속 이하의 작동 조건에 대한 주파수 응답들은 피치 제어루프 설계에서 있어서 별로 중요하지 않다. 따라서 그림 4.14에서 정격 풍속 이상의 작동조건들에 해당하는 $G_{22}(s)$의 주파수 응답만을 다시 그린 것이 그림 5.2이다.

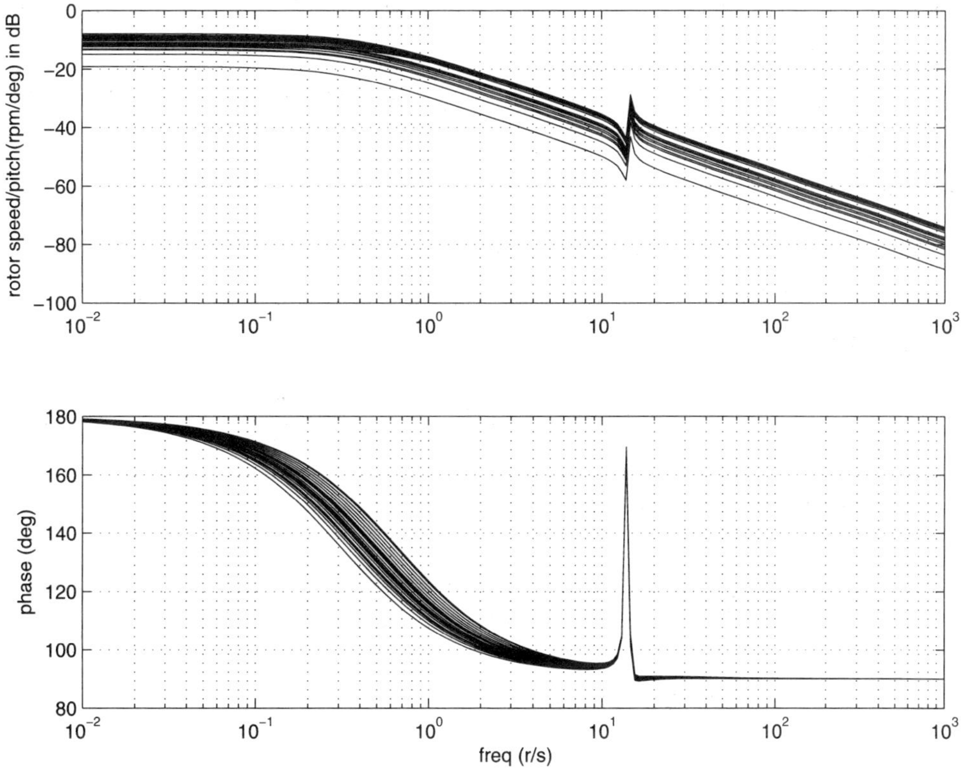

그림 5.2 정격 풍속 이상의 바람영역에서 $G_{22}(s)$의 주파수 응답

작동점 변화에 따라, $G_{22}(s)$의 극점 변화는 그렇게 크지 않은데(그림 4.13 참조), DC 게인은 대략 10dB(=3.16) 정도의 편차가 있는 것을 볼 수 있다. 이제 정격 풍속 이상의 한 작동점에 대하여 피치제어 루프 설계를 진행하여 보자.

5.1.1 PI-제어기 설계를 위한 피치제어 루프 설계 요구조건

풍속이 지속적으로 15.3m/s로 불고 있다고 가정하고, 즉 풍속이 15.3m/s인 작동점에 대하여 PI-제어기를 설계하여 보자. 그림 5.2를 볼 때, 대부분의 작동점에서 주파수 응답 특성이 서로 비슷하므로, 여기서 설계한 PI 제어기 설계 절차는 다른 작동점들에 대하여도 그대로 적용할 수 있다고 판단된다. 먼저 피치제어 루프게인 전달함수의 주파수 응답을 살펴보자. 그림 5.1에서 피치 루프를 개방시킨 상태에서 점 ①에서 점 ②까지의 게인이 루프 게인 전달함수이다.

따라서 $G_{22}(s) = \Omega_r(s)/\beta(s)$ 전달함수에 식 (3-5)의 피치 엑츄에이터 전달함수 그리고, PI-제어기 전달함수를 곱한 것이 바로 피치제어 루프게인 전달함수 $L(s)$이며, 식 (5-1)로 표현된다.

$$L(s) = G_{22}(s)\left(\frac{1}{1+\tau_p s}\right)\left(k_P + \frac{k_I}{s}\right) \tag{5-1}$$

PI-제어기 전달함수만을 다시 정리하면 식 (5-2)가 된다.

$$\frac{\beta^C(s)}{E(s)} = k_P + \frac{k_I}{s} = k_P\left(1 + \frac{k_I}{k_P}\cdot\frac{1}{s}\right) = \frac{k_P}{s}\left(s + \frac{k_I}{k_P}\right) \tag{5-2}$$

또한, 식 (5-2)를 시간 영역에서 쓰면 아래와 같다.

$$\beta^C(t) = k_P e(t) + k_I \int e(t)dt \tag{5-3}$$

여기서,

$$\beta^C(s) = \mathcal{L}\{\beta^C(t)\}$$

그리고

$$E(s) = \mathcal{L}\{e(t)\} = \mathcal{L}\{\Omega_r^{Ref}(t) - \Omega_r(t)\}$$

식 (5-2)을 보면, PI-제어기는 두 개의 설계 인자인 k_P와 k_I/k_P에 의하여 결정된다는 것을 알 수 있다. $k_P = -0.4$와 $k_I/k_P = 1$일 때, 루프 게인 주파수 응답이 그림 5.3에 그려져 있다. 크로스오버 주파수(ω_c, crossover frequency)[11]가 대략 $2\ r/s$이며, 64.8^o의

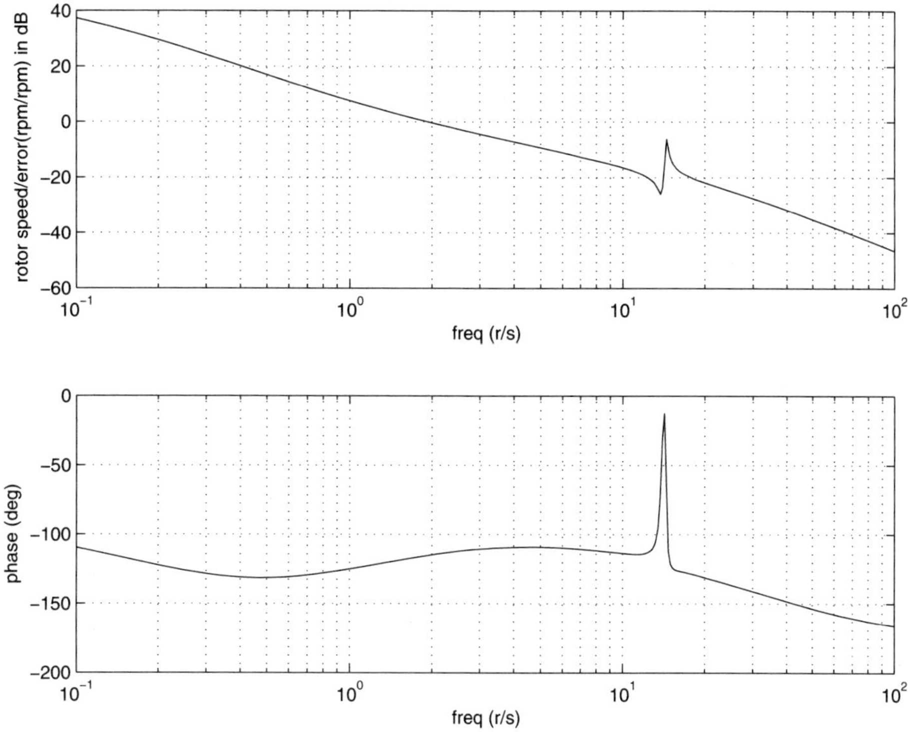

그림 5.3 피치제어 루프게인 전달함수의 주파수 응답 ($k_p = -0.4$, $k_I/k_P = 1$)

위상 여유(phase margin)를 갖고 있음을 알 수 있다. 일반적으로, 루프 게인의 크로스오버 주파수는 폐루프 시스템의 대역폭(bandwidth)과 거의 같은 범위에 있다. 따라서 폐루프 시스템의 응답 속도를 빠르게 하려면, 크로스오버 주파수를 크게 하면 된다. 비례제어 게인 k_P의 값을 증가시키면, 주파수 응답의 크기 선도가 위쪽으로 이동되므로, 피치제어 루프의 크로스오버 주파수가 커지게 되어 응답 속도가 빠르게 된다. 그렇다면, 풍력 터빈의 경우, 피치제어 루프의 크로스오버 주파수를 어느 정도의 크기로 설정해야 하는 것인가에 대한 의문이 생길 것이다. 크로스 오버 주파수가 너무 낮으면, 풍속 변화에 대하여

11) 루프게인 전달함수의 주파수 응답 크기 선도가 0dB를 지나는 주파수.

피치 제어의 반응이 충분히 빠르지 못하여 풍력 터빈의 성능에 좋지 않은 영향을 미치게 된다. 그렇다면, 크로스오버 주파수가 크면 클수록 좋은가? 피치 엑츄에이터에 관한 어떠한 제한도 없다면, 이것은 일단 받아들일 수 있는 설계 방안이다. 그러나 피치 엑츄에이터의 사이즈는 가격과 연관되어 있기 때문에 무한정 그 용량을 크게 할 수는 없다. 따라서 피치 엑츄에이터의 변위나 속도는 포화(saturation) 특성을 갖게 된다. 이제 간략한 계산을 통하여 피치제어 루프게인 전달함수의 크로스오버 주파수 ω_c를 어떤 값으로 설정해야 할지 논의해 보자.

'피치제어 루프는 얼마나 빠르게 응답하도록 설정해야 하는가?'에 대한 답은 풍력 터빈이 설치된 장소의 바람 특성과 밀접한 관계가 있다. 1.4.2절과 1.4.3절을 참조하면, 풍속 변화의 주파수(빈도)는 v/L의 값에 따라 결정된다. 여기서, v는 풍속, L은 풍력 터빈이 설치될 장소의 지형과 연관된 상수이다(표 1.1 참조). 복잡지형인 산 능선에 설치될 풍력 터빈으로 25 m/s의 바람이 불어온다면, 이 바람에 대한 v/L의 값은 $0.05\,r/s \sim 0.125\,r/s$ 정도가 될 것이다. 피치제어 루프의 크로스오버 주파수를 v/L 보다 10여배 정도 크게 설정하면, 풍력 터빈은 풍속 변화의 빠르기를 충분히 흡수하면서 작동하게 될 것으로 예상된다.

$$\omega_c \simeq 10\frac{v}{L} \tag{5-4}$$

표 1.1을 참조하여 ω_c를 계산하면, 이 값은 대략 $0.5\,r/s \sim 2r/s$ 범위에 있게 된다 [24,33,34].

풍력 터빈이 설치될 장소의 난류강도(turbulence intensity)가 크다면, 이를 흡수하기 위한 피치각 변화의 범위(β_T)도 커져야 한다. 그러므로 설치될 장소의 난류 특성을 흡수하려면, 즉 풍속 변화의 빠르기와 그 크기 변화를 충분히 억제하려면 피치 엑츄에이터는 최소한 식 (5.5)로 기동이 가능해야 한다.

$$\beta(t) = \beta_T \sin\omega_c t \tag{5-5}$$

따라서 피치 엑츄에이터의 최대 각속도는 식 (5.6)을 만족하도록 설계하여야 한다.

$$\max\{\dot{\beta}(t)\} \geq \max\left\{\frac{d(\beta_T \sin\omega_c t)}{dt}\right\} = \beta_T \omega_c \tag{5-6}$$

여기서, β_T는 피치 엑츄에이터가 ω_c의 빠르기로 기동할 수 있는 최대 변위를 뜻하며, 이 값은 풍력 터빈이 설치될 장소의 난류강도에 의하여 결정된다.

5.1.2 근 궤적법(root-locus)을 이용한 PI-제어기 설계

식 (5-2)에서 보듯이 PI-제어기의 설계 인자는 k_P와 k_I/k_P이다. 앞 절에서 논의된 바와 같이 k_P를 크게 하면, 피치제어 루프의 크로스오버 주파수 ω_c를 크게 할 수 있다. 그러면, k_I/k_P의 값은 피치제어 루프에 어떠한 영향을 미치는가? 이에 대한 해답은 근 궤적법을 이용하면 자연스럽게 해결된다. 그림 5.4에 피치제어 시스템의 근 궤적 선도가 그려져 있다. 전과 같이 15.3m/s의 작동점에 대하여 근 궤적 해석이 수행되었으며, 이 그림에서 우측의 그림은 좌측 근 궤적의 원점 근처를 확대하여 다시 그린 것이다. 그림 5.4의 상단 근 궤적 선도는 $k_I/k_P = 0.6$, 그리고 하단 근 궤적은 $k_I/k_P = 2.0$에 대한 것이다.

k_P 값을 0에서 큰 값으로 증가시킴에 따라, 피치제어 시스템의 폐루프 극점들이 어떤 변화를 하고 있는지 한 눈에 볼 수 있다. 그림 5.4에서 'x'로 표시된 점들은 루프 게인 전달함수(식 (5-1)) 의 개루프 극점들이다. 이들은 그림 4.12에 표시된 $G_{22}(s)$의 극점들과 $s=-26$에 위치된 피치 엑츄에이터의 극점 그리고 PI-제어기에 의한 원점에 있는 극점으로 구성되어 있다. 발전기 특성과 연관된 $-27 \pm j27$에 위치된 극점과 동력 전달축의 진동모드를 나타내는 $\pm j14.3$ 근처의 극점들은 비례제어 게인(k_P) 변화에 거의 영향을 받지 않는다는 것을 알 수 있다. 원점에 가장 가까이 존재하는 극점, 즉 우세 극점은 전체 폐루프 시스템의 응답을 좌우하는데, k_I/k_P값에 따라 이 우세 극점의 위치가 크게 변하고 있음을 볼 수 있다.

그림 5.5(A)를 보면서, 우세 극점의 위치가 k_I/k_P 값에 매우 민감하게 되는 이유를 살

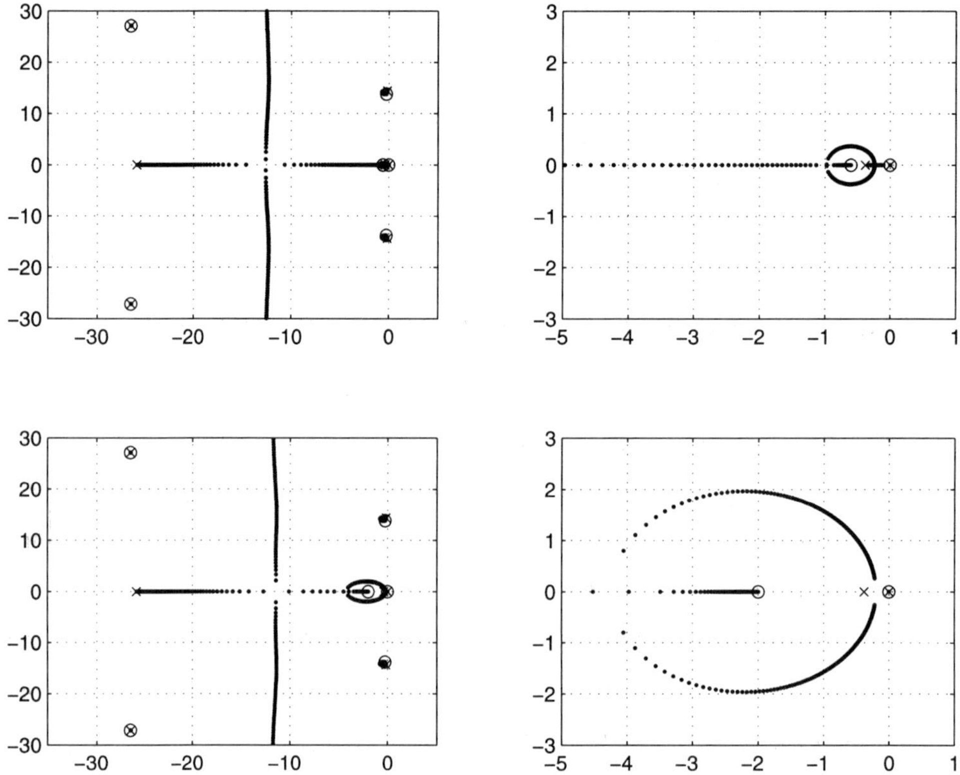

그림 5.4 피치제어 시스템의 근 궤적 선도

펴보자. 이 그림은 근 궤적선도의 원점 근처를 확대하여 개략적으로 나타낸 것이다. 원점에는 루프게인 개루프 전달함수의 극점이 2개, 영점이 1개 존재한다. 이중에 극점 1 개와 영점 1 개는 전달함수 $G_{22}(s)$에서 온 것이며, 나머지 극점 하나는 적분 제어기에서 비롯된 것이다. 또한, $s=-0.38$ 근처에도 극점이 1개 존재하는데 이것은 $G_{22}(s)$에서 온 극점이며, 그림 4.13에 그려진 것처럼 풍속 변화에 따라 그 위치가 변화되는 극점이다. 식 (5-2)의 PI-제어기에 의하여 $s=0$ 위치의 극점 1개와 $s=-k_I/k_P$의 위치에 영점 1개가 발생되는 것을 알 수 있다. k_P 값이 0에서 커지면, 원점에 위치된 극점과 $s=-0.38$ 근

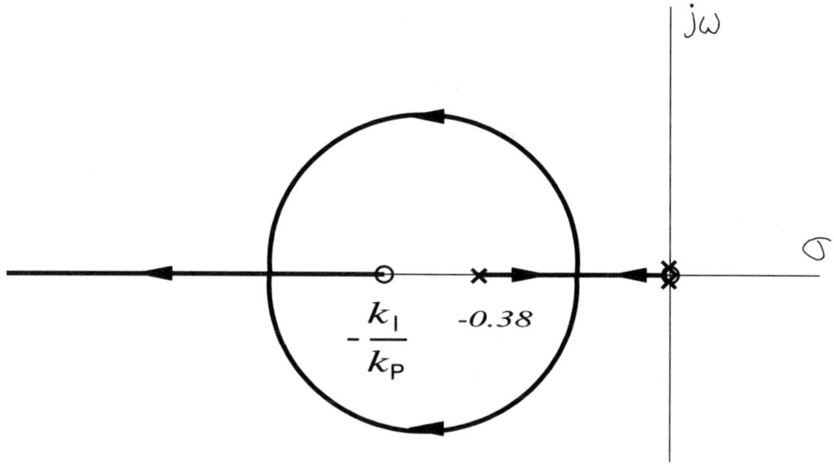

(A) Root locus when $\frac{k_I}{k_P} > 0.38$

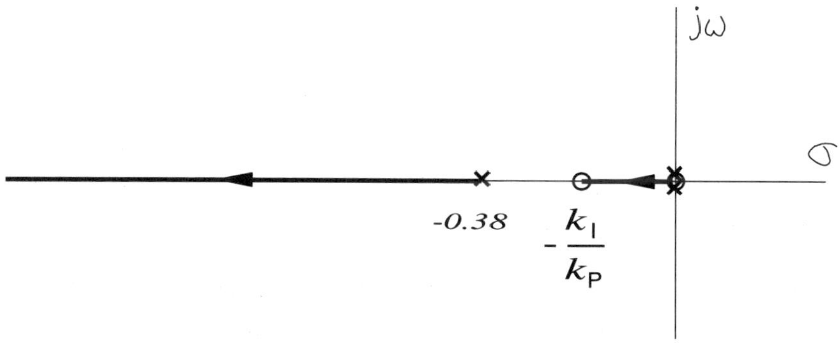

(B) Root locus when $\frac{k_I}{k_P} < 0.38$

그림 5.5 k_I/k_P 값 변화에 따른 근 궤적 선도의 변화

처에 있는 극점은 음의 실수축을 따라 서로 접근하다가 그림 5.4나 그림 5.5(A)에 그려진 것처럼 실수축에서 분리된다. k_P 값이 더욱 커지게 되면, 분리되었던 2 개의 폐루프 극점들은 다시 실수축으로 진입하게 된다. 진입된 2개의 극점들에서 하나는 $s=-k_I/k_P$의 위치에 있는 영점을 향하고, 다른 하나는 $s=-26$에 있던 피치 엑츄에이터에서 온 극점과 서로 충돌하면서, 그림 5.4처럼 대략 $s=-12$ 근처에서 실수축을 벗어나게 된다. $s=-k_I/k_P$ 영점의 위치가 어디에 존재하느냐에 따라, 원점 근처에서 근 궤적 형태가 크게 바뀐다.

(1) k_I/k_P의 값, 즉 PI 제어 게인들 사이의 비(ratio)가 0.38보다 작은 경우에 대한 근 궤적 선도는 그림 5.5(B)처럼 된다. 이 경우, 폐루프 시스템의 우세 극점 크기는 k_P 값을 아무리 크게 하여도 k_I/k_P 값보다는 항상 작게 되므로, 피치 제어 시스템의 응답은 매우 느리게 된다.

(2) k_I/k_P의 값을 0.38보다 크게 설정하면, 원점 근처에서의 근 궤적은 그림 5.4나 그림 5.5(A)처럼 $s=-0.38$에 있는 극점을 둘러싸는 모양새를 취하게 된다. k_I/k_P의 값을 크게 할수록 그림 5.4의 하단부처럼 $s=-0.38$ 근처의 근 궤적의 반경이 커지게 되어, 피치제어 시스템의 응답 특성이 매우 빨라진다.

지금까지 논의된 결과에서 얻어진 중요한 결론은 PI-제어기를 설계할 때, 그림 4.13과 같은 풍속 변화에 따른 $G_{22}(s)=\Omega_r(s)/\beta(s)$ 전달함수의 우세 극점 분포를 반드시 고려하여야 한다는 것이다. 이 교재에서 다루는 2.75MW DOWEC 풍력 터빈의 경우, k_I/k_P의 값은 그림 4.13을 고려하여 선정하여야 한다.

이제 시뮬레이션을 통하여 위의 논의를 검증해 보자. 그림 5.6은 풍속이 15.3m/s인 작동점에서 초기 조건을 교란한 경우에 대한 폐루프 응답을 나타낸다. 이때 사용된 PI-제어기의 게인 값들은 $k_P=-0.9$와 $k_I/k_P=0.2$이며, 폐루프 시스템의 우세 극점은 -0.2에 위치된다. 이 그림에서 네 번째 응답이 피치 엑츄에이터의 운동을 나타내는데, 시뮬레이션 시작 후 대략 4초까지는 그 운동이 $\pm 7^o/s$으로 포화 속도 상태에 있게 되지만, 4초

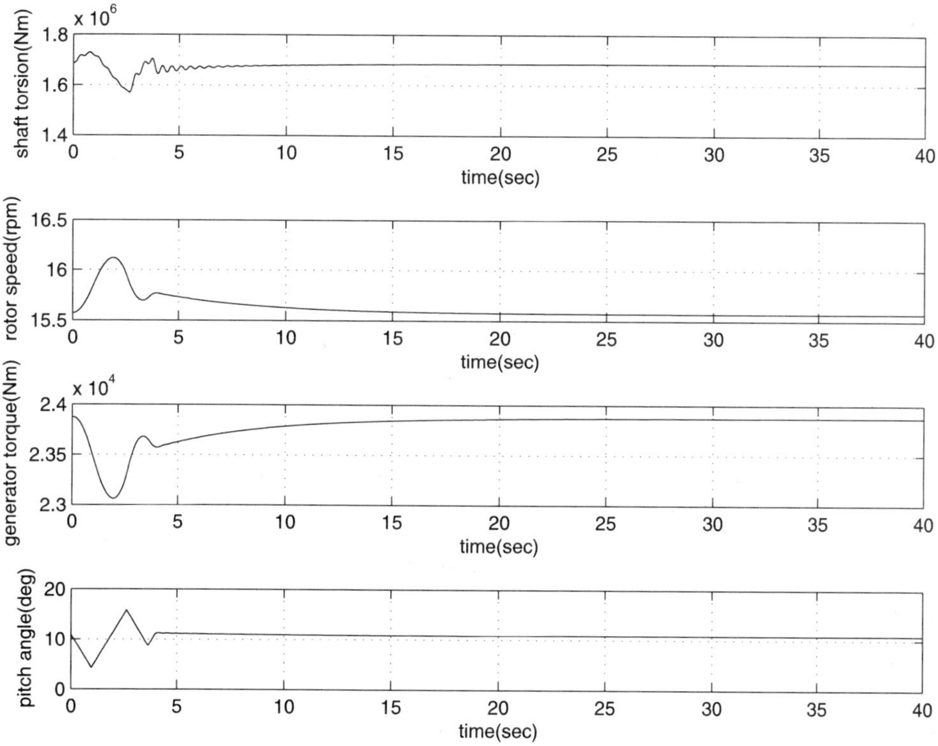

그림 5.6 폐루프 시스템의 시간영역 응답 ($k_P = -0.9$, $k_I/k_P = 0.2$)

이후에는 정상 작동을 하고 있는 것을 볼 수 있다. 두 번째와 세 번째 응답은 회전 날개 속도와 발전기 토크를 나타낸다. k_I/k_P의 값이 작기 때문에 4초 이후부터 정상상태로 이동하는데 상당한 시간이 소요되고 있음을 알 수 있다. 위와 동일한 조건에서 PI-제어기의 게인을 $k_P = -0.927$와 $k_I/k_P = 2$로 변경시키고 수행한 시뮬레이션 결과가 그림 5.7에 그려져 있다. 이 경우, 폐루프 시스템의 우세 극점은 $-2 \pm j2$ 근처에 존재하여, 그림 5.6보다는 빠른 응답이 예상되지만, 전혀 뜻밖의 결과가 얻어 졌다. 피치 엑츄에이터의 포화속도 작동 기간이 길어졌을 뿐 아니라, 정상상태에서의 값들도 그림 5.6과는 다른 값들이다.

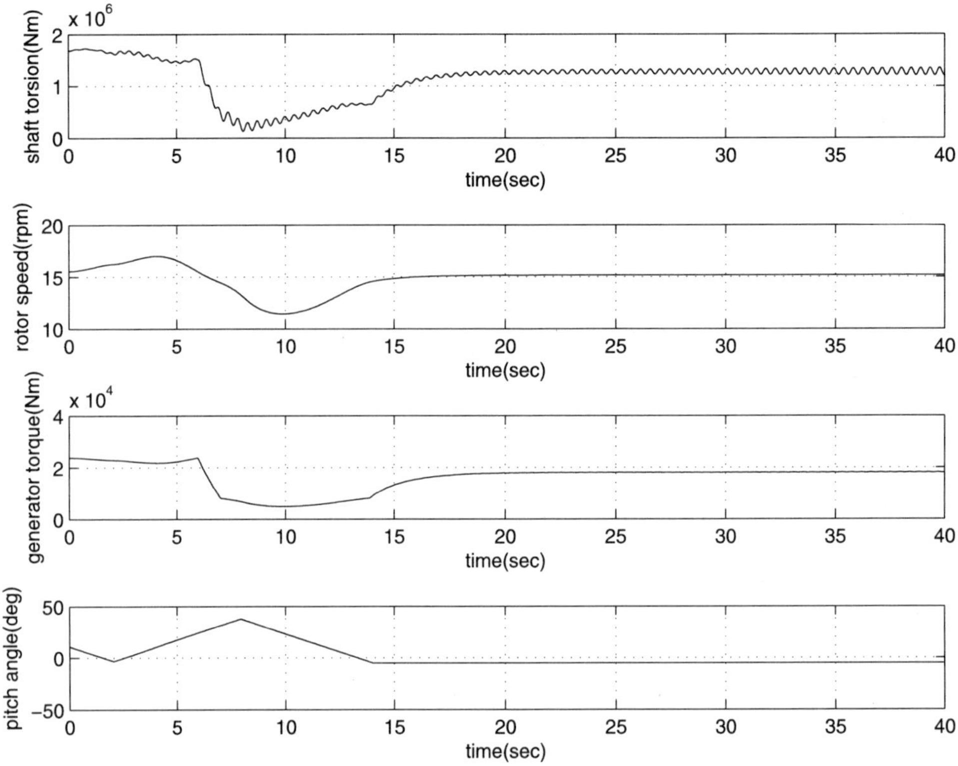

그림 5.7 폐루프 시스템의 시간영역 응답 ($k_P = -0.927$, $k_I/k_P = 2$)

이와 같은 결과는 풍력 터빈의 작동이 피치 엑츄에이터의 비선형 특성에 의하여 크게 영향을 받기 때문에 발생된 것으로서, 이 절에서 시도한 선형해석의 예측은 모두 쓸모없는 것이 되었다. 따라서 피치 엑츄에이터의 비선형 작동 특성에 대한 보다 깊은 이해가 필요하며, 이것이 바로 다음 절의 주제이다.

5.1.3 피치 엑츄에이터의 비선형 작동 특성

모든 동적 시스템은 비선형 특성을 갖고 있다. 시스템 구동 신호의 크기가 작다면, 이러한 비선형 특성은 잘 나타나지 않으며, 선형 시스템 이론을 적용하여 거의 모든 문제를 해결할 수 있다. 그러나 신호의 크기가 커질수록, 또는 신호의 크기가 작더라도 마찰이나 포화(saturation) 특성이 지배적으로 나타나면, 선형 시스템 이론은 더 이상 적용되지 않는다. 이 절에서는 엑츄에이터의 포화 특성에 의하여 발생되는 비선형 문제를 다루고, 다음 절에서는 이를 해결할 수 있는 방안에 대하여 논의한다.

피치루프 설계에 있어서 가장 중요한 전달함수는 그림 4.10의 구조에서 얻어진 $G_{22}(s)=\Omega_r(s)/\beta(s)$ 전달함수이며, 각 작동조건에 대한 $G_{22}(s)$의 주파수 응답은 그림 5.2와 같다. $G_{22}(s)$의 주파수 응답을 잘 살펴보면, 이것은 1차 시스템의 주파수 응답으로 근사화시킬 수 있다는 것을 알 수 있을 것이다. 이제 전과 동일하게 15.3m/s의 풍속 조건에 한정하여 논의를 진행해 보자. 그림 5.8은 15.3m/s의 풍속 조건에서 $G_{22}(s)$의 주파수 응답과 아래 식으로 주어지는 1차 시스템의 주파수 응답을 겹쳐서 그린 것이다. 이 그림으로부터 두 주파수 응답이 거의 동일하다는 것을 알 수 있다.

$$G_{22}(s)\simeq\frac{G_{22}(0)}{1+\tau_{22}s}=\frac{-0.2622}{1+2.5s} \tag{5-7}$$

이 절에서는 해석의 편의를 위하여, $G_{22}(s)$ 전달함수 대신 식 (5-7)의 1차 전달함수를 사용할 것이다. 그림 5.9의 모델은 풍력 터빈의 동적 특성이 식 (5-7)로 단순화되었다는 것을 제외하면, 그림 5.1의 구조와 전적으로 동일하다. 이 그림에서 점선 박스로 둘러싸인 부분은 다음 절에서 주로 논의될 적분 누적(integrator windup) 문제를 해결하기 위하여 준비된 것이다. 이 절에서는 $k_A=0$인 경우에 한정하여 논의하기 때문에, 점선 박스 부분은 무시된다. 그림 5.9의 구조에서 개루프 극점들은 피치 엑츄에이터 모델에서 오는 $s=-26$, 식 (5-7)에서 오는 $s=-0.4$, 그리고 적분 제어에 의한 $s=0$ 이다. 한편, 개루프 영점은 PI-제어기에 의하여 발생되는데, $s=-k_I/k_P$ 위치에 하나 존재하게 된다.

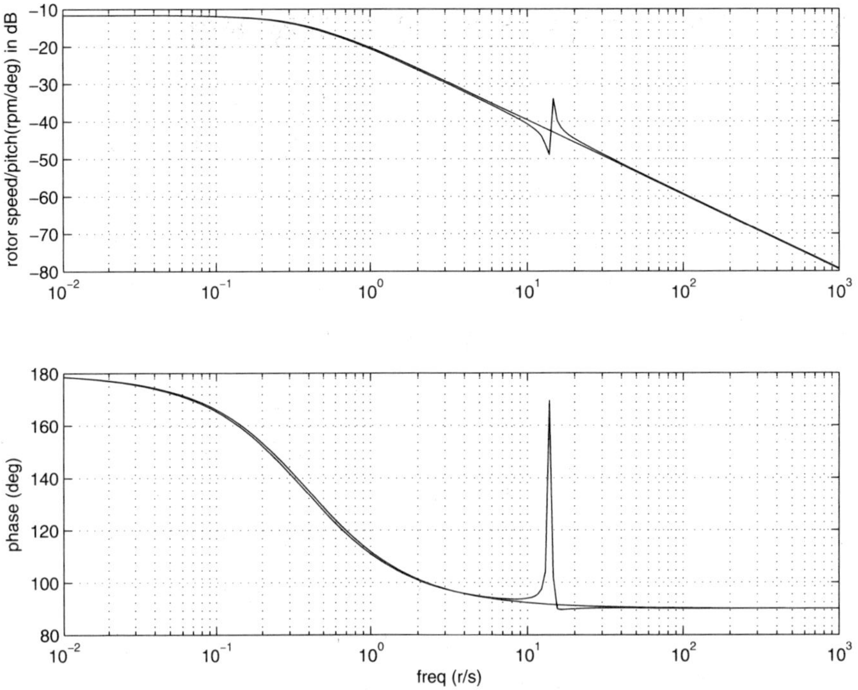

그림 5.8 $G_{22}(s) = \Omega_r(s)/\beta(s)$ 전달함수의 근사화 (주파수 응답, $v = 15.3m/s$)

따라서 전 절에서 수행한 근 궤적 선도 해석은 그대로 유용하다. 이를 간략히 정리하면 다음과 같다. 적분 제어기에 의한 영점의 위치가 $s = -0.4$보다 원점에 더 가까이 위치되면, 즉 $k_I/k_P < 0.4$ 이면, 피치제어 시스템의 응답 특성은 느리게 된다. 따라서 이 풍속 조건에서는, PI-제어기의 적분제어 게인 k_I을 비례제어 게인 k_P보다 0.4배 이상 크게 선정하여야 한다.

이제 그림 5.9의 구조에 대하여 수행한 시뮬레이션 결과를 논의해 보자. 그림 5.10은 k_I/k_P의 값을 0.2로 고정시키고, 비례제어 게인 k_P 값을 작은 값에서 큰 값으로 변화시키면서 얻은 시간영역 응답 특성을 정리한 것이다. 이 때, 시스템의 입력은 $\Omega_{ref} = 0.01$

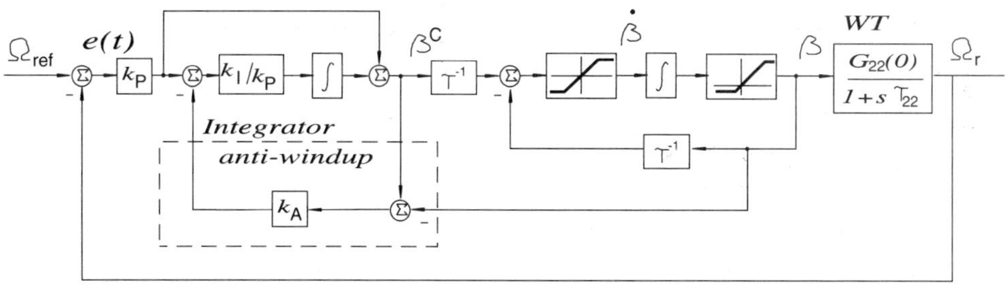

그림 5.9　간략화된 풍력 터빈의 피치제어 시스템의 모델

rpm인 스텝 신호이다. 입력신호의 크기가 매우 작은데, 그 이유는 그림 5.9의 시스템이 선형 영역에서 작동하도록 하기 위한 것이다. Ω_{ref}값을 크게 선정하면, 시스템의 초기상태 오차 값이 크게 되어 β^C 신호가 커지게 되는데, 이것은 곧바로 피치 엑츄에이터의 운동 속도를 포화 상태에 도달하게 만든다.

그림 5.10의 첫 번째 열은 스텝 입력에 대한 응답, 즉 그림 5.9의 Ω_r이며, 두 번째 열은 피치 엑츄에이터의 운동 속도(deg/s)를 나타내는데, 그림 5.9에서 $\dot{\beta}$ 신호에 해당한다. 비례제어 게인 k_P값이 -4 정도가 되면, 피치 엑츄에이터는 이미 비선형 작동 영역에 있게 된다. k_P 값을 크게 할수록, $\pm 7^o/s$의 포화 속도를 반복하는 비선형 작동구간이 길어지게 된다. 반대로 k_P 값이 작아지면, 그림 5.9의 모든 신호는 선형 영역 내에서 작동하게 된다. 따라서 전 절에서 수행한 근궤적 선도 해석 결과를 적용할 수 있다.

k_I/k_P의 값의 크기가 0.4보다 작으므로, 폐루프 시스템의 근 궤적은 그림 5.5(B) 형상이 된다. 따라서 k_P 값을 아무리 크게 하여도, 폐루프 시스템의 응답은 1차 시스템적인 특성이 지배적으로 나타나게 된다. 그림 5.10에서 첫 번째 응답 선도는 k_P 값이 -0.1일 때이다. 오버슈트(overshoot)가 없는 전형적인 1차 시스템 응답이며, 그 특성이 매우 느린 것을 볼 수 있다. k_P값을 -0.5로 하면, 우세 극점이 $s=-0.4$쪽으로 움직이므로 응답 속도가 개선되지만, 1차 시스템적인 특성은 그대로이다. k_P 값이 -4 정도부터는 피치

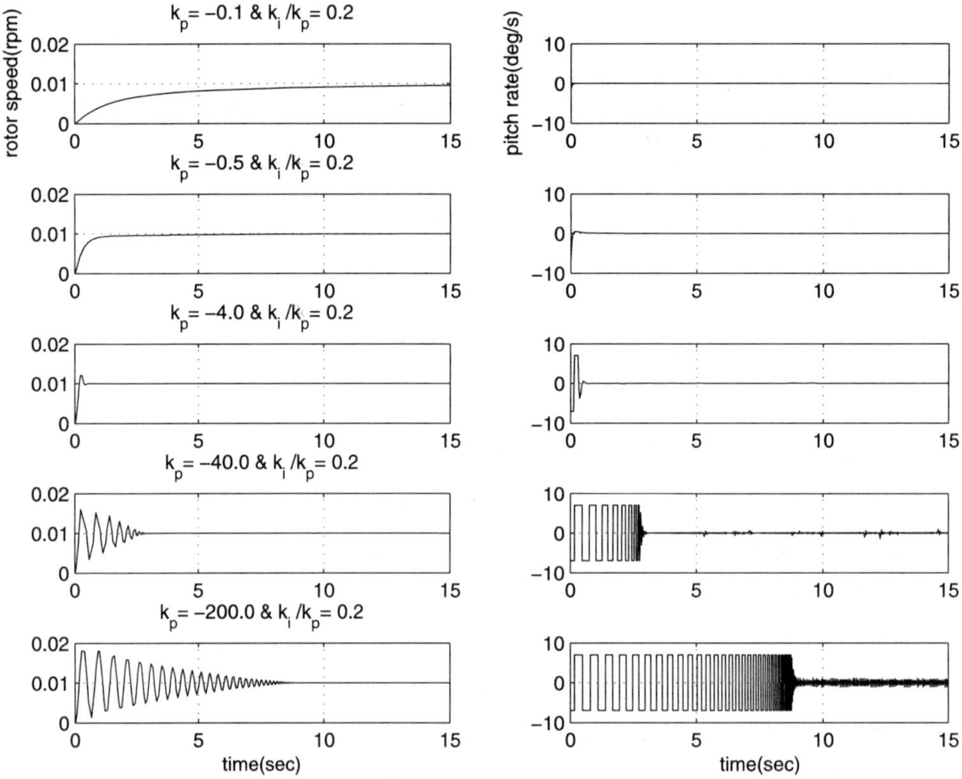

그림 5.10 간략화된 폐루프 피치제어 시스템의 시간 영역 응답 ($k_I / k_P = 0.2$)

엑츄에이터의 비선형 운동 특성이 지배적으로 나타나기 시작한다. 따라서 1차 시스템적인 응답 특성은 더 이상 나타나지 않고, 피치 엑츄에이터의 속도가 포화 영역에서 진동하기 때문에, 시스템의 응답도 정상상태 값을 중심으로 진동하게 된다.

위와 동일한 조건이지만, k_I/k_P의 값을 1.5로 설정한 경우에 대한 시스템 응답이 그림 5.11에 그려져 있다. 그림 5.5(A) 형태의 근 궤적을 갖게 되므로, 선형 영역에서의 응답은 $k_I/k_P < 0.4$인 조건보다 훨씬 빠르게 된다. 첫 번째 그림은 k_P 값이 -0.3일 때의 시스

템 응답인데, 그림 5.10과는 다르게 오버슈트가 나타난다. k_P 값을 -0.3에서 -0.5로 그 크기를 증가시키면, 그 응답이 훨씬 빨라지는 것을 볼 수 있다. k_P 값을 크게 하면, 전과 동일하게 피치 엑츄에이터의 비선형 특성이 지배적으로 나타난다. 이것은 그림 5.10과 그림 5.11에서 k_P 값이 -4일 때의 응답을 서로 비교해 보면, 바로 알 수 있다. k_I/k_P 값이 서로 다르지만, 2 개의 응답 특성은 서로 비슷하다는 것을 확인할 수 있다. 선형 영역에서는 그 응답 특성이 확연히 서로 다르지만, 비선형 작동 영역에서는 비선형 효과가 지배적이므로 그 차이는 미미해 진다. 또한, 비례제어 게인 k_P 값을 더 크게 하면, 그림 5.11의 마지막 응답에서 보듯이 폐루프 시스템이 불안정해질 수도 있다는 것을 알 수 있다. 적분 제어와 비선형 포화(saturation) 특성이 결합되면, 폐루프 시스템의 응답 특성은 위에서 보듯이 예측한 바와 전혀 다르게 나타난다. 이러한 현상은 비선형 포화 특성에 의하여 적분제어가 제대로 수행되지 못하여 발생된 것이며, 이를 적분 누적(integrator windup)이라 부른다. 다음 절에서는 이 문제를 해결하는 방법에 대한 논의를 한다.

5.1.4 적분 누적(integrator windup) 문제와 그 해결 방안

거의 모든 엑츄에이터는 포화 특성을 갖고 있는데, 적분 제어가 함께 사용되면 적분 누적 문제가 발생된다. 적분 누적에 의하여 폐루프 시스템의 응답은, 그림 5.11에서 보듯이 오버슈트(overshoot)가 증가하거나, 심지어 불안정해지기도 한다. 적분 누적이 발생되는 이유는, 적분 제어기의 작동이 엑츄에이터의 포화 특성으로 인하여 더 이상 선형영역에서 작동되지 않기 때문이다. 이를 해결하는 방법을 그림 5.12에 개략적으로 나타내었는데, 이를 적분 누적방지(integrator anti- windup)이라 부른다. 그 원리는 생각보다 매우 명료한데, 적분 제어의 출력이 항상 선형 영역에 있도록 만드는 것이다. 그림 5.12(A)의 구조는 이 원리를 잘 표현하고 있다. PI-제어기의 출력 u_c이 포화 상태 $u_{\max}$를 넘어서면, 즉 $u_c > u_{\max}$의 조건이 되면, 피드백 루프는 과포화 량$(u_c - u_{\max})$에 비례하는 신호를 적분

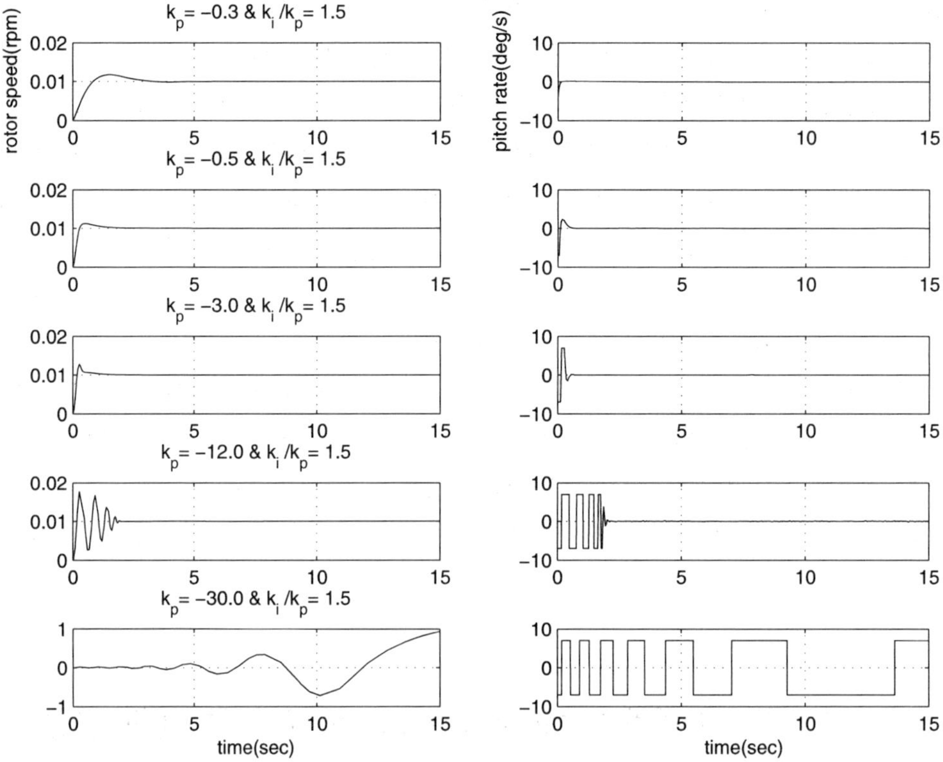

그림 5.11　간략화된 폐루프 피치제어 시스템의 시간 영역 응답 ($k_I/k_P = 1.5$)

제어기 입력에서 빼 주게 된다. 이러한 작업은 e_1신호를 0으로 유지하는 기능을 하게 되어, 결국 적분 제어의 실행을 막게 된다. 한편, PI-제어기 출력이 선형 영역 내부에 있으면, 비활성 영역(deadzone)이 위의 피드백 기능을 차단하므로 정상적인 적분 제어가 실행되는 것이다. 그림 5.12(B)의 구조는 그림 5.12(A)의 구조와 전적으로 동일한 역할을 하지만, 그 구조가 훨씬 단순하다는 장점이 있다[31]. 그림 5.12(C)는, $u_c > u_{\max}$의 과포화 조건에 대하여 그림 5.12(B)의 구조를 보다 더 명료하게 정리한 것이다. 이 조건에서의 전달함수는 식 (5-8)과 같이 주어진다.

$$U_c(s) = \frac{k_P s + k_I}{s + k_A(k_I/k_P)} E(s) - \frac{k_A(k_I/k_P)}{s + k_A(k_I/k_P)} U_{\max}(s) \tag{5-8}$$

그림 5.12(D)에 $U_c(s)/E(s)$ 전달함수에 대한 주파수 응답의 크기 선도가 k_A의 함수로 도시되어 있다. k_A를 크게 할수록 저 주파수 영역에서 주파수 응답의 크기가 작아지게 되는 것에 주목할 필요가 있다.

이제 그림 5.9의 제어 구조를 사용한 시뮬레이션 결과를 소개하면서, 적분 누적방지(integrator anti-windup) 기법의 유효성과 그 특성에 관하여 논의하자. 그림 5.13은 입력의 크기를 0.01, 0.05, 0.2, 1, 그리고 2.5의 순서로 증가시켰을 때의 시간 영역 응답을 정리한 것이다. 왼쪽 편에 있는 그림들은 적분 누적방지 기법을 적용하지 않은 경우, 그리고 오른 편은 이를 적용한 경우에 대한 응답이다. $k_P = -3.5$, $k_I/k_P = 2.5$, $k_A = 30$의 제어 게인 값들이 사용되었으며, 이때 그림 5.9 폐루프 시스템의 우세 극점은 $-3.0 \pm j2.3$에 위치된다. Ω_{ref} 입력 신호의 크기가 작은 경우, 그림 5.9의 내부 신호들도 그 크기가 모두 작게 되어 선형 영역에서 동작하게 된다. 그러나 Ω_{ref} 입력 신호의 크기가 커지면, 피치 엑츄에이터의 포화 특성에 의한 비선형 효과가 지배적으로 나타나게 된다. 입력 신호의 크기를 0.05 정도만 하여도, 적분 누적방지 기법을 적용하지 않은 폐루프 시스템의 응답은 불안정해지는 것을 볼 수 있다. 반면에 적분 누적방지 기능을 사용한 폐루프 시스템은 입력 신호의 크기가 커져도, 지속적으로 안정하게 작동하고 있음을 볼 수 있다.

입력 신호의 크기가 0.01일 때, 즉, 그림 5.13에서 제일 위의 두 응답을 서로 비교해 보면, 적분 누적방지 기능을 적용한 시스템의 응답이 이를 적용하지 않은 시스템의 응답보다 더 느리다는 것을 알 수 있을 것이다. 왜 이러한 현상이 발생될까? 스텝 신호가 입력된 직후의 짧은 시간 동안은 그림 5.9의 피치 엑츄에이터는 명령 신호 β^C를 아직 추종하지 못하는 상태이므로, $\beta^C - \beta$의 값은 0이 아니다. 따라서 적분 누적방지 기능이 작동된다. 그림 5.12(D)에서도 논의되었듯이, 적분 누적방지 기능이 작동되면 PI-제어기는

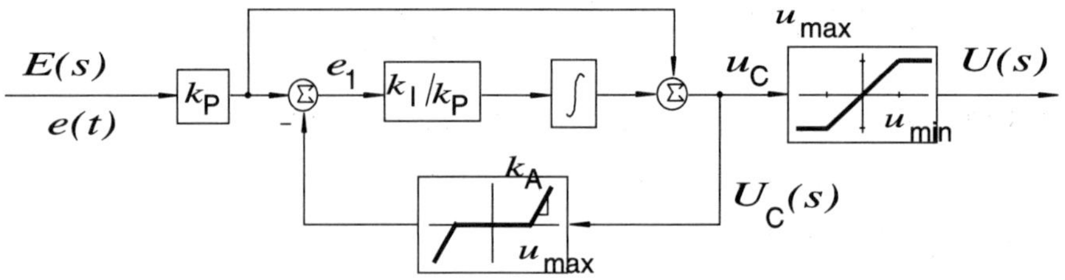

(A) PI control with integrator anti-windup

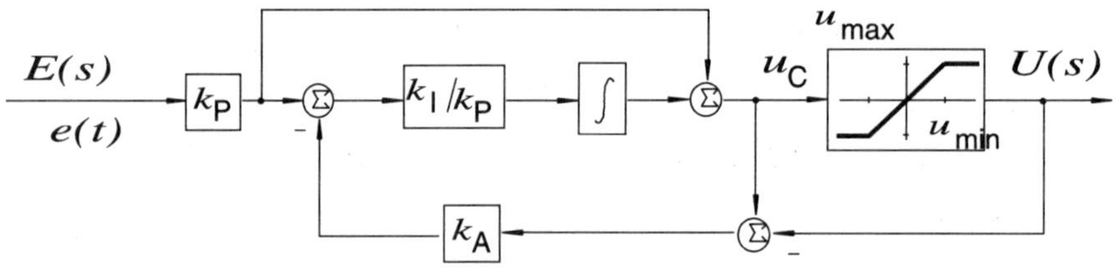

(B) other implmentation of anti-windup

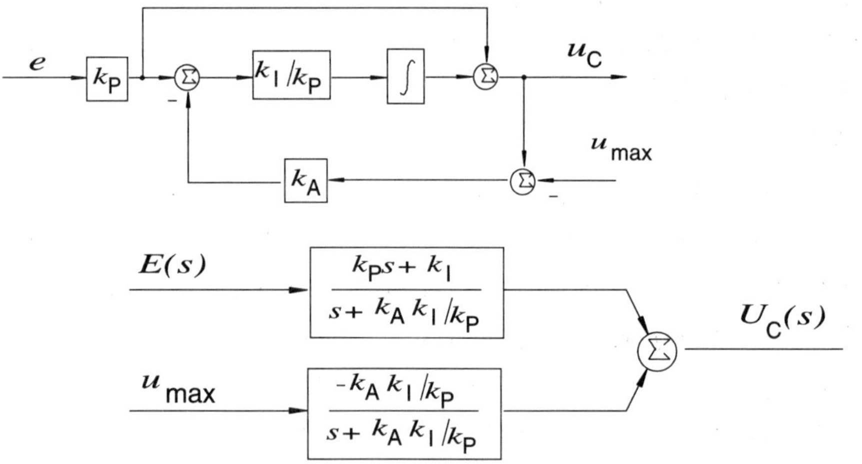

(C) equivalent block diagram during saturation

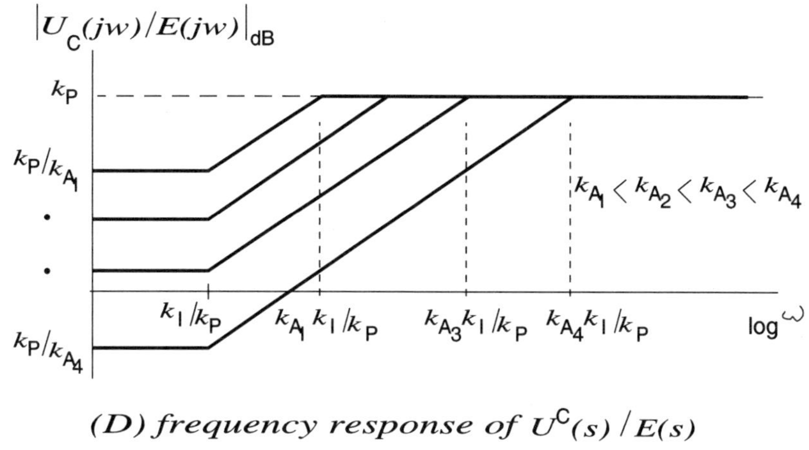

그림 5.12 적분누적 방지(integrator anti-windup) 기법

마치 비례 제어기인 것처럼 작동되는데, 이때의 비례 게인은 k_P에서 k_P/k_A까지 낮아질 수 있다. 이러한 이유 때문에 적분 누적방지 기능을 적용하면, 선형 작동영역에서 폐루프 시스템의 응답이 느려지게 되는 것이다.

그림 5.9에서 비례 제어기 게인 k_P은 크게 할수록, 동일한 크기의 오차$e(t)$에 대하여 피치 엑츄에이터 구동 신호인 β^C의 크기도 비례하여 커진다. 따라서 폐루프 시스템의 응답 속도도 점점 빠르게 될 것으로 예상된다. 그림 5.9 구조에서 적분 누적방지 게인 k_A의 값을 30으로 설정한 상태에서, 비례 제어 게인 k_P의 크기를 증가시켰을 때, 폐루프 시스템의 응답이 그림 5.14에 도시되어 있다. k_P 값이 -3.5보다 크게 되면, 폐루프 시스템의 응답 속도는 더 이상 빨라지지 않는다. 그 이유는 폐루프 시스템의 작동이 비선형 영역에 있기 때문인데, 이것은 그림 5.14의 우측에 도시된 피치 엑츄에이터의 속도 응답을 보면 확인된다. 이 영역에서는 β^C의 크기가 피치 엑츄에이터의 포화 한도를 넘게 되어 적분 누적 방지 기능이 작동된다. 따라서 비선형 동작 영역에서는 k_P 값이 크게 하여도, 폐루프 시스템 응답의 빠르기는 더 이상 개선되지 않는다.

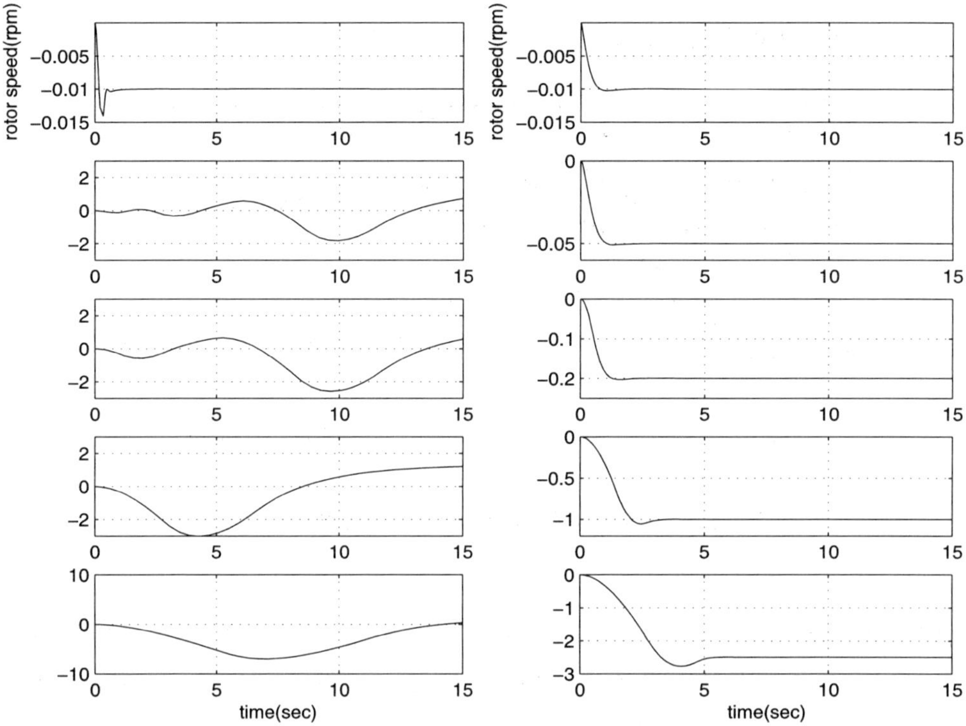

그림 5.13 입력신호의 크기 변화에 따른 스텝 응답 특성($k_p=-3.5$, $k_I/k_P=2.5$, $k_A=30$)

이제 적분 누적방지 게인 k_A의 값은 폐루프 시스템의 응답 특성에 어떠한 영향을 미치는 지 살펴보자. 그림 5.15에 이에 대한 시뮬레이션 결과를 도시하였다. k_A 값을 크게 할수록 폐루프 시스템의 응답 속도가 느려진다. 또한, 이 그림의 우측에 그려진 피치 엑츄에이터의 속도 응답을 보면,k_A 값이 커질수록 그 응답이 $\pm 7^o/s$으로 포화되는 구간이 적어지면서 진동(oscillation)이 커지고 있음을 볼 수 있다. k_A 값이 커지면, 왜 이러한 특성이 나타나는 것일까? k_A 값이 커질수록 폐루프 응답이 느려지는 이유는 그림 5.12(D)를 참조하면 바로 알 수 있다. 또한, k_A 값이 커지면 커질수록, 피드백 루프에 의한 적분 누적방지 기능이 더 강화되기 때문에, 그림에서 보듯이 속도 포화 구간이 적어지며, 포화

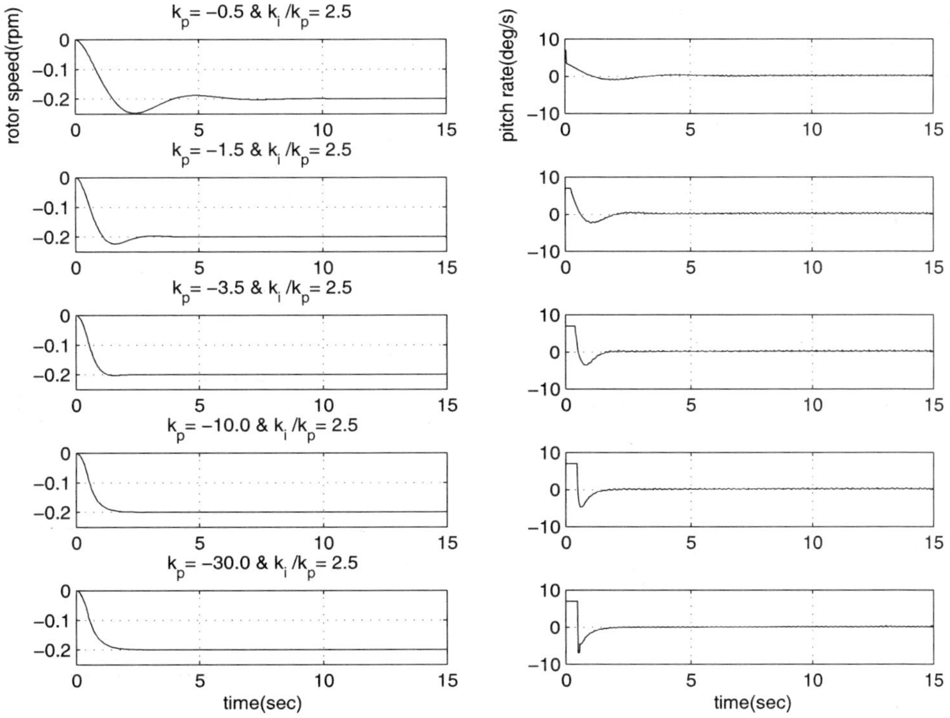

그림 5.14 비례제어 게인 크기 변화에 따른 스텝 응답 특성($k_I/k_P = 2.5$, $k_A = 30$)

한도 경계에서 계속 진동을 하게 된다.

지금까지 PI-제어기를 사용하는 피치제어 루프 설계에 대한 여러 주제를 논의하였다. 다음 절에서 새로운 논의를 진행하기 전에, 이들로부터 얻은 결론을 요약하여 정리하여 보자.

(1) 피치제어 루프게인 전달함수에 대한 크로스오버(crossover) 주파수 ω_c는 풍력 터빈이 설치될 장소의 바람 조건에 따라 결정된다. ω_c는 대략 $0.5r/s \sim 2r/s$의 범위에 있도록 PI-제어기를 설계한다.

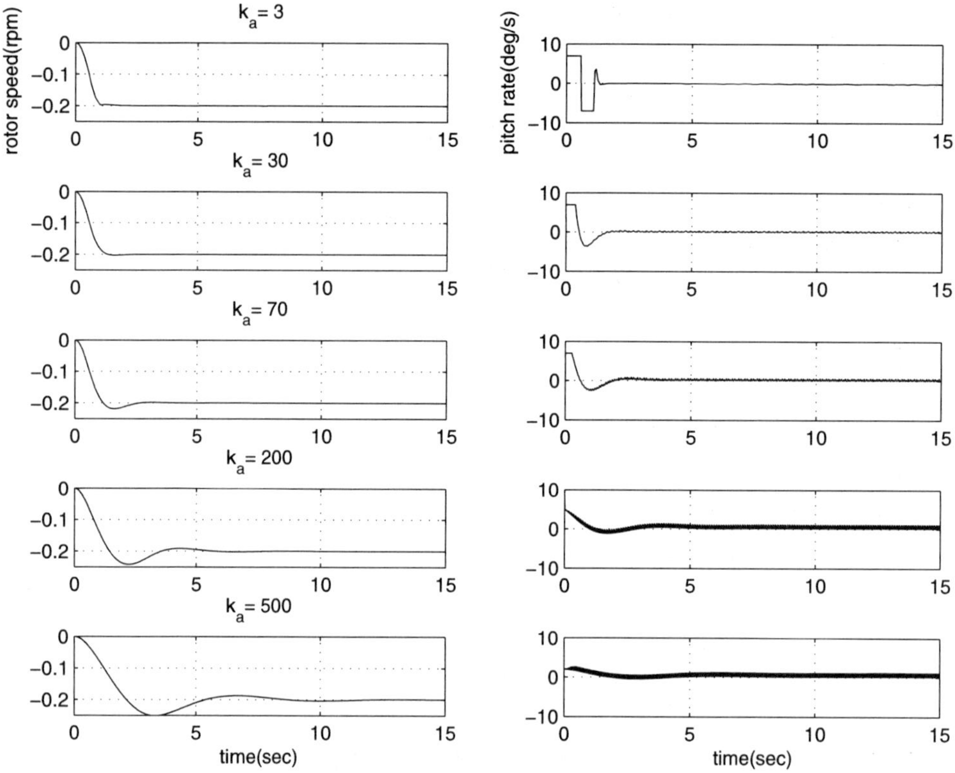

그림 5.15 k_A 개인의 크기 변화에 따른 스텝 응답 특성($k_P = -3.5$, $k_I/k_P = 2.5$)

(2) PI-제어기를 설계한다는 것은 2개의 설계 인자, k_p와 k_I/k_P은 결정하는 것이다. k_I/k_P는 $G_{22}(s) = \Omega_r(s)/\beta(s)$ 전달함수의 우세 극점의 위치를 고려하여 결정되어야 한다. 정격 풍속 이상의 바람 영역에 대하여 $G_{22}(s)$의 우세 극점의 위치를 파악한 후, k_I/k_P의 값은 우세 극점의 절대값 보다는 크게 설정하여야 한다. 또한, k_p 값은 피치제어 루프 개인의 크로스오버 주파수가 $0.5r/s \sim 2r/s$ 사이에 위치되도록 선정한다.

(3) 피치 엑츄에이터의 변위와 속도는 포화 특성이 있다. 비선형 포화 특성이 적분 제어와 결합되면, 적분 누적(integrator windup) 문제가 발생되어 그 응답은 진동(oscillation) 하거나 또는 심지어 불안정해진다. 이를 해결하는 방안은 그림 5.9 구조의 적분 누적방지(integrator anti-windup) 기법을 활용하는 것이다. 이 때, 게인 k_A는 DOWEC WT의 경우 30~40 근처로 선정하는 것이 적정하다.

5.2 게인 스케줄링(gain scheduling) 제어 기법

그림 5.1에 도시된 풍력 터빈의 제어 시스템 구조에서 'WT Dynamics' 블록은 식 (4-2)의 동적 모델에 해당한다. 이 식을 다시 쓰면 식 (5-9)과 같다.

$$J_r\frac{d\Omega_r}{dt} = T_a - k_s\left(\theta_r - \frac{1}{N}\theta_g\right) - c_S\left(\Omega_r - \frac{1}{N}\Omega_g\right) - B_r\Omega_r \qquad (5\text{-}9)$$
$$J_g\frac{d\Omega_g}{dt} = \frac{k_S}{N}\left(\theta_r - \frac{1}{N}\theta_g\right) + \frac{c_S}{N}\left(\Omega_r - \frac{1}{N}\Omega_g\right) - B_g\Omega_g - T_g$$

위 식에서 공력 회전토크(aerodynamic torque) T_a는 비선형 함수이며, 이를 작동점 $(\Omega_{r0}, v_0, \beta_0)$에 대하여 선형화하면, 식 (4-3)이 된다. 이것을 다시 정리하면 식 (5-10)이 된다.

$$\begin{aligned} T_a &= \frac{1}{2}\rho\pi R^3 C_Q(\lambda,\beta)v^2 = T_a(\Omega_r,v,\beta) \\ &\simeq T_a(\Omega_{r0},v_0,\beta_0) + \left.\frac{\partial T_a}{\partial \Omega_r}\right|_{(\Omega_{r0},v_0,\beta_0)}(\Omega_r - \Omega_{r0}) + \left.\frac{\partial T_a}{\partial v}\right|_{(\Omega_{r0},v_0,\beta_0)}(v - v_0) + \left.\frac{\partial T_a}{\partial \beta}\right|_{(\Omega_{r0},v_0,\beta_0)}(\beta - \beta_0) \\ &\simeq T_a(\Omega_{r0},v_0,\beta_0) + B_\Omega(\Omega_r - \Omega_{r0}) + B_v(v - v_0) + K_\beta(\beta - \beta_0) \end{aligned} \qquad (5\text{-}10)$$

이미 제 2장과 제 4장에서 충분히 설명되었지만, 식 (5-10)에서 선형화 계수들인 B_Ω, B_v 그리고 K_β의 값들은 풍력 터빈의 작동점이 변하면 그 값들도 함께 변한다.

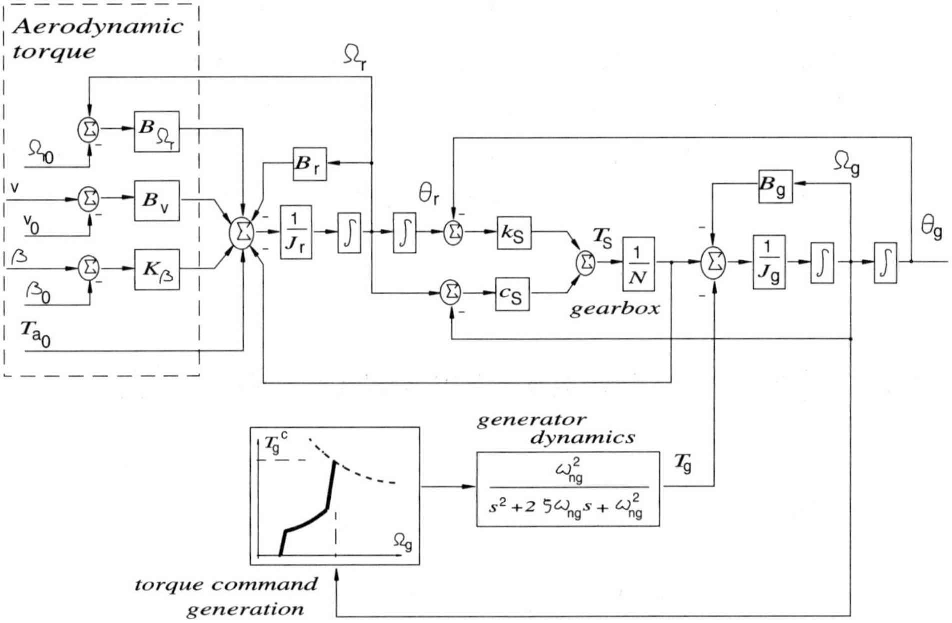

그림 5.16 그림 4.10 비선형 모델을 선형화시켜 표현한 세부 블록도

이제 위의 식들을 사용하여, 그림 5.1의 제어 구조에서 PI-제어기와 피치 엑츄에이터, 그리고 Ω_r-피드백 부분을 제외한 나머지 부분을 다시 그린 것이 그림 5.16이다. 이 블록선도를 그림 4.10의 구조와 비교해 보라. 그림4.10의 비선형 모델을 작동점 $(\Omega_{r0}, v_0, \beta_0)$에 대하여 선형화시킨 결과를 세부적으로 나타낸 것이 바로 그림 5.16이라는 것을 알 수 있어야 한다. 그림 5.16에서 점선 안의 부분은 식 (5-10)과 동일하다. 따라서 그림 5.16으로 표현되는 모델은 작동점 $(\Omega_{r0}, v_0, \beta_0)$ 근처에서만 근사적으로 타당한 모델이라는 것을 잊지 말자. 작동점이 변화되면, 선형화 계수들인 B_Ω, B_v 그리고 K_β의 값들도 변화되기 때문이다. 그림 5.16에서 전달함수 $G_{22}(s) = \Omega_r(s)/\beta(s)$은 살펴보면, 3개의 선형화 파라미터들 중에서 K_β와 B_Ω는 이 전달함수에 직접적인 영향을 미치고 있음을 알 수 있다.

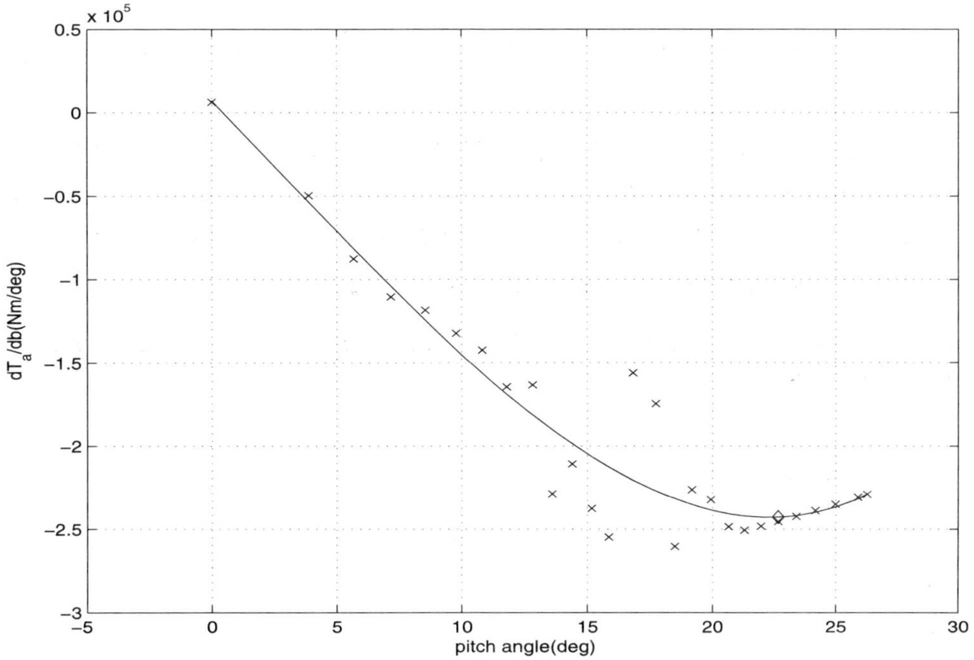

그림 5.17　정격풍속 이상의 바람영역에 대한 K_β의 변화

즉, K_β는 전달함수 $G_{22}(s)$의 DC 게인, 그리고 B_Ω은 $G_{22}(s)$의 극점 위치를 결정하는 중요한 인자이다. K_β의 영향은 그림 5.2에 그려진 $G_{22}(s)$의 주파수 응답에서 확인할 수 있다. 또한, 그림 4.13으로부터 B_Ω가 $G_{22}(s)$의 극점 위치 변화에 미치는 영향을 미루어 짐작할 수 있는데, 그 영향은 그렇게 크지 않음을 볼 수 있다. 정격 풍속이상의 바람영역에 대하여, K_β의 변화를 피치각 β의 함수로 그린 것이 그림 5.17이다. '◇'로 표시된 작동점 $(\Omega_{r0}, v_0, \beta_0) = (15.67rpm,\ 22.83m/s,\ 22.65^o)$에서 K_β의 크기는 최대가 되며, 정격 풍속영역 근처로 올수록 그 값은 작아진다.

그림 5.1의 구조에서 피치제어 루프게인 전달함수 $L(s)$는 식 (5-1)로 표현되는데, 이를 식 (5-11)에 다시 정리하였다.

$$L(s) = \left(k_P + \frac{k_I}{s}\right)\left(\frac{1}{1+\tau_p s}\right)G_{22}(s) = \frac{k_P}{s}\left(s + \frac{k_I}{k_P}\right)\left(\frac{1}{1+\tau_p s}\right)G_{22}(s) \qquad (5\text{-}11)$$

이제 작동점 $(\Omega_{r0}, v_0, \beta_0) = (15.67rpm,\ 22.83m/s,\ 22.65^o)$에 대하여 피치제어 루프를 설계하여 보자. 이 때, PI-제어기의 각 개인은 충분한 안정도 여유(stability margin)와 $1\ r/s$ 미만의 크로스오버 주파수를 갖도록 선정하였다. $k_P = -0.08$ 그리고 $k_I/k_P = 0.55$의 PI-제어기에 대한 피치제어 루프게인의 주파수 응답이 그림 5.18에 도시되어 있다. 대략 $0.8\ r/s$ 에서 0dB를 지나고 있으며, 90° 이상의 위상 여유(phase margin)를 갖게 됨을 알 수 있다.

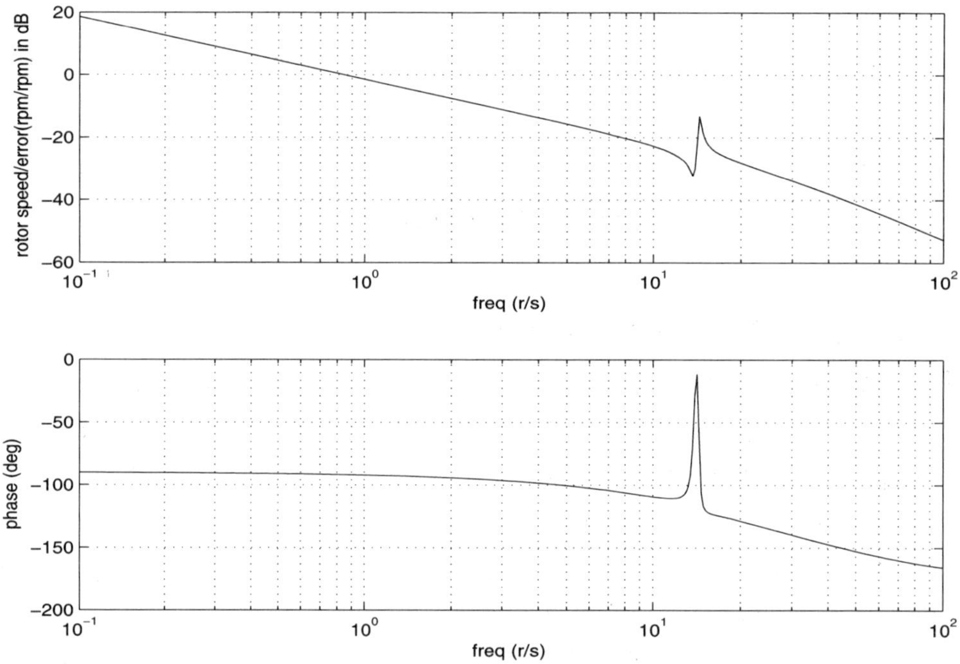

그림 5.18 작동점 (15.67rpm, 22.8 m/s, 22.65°)에 대한 피치제어 루프게인 주파수 응답

그림 5.17과 같은 정격 풍속이상의 27개 작동점에 대하여 위의 단일 PI-제어기를 적용한다면, 루프 게인 전달함수의 주파수 응답은 그림 5.19처럼 변화된다. 작동점 변화에 따른 K_β 크기 변화로 인하여, 주파수 응답의 크기 선도가 직접적인 영향을 받고 있음을 볼 수 있다. 특히, 정격 풍속 근처에서는 K_β의 값이 작기 때문에(그림 5.17), 위의 단일 PI-제어기를 그대로 사용하면, 그 응답 속도가 느려지게 될 것이라고 예상된다. 따라서 그림 5.20과 같은 게인 스케쥴링, $k_G(\beta)$이 필요하다. 즉, 식 (5-2)의 PI-제어기는 스케쥴링된

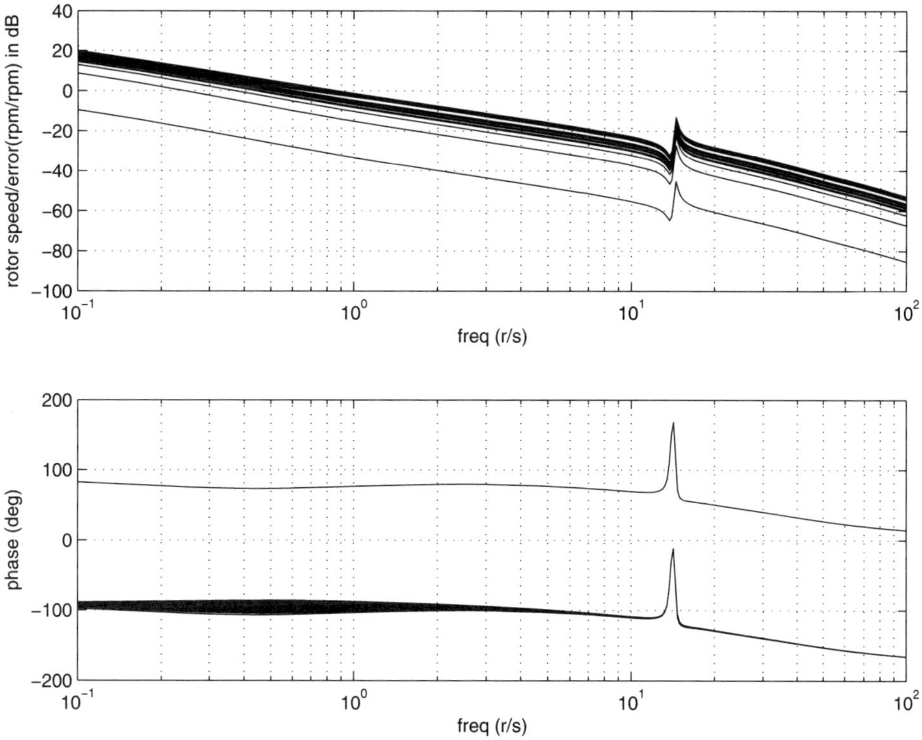

그림5.19 정격 풍속 이상의 27개 작동점들에 대한 피치제어 루프게인 주파수 응답

게인 $k_G(\beta)$을 반영하여 식 (5-12)와 같이 변화되어야 한다.

$$\frac{\beta^c(s)}{E(s)} = k_G\left(k_P + \frac{k_I}{s}\right) = k_G\frac{k_P}{s}\left(s + \frac{k_I}{k_P}\right) \tag{5-12}$$

직관적으로 풍력 터빈 허브 높이에서의 풍속, v을 사용하여 스케쥴링하는 것이 적절하다고 생각되지만, 풍속을 정확하게 추정하는 것이 쉽지 않기 때문에 게인 $k_G(\beta)$는 그림 5.20처럼 피치각의 함수로 스케쥴링하는 것이 보편적이다.

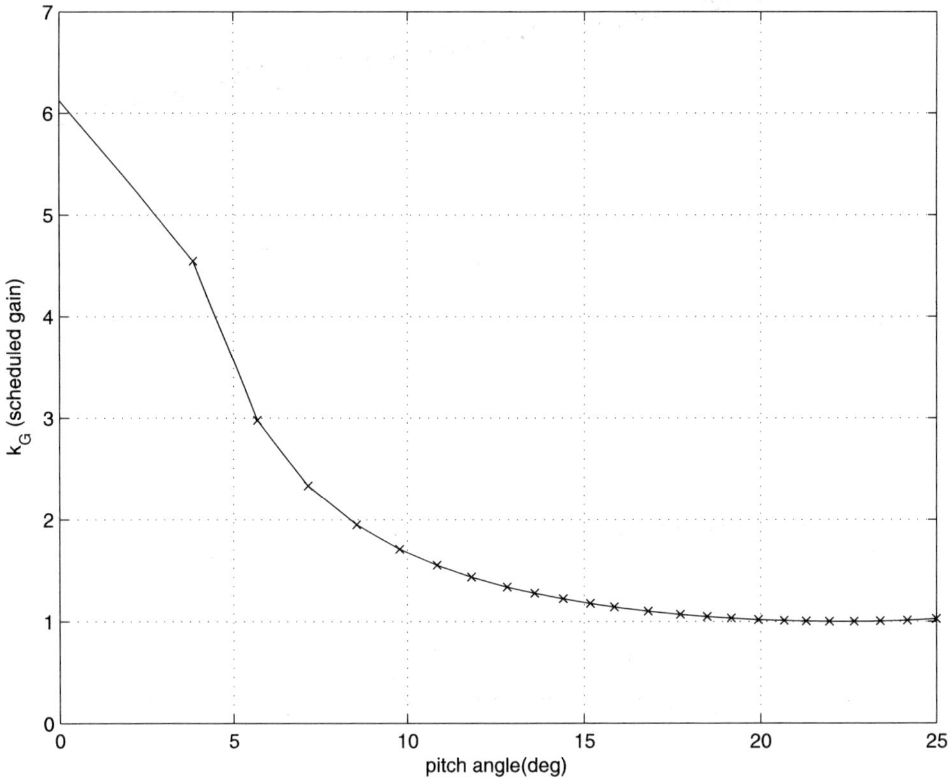

그림 5.20 K_β 크기 변화를 고려한 게인 스케쥴링

그림 5.21에 풍속 변화에 따른 풍력 터빈의 응답을 도시하였다. 풍속이 20초 간격으로 12.4m/s에서 14, 16, 18, 20, 22, 24.5 m/s까지 계단 형으로 변화될 때, $k_P=-0.08$ 그리고 $k_I/k_P=0.55$의 단일 PI-제어기가 적용된 응답은 점선으로, 식 (5-12)의 게인 스케쥴링이 적용된 응답은 실선으로 표시되었다. 위에서부터 풍속, 날개의 회전 속도, 피치각, 저속 회전축의 토션, 그리고 스케쥴링된 게인 $k_G(\beta)$의 시간 응답을 나타낸다. 예상대로 정격 풍속 근처에서 게인 스케쥴링을 사용한 효과가 나타나고 있음을 볼 수 있다.

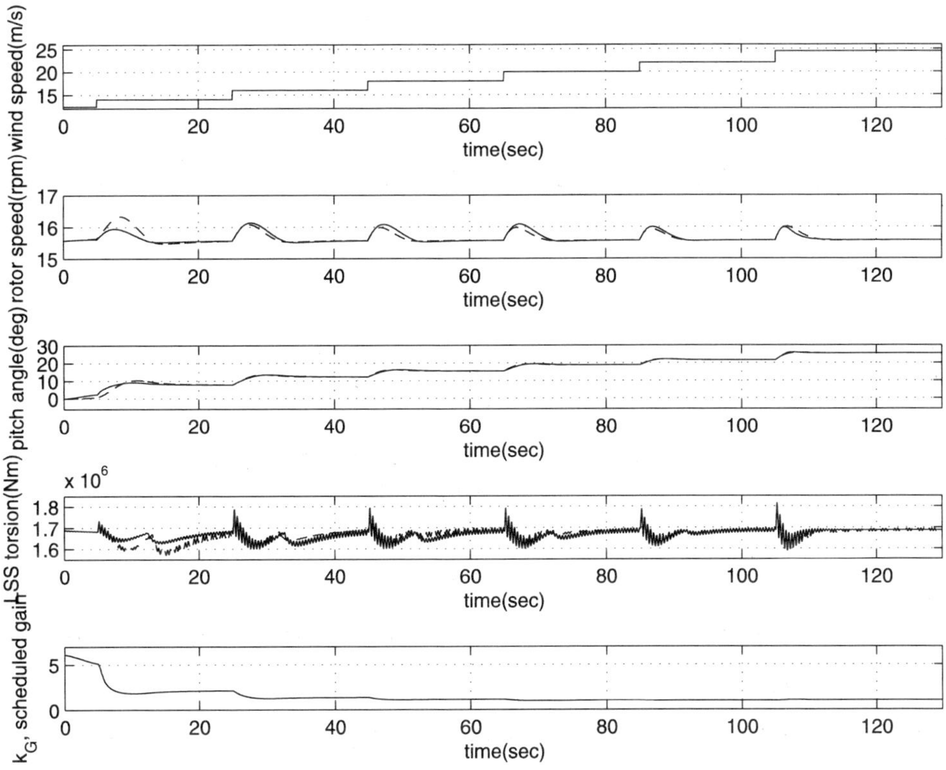

그림 5.21 풍속의 스텝 변화에 따른 풍력 터빈의 응답
($k_P=-0.08$, $k_I/k_P=0.55$)

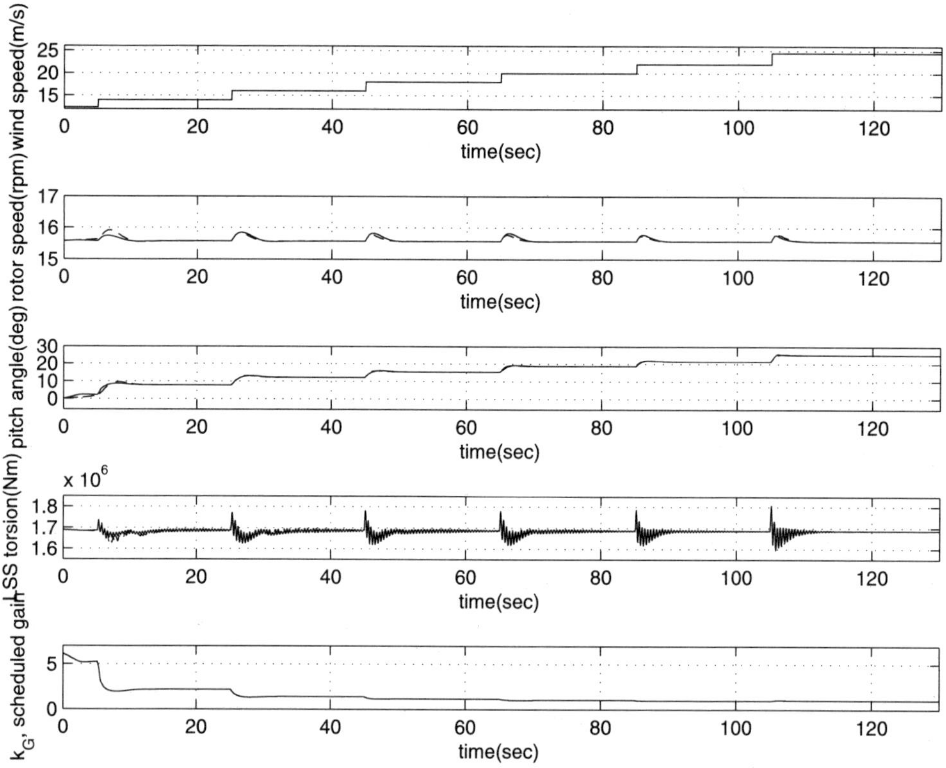

그림 5.22 풍속의 스텝 변화에 따른 풍력 터빈의 응답
($k_P = -0.20$, $k_I/k_P = 0.65$)

위와 동일한 작동점 $(\Omega_{r0}, v_0, \beta_0) = (15.67rpm,\ 22.8m/s,\ 22.65^o)$에 대하여, PI-제어 확인할 수 있다. 즉, 그림 5.21과 비교할 때, 날개의 회전 속도가 정격 속도인 15.57rpm에서 거의 변화하지 않고 있는데, 그 이유는 풍속 변화에 대하여 피치각 제어가 재빠르게 수행되기 때문이다.

현실적으로 발생하기가 불가능한 상황이지만, 그림 5.23과 같이 풍속이 12.4m/s에서 24m/s, 그리고 14m/s로 갑자기 변했다고 가정해보자. 그림 5.23 응답에서 실선은 적분누적 방지기법을 적용한 경우이고, 점선은 이를 사용하지 않은 경우에 대한 응답이다. 두

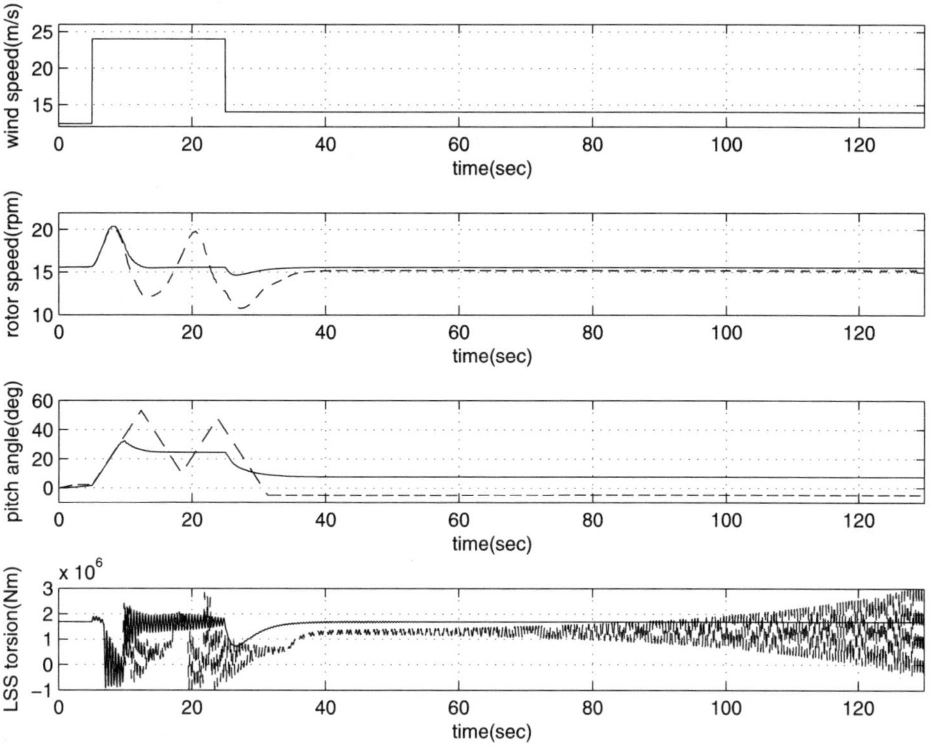

그림 5.23 급격한 풍속 변화에 따른 풍력 터빈의 응답
($k_P = -0.20$, $k_I/k_P = 0.65$, $k_A = 30$)

경우 모두, 게인 스케쥴링 제어를 적용하였다. 적분 누적 방지기법을 사용하지 않은 경우의 응답은 발산(diverging)하고 있음을 볼 수 있다. 급격한 풍속의 증가는 날개의 회전을 순간적으로 가속시키지만, 날개 회전속도는 피치각 제어에 의하여 다시 정격 속도인 15.57rpm으로 돌아와야 한다. 이 그림의 세 번째 응답에서, 피치 엑츄에이터의 포화 특성과 적분 제어로 인하여 발생된 적분 누적 문제를 잘 관찰할 수 있다. 풍력 터빈의 정상적인 운전 상태에 대하여, 적분 누적 문제가 심각하게 자주 발생하리라고 예상되는 것은 아니지만, 만약의 경우를 대비하여 그림 5.9 구조의 적분누적 방지 기능은 피치 제어루프 설계에 포함시켜야 한다.

전체 풍속 범위에 대한 시뮬레이션 결과를 소개하면서 이 절을 마무리한다. 그림 5.24는 풍속이 4m/s에서 시작하여 5.5m/s, 7m/s, 8.5m/s, 10m/s, 12.5m/s, 14m/s, 16m/s, 18m/s, 20m/s, 22m/s 그리고 24m/s까지 스텝 변화를 할 때, 풍력 터빈의 응답을 도시한 것이다. 풍속이 정격 속도 보다 작은 경우에는 피치각을 0^o로 고정하고, 정격 풍속보다 빠른 바람영역에서는 게인 스케쥴링과 적분 누적방지 기능이 포함된 피치 제어 시스템이 가동하는 단순한 제어 로직을 적용하였다. $k_P = -0.08$, $k_I/k_P = 0.55$의 PI-제어 게인과 $k_A = 30$의 적분 누적 방지 피드백 게인을 사용하였다. 전체 풍속영역에 대하여 풍력 터빈의 제어가 큰 문제없이 수행되고 있음을 확인할 수 있다.

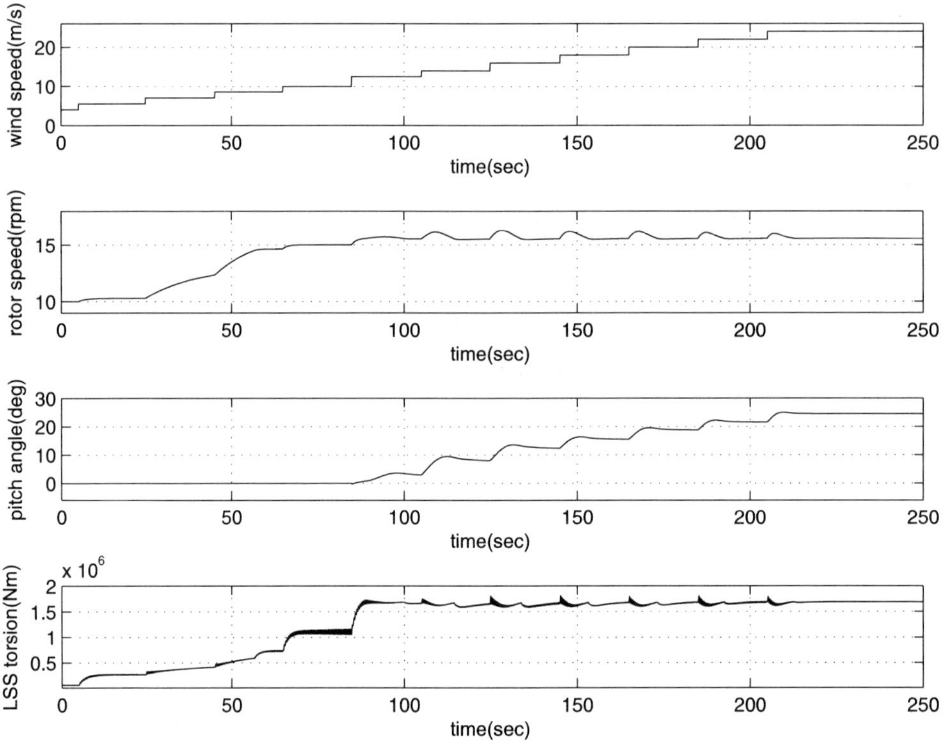

그림 5.24 전체 풍속영역에서 풍력 터빈의 응답($k_P = -0.08$, $k_I/k_P = 0.55$, $k_A = 30$)

5.3 피치 제어 시스템의 성능 평가

지금까지 피치 제어시스템을 설계하는 절차와 방법에 대한 논의를 하였다. PI-제어기의 각 게인을 어떻게 설정하는 가에 따라 풍력 터빈의 응답은 크게 달라진다. 그렇다면, '어떤 선택의 PI-제어가 최적인가?'라는 의문이 생긴다. 이에 대한 답은 피치 제어 시스템을 평가하는 성능 지표(performance index)를 만드는 것에서 출발한다. 성능 지표를 어떻게 만드는 가에 따라 최적의 피치 제어 시스템이 결정되므로, 성능 지표는 제작될 풍력 터빈의 성능, 가격 또는 수명을 고려하여 매우 현실적으로 설정되어야 한다. 피치 제어 시스템의 성능 평가에 있어서 또 한 가지 중요한 요소는 풍력 터빈으로 불어오는 바람의 특성에 관한 것이다. 실제와 유사한 특성을 갖도록 바람을 생성해야 하며, 이를 사용하여 풍력 터빈의 성능이 평가된다. 설계가 완료된 풍력 터빈으로 동일한 조건의 바람을 입력시킨 후, 풍력 터빈의 출력 변수들의 함수로 결정되는 성능 지표를 비교해 보면, 최적의 피치 제어 시스템을 선정할 수 있다. v10

5.3.1 성능 평가를 위한 바람 생성

풍력 터빈은 설치된 장소의 바람 조건을 구조적으로 20년 이상 견디면서, 지속적인 전력을 생산하도록 설계/ 제작되어야 한다. 평균 풍속이 높은 지역을 선정하여 풍력 터빈을 설치하는 것은 너무 당연하다. 그러나 바람 조건이 설치 지역마다 서로 다르기 때문에, 각 장소의 바람 특성을 고려하여 최적의 풍력 터빈을 설계하는 것이 바람직하다. IEC-61400-1은 풍력 터빈이 설치될 장소의 바람특성을 고려하여 풍력 터빈을 분류해 놓았다[11]. 표 5.1은 이것을 다시 정리한 것이다. 이 표에서 알 수 있듯이, 풍력 터빈은 V_{ref}와 I_{ref}의 값에 따라 분류되는데, 이들은 아래와 같이 정의된다.

V_{ref}: 풍력 터빈이 견뎌야 할 허브 높이에서의 최대 풍속을 뜻하며, 그 값은 10분간 평균 풍속으로 나타낸다. 50년을 주기로 풍력 터빈이 설치된 장소로 불어올 수 있는 최대 풍속을 의미한다.

표 5.1 풍력 터빈의 분류와 그 특성 값

풍력 터빈의 분류 (wind turbine class)	I	II	III	S
V_{ref}(m/s)	50	42.5	37.5	제조사에 의한 규격
A I_{ref}	0.16			
B I_{ref}	0.14			
C I_{ref}	0.12			

I_{ref}: 허브 높이에서 10분간 평균 풍속이 15m/s일 때 난류 강도(turbulence intensity)

따라서 어떤 풍력 터빈이 class IIIA라 함은 이 풍력 터빈은 10분간 평균 풍속이 37.5m/s인 조건에서도 구조적으로 안전해야 하며, 허브 높이에서 10분간 평균 풍속이 15m/s일 때를 기준으로 0.16의 난류 강도를 갖는 바람에 대하여 20년 이상 운전될 수 있는 풍력 터빈을 뜻한다. 해상이나 설치 장소의 특별한 바람 조건에 부합하는 풍력 터빈은 제조사가 V_{ref}나 I_{ref} 값을 스스로 정하여 class S라고 부른다. 또한, IEC-61400-1 규격서에는 난류(turbulence)와 높이에 따른 속도 변화(wind shear)를 포함하는 정상적인 바람 조건과 5개의 극한 바람 조건(extreme wind condition)을 규정하고 있다. 설계 단계부터 이러한 바람 조건(design load case, DLC)에 대하여 풍력 터빈이 구조적으로 안전한지, 해석적으로 검증되어야 한다.

한편, 풍력 터빈의 실증 단계에서도, 풍력 터빈으로 불어오는 바람에 대하여 풍력 터빈 구조물에 기계적 하중이 어떻게 작용하고 있는지, 특정 바람조건(measurement load case, MLC)을 정하여, 풍력 터빈의 응답을 측정하고 분석하여야 한다. 위와 같은 해석/ 분석/ 검증 작업은 풍력 터빈의 제어 시스템이 정상적으로 작동하고 있는 상태에서 얻어진 데이터에 기초하여 진행되어야 한다. 풍력 터빈의 제어 시스템 설계 부서에서도 구조 설계/ 해석팀과 정보를 공유하면서, 각 DLC와 MLC에서의 풍력 터빈의 출력을 면밀히 관찰/ 분석하여, 이를 제어 시스템 재설계에 반영하여야 한다. 여기서는, 정상적인 바람 조건에 한정하여 논의하기로 하고, 보다 더 자세한 내용은 IEC-61400-1 규격서를 참조하여야 한다.

허브 높이에서의 풍속 v은 식 (5-13)과 같이 Rayleigh 누적분포함수(CDF)로 결정된다.

$$F_R(v) = 1 - \exp\left[-\pi\left(\frac{v}{0.4\,V_{ref}}\right)^2\right] \tag{5-13}$$

한편, 각 평균 풍속 $\bar{v}$에서 난류 성분에 의한 풍속의 표준 편차 σ_1은 식 (5-14)로 결정된다.

$$\sigma_1 = I_{ref}(0.75\bar{v} + 5.6) \tag{5-14}$$

식 (5-14)로부터 풍력 터빈의 class에 따른 풍속의 표준 편차 σ_1와 난류강도($\sigma_1/\bar{v}$)를 허브 높이에서의 10분간 평균 풍속인 $\bar{v}$의 함수로 그린 것이 그림 5.25이다.

이제 피치 제어 시스템의 성능 평가를 위한 바람 생성에 대한 논의를 하여 보자. 평가 대상인 풍력 터빈의 class가 A라고 가정하자. 그렇다면, 이 풍력 터빈은 식 (5-14) 또는 그림 5.25로 지배되는 바람의 난류 특성에 대하여 구조적으로 그리고 파워 출력 면에서 안정적으로 작동하여야 한다. 예를 들어 허브 높이에서 평균 풍속이 17m/s 라면, 최대

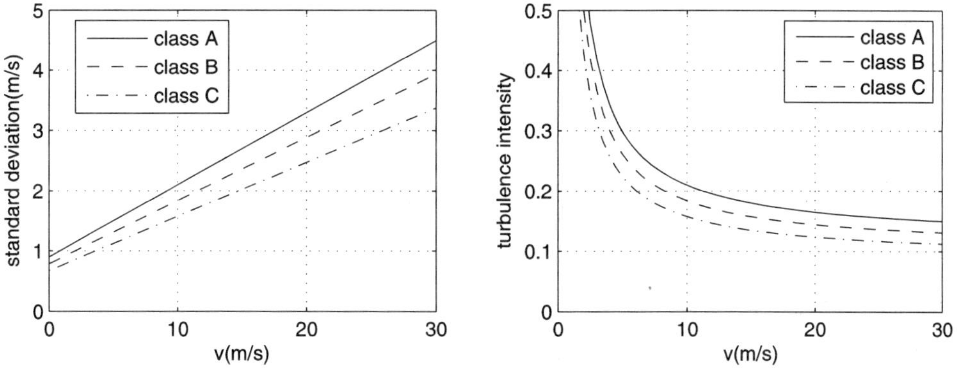

그림 5.25 난류 성분에 의한 풍속의 표준 편차와 난류 강도

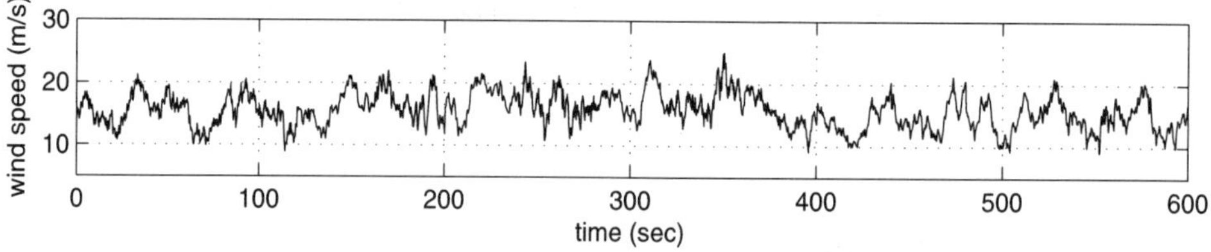

그림 5.26　Class A 난류 성분이 포함된 평균 풍속 15.68m/s 바람

0.1727의 난류 강도까지 견뎌야 하는데, 이 정도의 바람에 대하여 풍력 터빈이 어떻게 반응하는 지 분석하고, 평가하여야 한다. 위와 같은 특성을 갖는 바람은 1.4.3절에서 설명한 바람생성 알고리즘을 사용하여 만들어 낼 수 있다. 그림 5.26에 이처럼 생성된 바람의 일부를 도시하였다.

그림 5.26 처럼 10분을 단위로 바람 데이터를 분석하면, 짧은 기간이기 때문에 평균 풍속이 17m/s이면서 난류 강도가 0.1727이 되지는 않는다. 보다 긴 시간 동안의 바람 데이터를 관찰해야 이 값들에 근접한다. 그림 5.26에 있는 바람 데이터를 기준으로 계산하면, 이 바람은 평균 풍속이 15.68m/s,　난류 강도는 0.1735이다. 풍력 터빈이 작동되는 전체 풍속 범위에 대하여, 평균 풍속을 달리 하면서 그림 5.26과 유사한 바람을 생성시키는 것이 풍력 터빈 제어 시스템 평가의 제 1 단계이다.

5.3.2 제어 시스템 평가를 위한 성능 평가 지수

풍력 터빈은 바람이 갖는 파워를 유효 적절히 회수하면서, 20년 이상 작동되도록 설계되어야 한다. MW 규모 풍력 터빈은 날개의 직경만도 보통 100m를 넘는 대형 기계 구조물이다. 따라서 구조물의 중량은 최소화하면서 구조 강도는 공력 하중을 충분히 견딜 수 있도록 설계되어야 한다. 이처럼 설계된 기계 구조물은 일반적으로 작은 댐핑 특성을 갖게 되는데, 한번 발생된 진동은 끊임없이 반복된다.

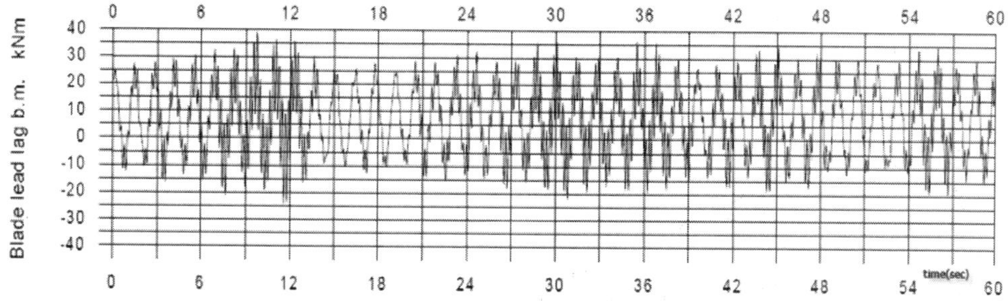

그림 5.27 블레이드 엣지 방향으로 작용하는 굽힘 모멘트의 시간 응답

그림 5.27은 블레이드 엣지 방향(edgewise, or lead/lag-wise)으로 작용하는 굽힘 모멘트 시간 응답의 한 예인데, 대략 25kNm의 진폭을 갖는 기계적 하중이 0.66Hz의 주파수 성분으로 블레이드에 반복적으로 작용되고 있는 것을 볼 수 있다. 만약 이 풍력 터빈이 쉬지 않고 20년 동안 계속 운전된다면, 몇 회의 반복 하중이 블레이드에 작용되는 것일까? 대략 0.66×3600×24×365×20(~1×108) 회라는 엄청난 숫자를 얻을 수 있을 것이다. 어떤 재료도 반복하여 기계적 하중을 가하면, 피로 파괴에 이른다. 반복 하중의 크기(S)와 파괴되기까지의 반복수(N)의 관계를 도표로 나타낸 것을 SN 곡선이라 한다.

그림 5.28은 블레이드의 주 재료가 되는 파이버 글래스(fiberglass) 복합재의 SN 곡선을 나타내는데, 각 점들은 피로 파괴에 도달한 실험적 조건들을 표시하고 있다. 여기서, 반복 응력(σ)의 크기가 항복 응력(σ_o)의 15% 이하가 되면, 아무리 반복적으로 하중을 가해도 피로 파괴가 일어나지 않게 된다는 것을 알 수 있다. 그러나 이 값보다 큰 크기의 반복 하중이 인가되면, 훨씬 적은 반복 횟수에서 블레이드는 피로 파괴에 도달하게 된다.

그림 5.27을 좀 더 자세히 관찰하면, 블레이드에는 25kNm 진폭의 하중뿐 아니라, 수 kNm 정도의 하중까지 다양한 크기의 복합 하중이 작용하고 있다는 것을 확인할 수 있다. 이러한 복합 하중이 특정 재료에 작용할 때, 이 재료의 피로 파괴는 아래에서 설명되는 Palmgren-Miner 선형손상법칙(linear damage rule)에 의하여 판정될 수 있다[35].

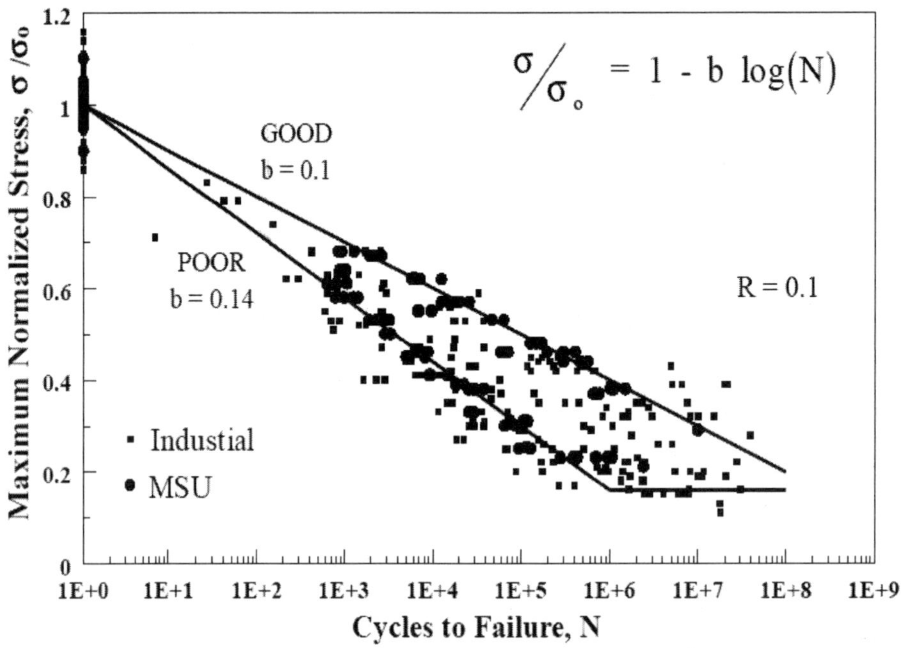

그림 5.28 파이버 글래스 복합재(블레이드의 주재료)의 SN 곡선

$$D = \sum_{i}^{M} \frac{n_i}{N_i} = \frac{n_1}{N_1} + \frac{n_2}{N_2} + \frac{n_3}{N_3} + \cdots + \frac{n_M}{N_M} \tag{5-15}$$

여기서, n_i는 σ_i의 응력크기를 갖는 반복 응력이 기계 구조물에 가해진 반복수, 그리고 N_i는 σ_i 크기 응력에 대한 피로 파괴 반복횟수(failure number)를 나타낸다. 다양한 크기를 갖는 반복응력들이 구조물에 가해질 때, 위 식으로 정의되는 D값이 1보다 크게 되면 구조물은 피로 파괴 상태에 도달하게 된다고 판정한다.

풍력 터빈의 제어 알고리즘은 출력 파워뿐 아니라 기계적 하중에도 큰 영향을 미친다. 따라서 파워와 기계적 하중을 분리하여 제어 알고리즘의 성능평가 지수를 설정해야 한다. 그림 5.26과 같은 600초 단위의 바람에 대하여 시뮬레이션을 수행한다. 이때, 생산된 출력 파워의 성능 지수로서 다음과 같은 것들을 생각할 수 있다[24].

(1) $J_P = \int_0^{600} P(t)dt$

(2) 출력 파워의 평균과 표준편차

한편, 기계적 하중에 대한 평가 지수로서 식 (5-15)의 값을 고려할 수 있다. 즉, 동일한 바람 조건에 대하여 이 값이 크면 클수록, 이 풍력 터빈의 수명은 더욱 빠르게 단축된다는 것을 의미하기 때문이다. 이것과 비슷하게, 식 (5-16)으로 정의되는 등가 파괴하중(equivalent fatigue load), M_{eq}을 평가 지수로 사용할 수 있다[14].

$$M_{eq} = \left(\frac{\sum_k (\Delta M_k)^m N_k}{N_{tot}} \right)^{\frac{1}{m}} \tag{5-16}$$

여기서,

ΔM_k: 600초 동안 발생된 복합 하중 중에서 그 진폭의 크기가 k-번째인 하중 진폭

N_k: 600초 하중 데이터 중에서 ΔM_k 하중의 반복 횟수

N_{tot}: 600초 동안 발생된 모든 하중의 반복 횟수

m: 재료의 물성치(일반적으로, 블레이드는 10, 철제 구조인 타워는 3.5의 값 사용).

부가적으로, 다음과 같은 정보도 평가 지수로 사용될 수 있다.

(1) 피치 엑츄에이터 작동의 혹사 정도

$$J_D = \int_0^{600} \left(\frac{d\beta}{dt} \right)^2 dt$$

(2) 날개의 회전 속도 오버슈트의 크기

5.3.3 피치 제어 시스템의 성능 평가

몇 개의 시뮬레이션 결과를 소개하면서, 피치 제어 시스템에 대한 논의를 종결하기로 한다. 그림 5.29과 5.30은 평균 풍속 17m/s 그리고 난류강도가 0.17인 동일한 바람에 대한 시뮬레이션 결과이다. 각 그림에서 첫 번째 창은 풍속(m/s), 두 번째는 회전날개 속도(rpm), 이후 순차적으로 발전기 토크(Nm), 피치각(deg), 출력 파워(MW), 그리고 마지막 창에는 모드 변환 스위칭 신호가 그려져 있다. 평균 풍속은 17m/s 이지만, 17% 난류강도의 바람이기 때문에, 600초 동안에도 최저 풍속 7m/s에서 최대 25m/s까지 풍속 변화가 매우 심한 것을 볼 수 있다. 따라서 피치 제어 루프 on/off를 위한 적절한 제어 모드 스위칭 전략이 필요한데, 여기서 사용된 로직은 다음과 같다.

(1) 피치 제어 on 신호(P/F): 회전 날개의 속도가 정격 이상이면서 동시에 그 가속도가 0.15 rpm/s 이상이면 피치 제어 'on' 신호가 로직 1(high)로 변환된다.

(2) 피치 제어 off 신호(F/P): 회전 날개의 속도가 (정격 속도+0.2 rpm) 이하이고, 그 가속도는 -0.15 rpm/s 이하이면서, 동시에 피치각이 3°보다 작게 되면, 피치 제어 'off' 신호가 로직 1(high)로 변환된다.

위의 알고리즘을 Simulink 모델을 사용하여 표현한 것이 그림 5.31이다. P/F 그리고 F/P 신호로부터 모드 변환 스위칭 신호(mode s/w)를 생성하려면, 이 그림의 우측에 있는 NAND 게이트 로직으로 구성된 RS flip-flop 회로가 요구된다.

그림 5.29과 5.30은 그림 5.1의 제어 구조를 갖는 풍력 터빈의 응답이다. 그림 5.29의 경우, 비례제어 게인(k_P)은 -0.08, 적분제어 게인과 비례제어 게인 사이의 비(k_I/k_P)는 0.55, 그리고 적분누적 방지 루프의 게인(k_A)은 30이 사용되었다. 한편, 그림 5.30의 시뮬레이션 결과는 $k_P = -0.2$, $k_I/k_P = 0.65$, 그리고 $k_A = 30$의 값들을 적용한 결과이다. 따라서 그림 5.29은 피치 제어루프의 크로스 오버 주파수(ω_c)가 대략 $0.8\,r/s$인 제어 시스템의 응답 특성을 나타내고, 그림 5.30은 $\omega_c = 2\,r/s$인 시스템으로 그 응답이 그림 5.29과 비교할 때 대략 2.5배 빠르다. 각 그림의 두 번째 창에 그려진 회전날개의 속도를

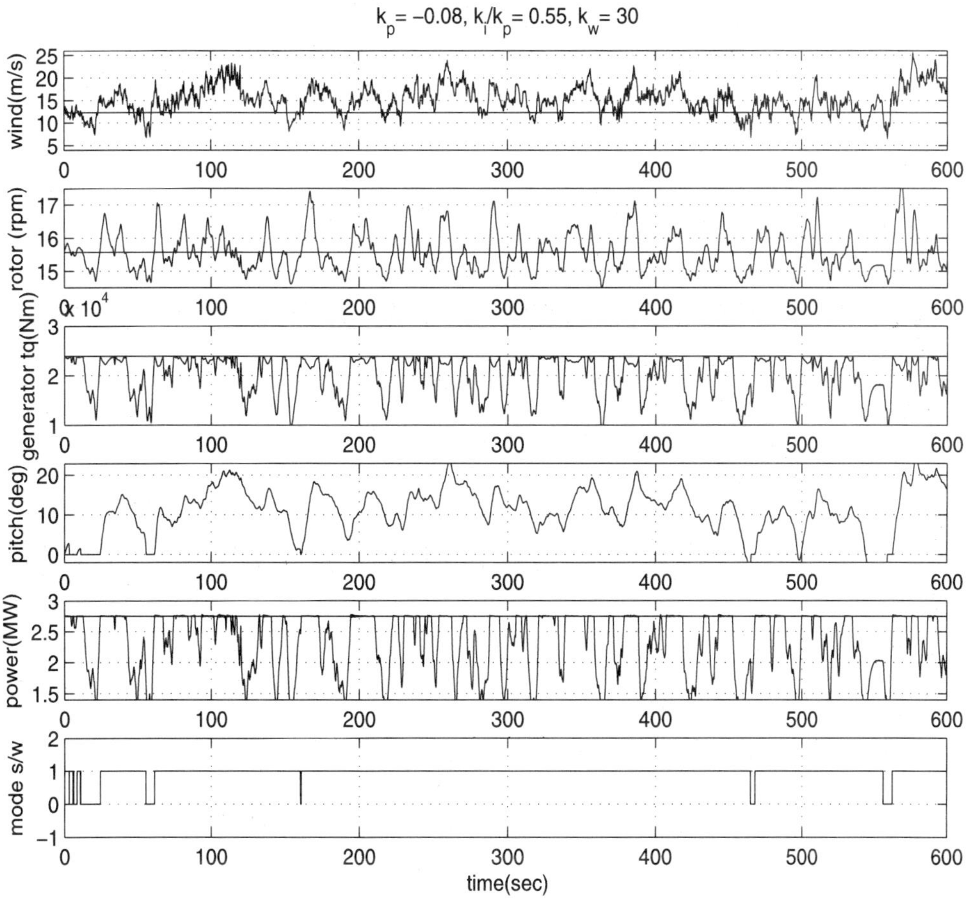

그림 5.29 평균 풍속 17m/s, 17% TI에 대한 응답
($k_P = -0.08$, $k_I/k_P = 0.55$, $k_A = 30$)

비교하면, 두 시스템의 차이를 확연하게 볼 수 있다. 두 시스템 모두 정격 속도인 15.57rpm을 중심으로 회전하고 있지만, 그림 5.29의 경우 표준편차가 0.581rpm이 되어 그림 5.30의 0.356rpm보다 훨씬 그 값이 크다. 다시 말해서, 크로스 오버 주파수가 클수

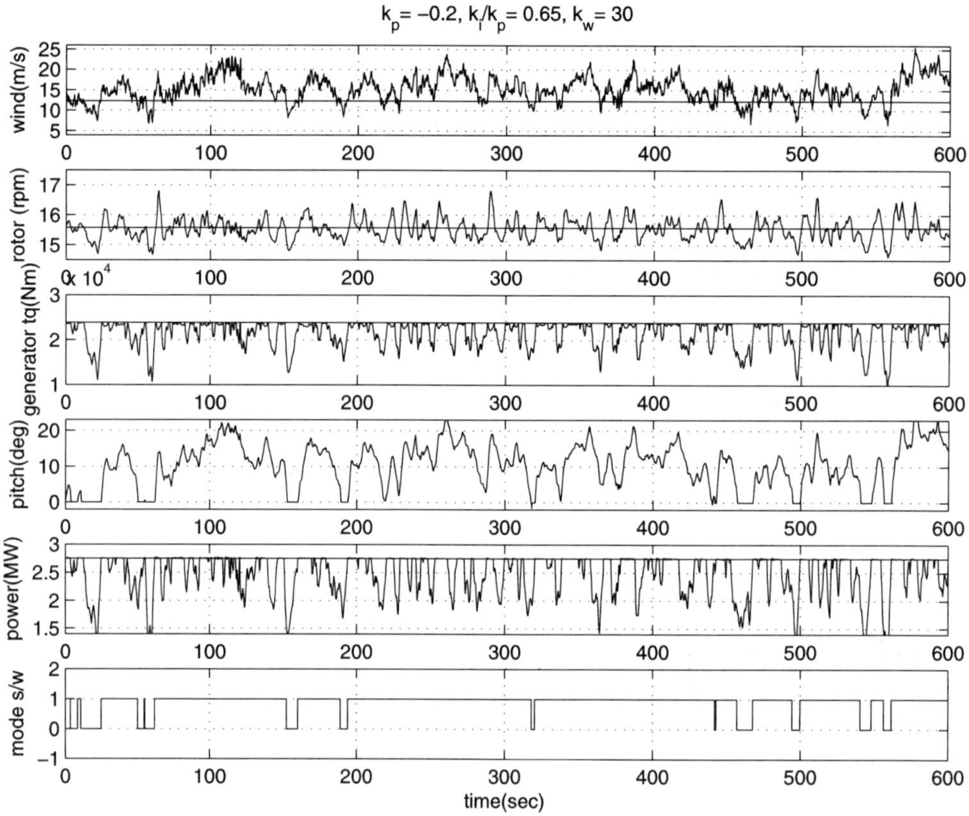

그림 5.30 **평균 풍속 17m/s, 17% TI에 대한 응답**
($k_P =-0.2$, $k_I/k_P = 0.65$, $k_A = 30$)

록 풍속 변화에 대한 피치각 응답이 빠르므로, 같은 크기의 난류 특성에 대하여 날개의 회전 속도 변화가 작게 유지된 것이다.

두 응답의 출력 파워와 동력 전달 축에 걸리는 토션(torsion)을 비교해 보는 것도 의미 있는 일이다. 표 5.2에 이들에 대한 정보를 정리하였다.

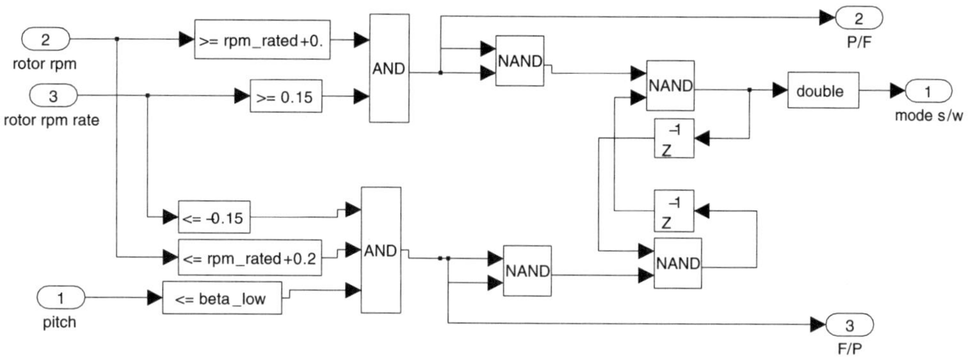

그림 5.31　모드 변환 스위칭 신호(mode s/w) 생성 알고리즘

두 시스템의 응답에 있어서 매우 특이한 현상을 발견할 수 있을 것이다. 시뮬레이션 시작 후 120초 부근에서의 풍속을 관찰하면, 정격 풍속인 12.3m/s 보다 빠른 15m/s의 바람이 불고 있지만 생산되고 있는 전력은 정격 출력인 2.75MW보다 훨씬 작은 2MW 정도를 생산하고 있다. 어떤 이유로 이러한 현상이 발생된 것인가? 110초 근처에서의 풍속은 계속 변화하고 있지만, 그 평균 풍속은 대략 20m/s 정도를 유지하고 있다. 그러나 110초 이후에는 풍속이 15m/s로 갑작스럽게 저하되고 있는 것을 볼 수 있다. 만약 풍속이 완만하게(아주 느리게) 변했다면, 풍력 터빈의 피치 제어 시스템은 이러한 풍속 변화에 충분히 대응할 시간적 여유가 있으므로 적절한 피치각 제어를 수행하면서, 풍력 터빈의 정상상태를 그대로 유지시킬 수 있었을 것이다. 그러나 갑작스럽게 풍속이 감소하게 되면, 피치각 제어가 곧바로 응답하지 못한다. 날개가 회수하는 공기 역학적 토크는 급격히 감소하게 되고, 이로 인하여 회전날개의 속도도 일시적으로 정격 속도로부터 벗어나게 된다. 물론 뒤 늦은 피치제어이긴 하지만, 정격 풍속 이상의 바람이라면 날개의 회전 속도를 다시 정격으로 회복시킬 것이다.

그림 5.1의 발전기 토크 제어루프에서 토크명령 생성 블록만을 그린 것이 그림 5.32이다. 이 그림을 사용하여, 위의 상황을 다시 한 번 설명하고, 이를 해결하는 방안을 제시하여 보자. 그림 5.29의 100초 부근 시뮬레이션 상황처럼, 풍력 터빈으로 일정한 속도의 바람, 즉

표 5.2 시뮬레이션 결과 분석 데이터 (그림 5.29 & 그림 5.30)

	날개 회전속도 (rpm)		출력 파워 (MW)		회전축 토크 ($\times 10^6$ Nm)	
	평균	표준편차	평균	표준편차	평균	표준편차
$\omega_c = 0.8r/s$ $k_P = -0.08$, $k_I/k_P = 0.55$	15.5611	0.5810	2.3192	0.4942	1.4158	0.2775
$\omega_c = 2r/s$ $k_P = -0.2$, $k_I/k_P = 0.65$	15.5375	0.3559	2.4604	0.3658	1.5085	0.2090

20m/s의 바람이 불고 있다고 가정해 보자. 이 경우, 풍력 터빈은 그림 5.32의 작동점 R을 유지하고 있을 것이다. (만약 풍속이 갑자기 15m/s로 작아진다면, 느린 피치 제어 시스템의 응답으로 인하여 날개의 회전속도는 일시적으로 감소되며, 풍력 터빈의 운전 상태도 그림 5.32의 RP-선을 따라 이동하게 될 것이다. 이후 피치 제어의 작용에 의하여 풍력 터빈은 다시 동작점 R로 천천히 복귀하게 될 것이다. 그러나 이 복귀 시점까지 풍력 터빈의 출력은 정격을 유지하지 못하게 된다.) 그림 5.29에서 120초 부근에서의 날개 회전속도와 발전기 토크를 세밀히 관찰하면, 위의 논의를 이해할 수 있을 것이다. 또한, 같은 시간 대역에서 풍속 변화에 따른 피치각 변화를 살펴보면, 그 변화는 즉각적으로 발생되는 것이 아니고, 시간 지연을 두고 풍속 변화를 추종하는 것을 확인할 수 있을 것이다.

정격 풍속이상의 바람 조건에서 갑작스런 난류 특성의 영향으로 회전 날개의 속도가 일시적으로 정격 속도보다 작게 되는 경우, 풍력 터빈의 운전을 RPR-선을 따르도록 제어하는 것보다 RQR-선을 추종하도록 제어하는 것이 풍력 터빈의 에너지 회수 효율 면에서 훨씬 유리하다. 즉, 감소된 날개회전 속도만큼 발전기 반력 토크를 RQ-선을 따라 증가시키면, 풍력 터빈의 출력 파워를 정격으로 유지시킬 수 있다. 이처럼 개선된 제어 로직을 적용한 결과가 그림 5.33과 5.34에 그려져 있다.

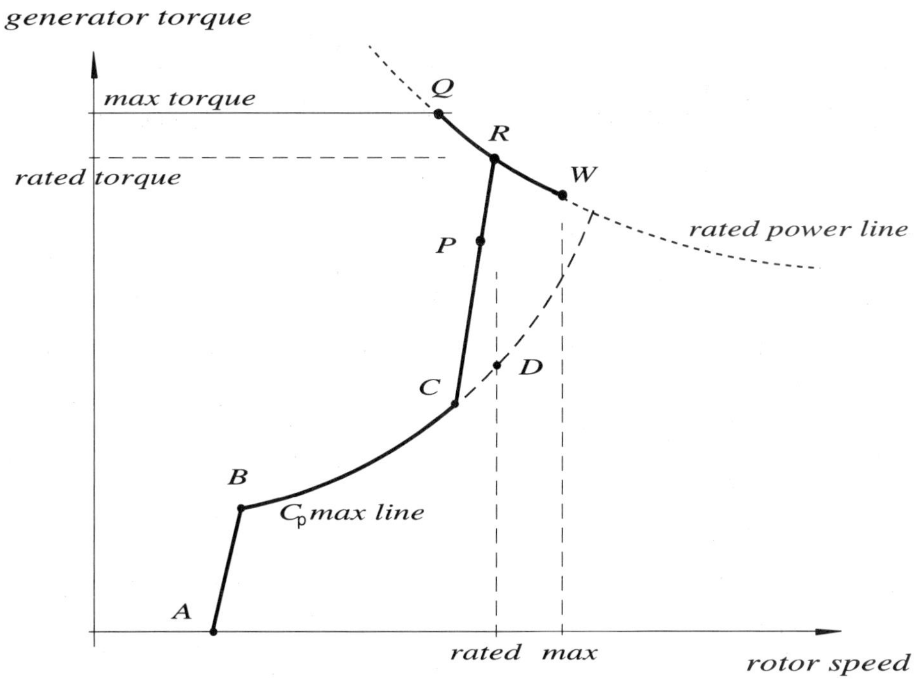

그림 5.32 발전기 토크 명령 생성 알고리즘

그림 5.29과 5.30의 결과와 비교할 때, 정격 풍속이상에서의 출력 파워는 거의 정격으로 유지되고 있다. 따라서 앞서 제기된 문제가 그림 5.32의 제어 로직에 의하여 해결된다는 것을 알 수 있다. 새로운 제어 로직을 적용하면서 발생된 몇 가지 특이 사항들에 대하여 논의를 하면서, 이 절을 종료하기로 한다.

그림 5.29과 5.33에서 두 번째 창에 그려진 회전 날개의 속도 변화를 관찰해 보면, 아래와 같은 2 가지 특징을 발견할 수 있을 것이다. 첫 째는 기존의 제어 로직을 적용하는 경우 (그림 5.32에서 PRW-선 추종하는 로직, 그림 5.29 참조), 회전 날개의 정격 속도를 기준으로 회전 속도가 커지는 방향으로의 요동이 그 반대 방향으로의 요동보다 그 정도가 현저히 크다는 사실이다. 어떤 이유로 이러한 현상이 발생된 것일까?

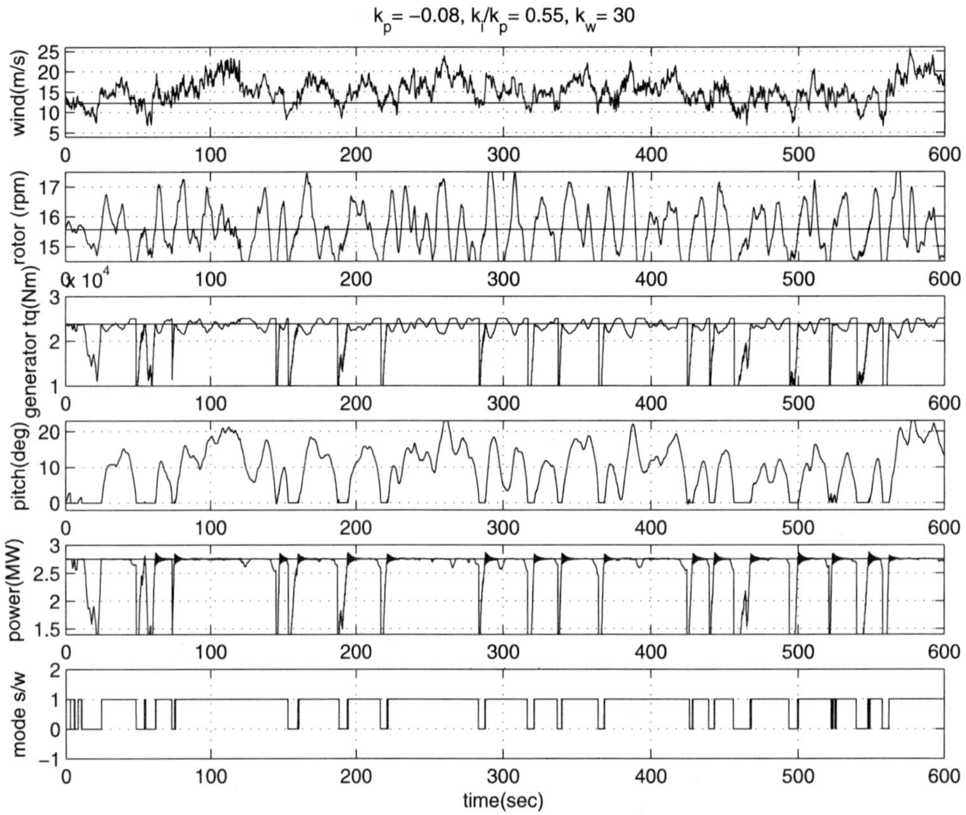

그림 5.33 **평균 풍속 17m/s, 17% TI에 대한 새로운 응답**
$(k_P = -0.08,\ k_I/k_P = 0.55,\ k_A = 30)$

풍력 터빈이 작동점 R에서 정상상태로 작동하고 있다고 가정해 보자. 이 상태에서 갑자기 풍속이 증가하면, 날개의 회전속도도 순간적으로 증가하게 된다. 그러면, 그림 5.32의 발전기 제어 로직에 의하여 발전기 토크 명령 신호는 정격 토크의 값보다 작은 값이 된다. 즉, 날개의 회전을 가속시키는 공기 역학적 토크(식 (4-1))는 증가되는 동시에 회전축의 가속을 억제하는 발전기 반력 토크는 작아지게 되므로, 날개의 회전속도는 더욱 빠

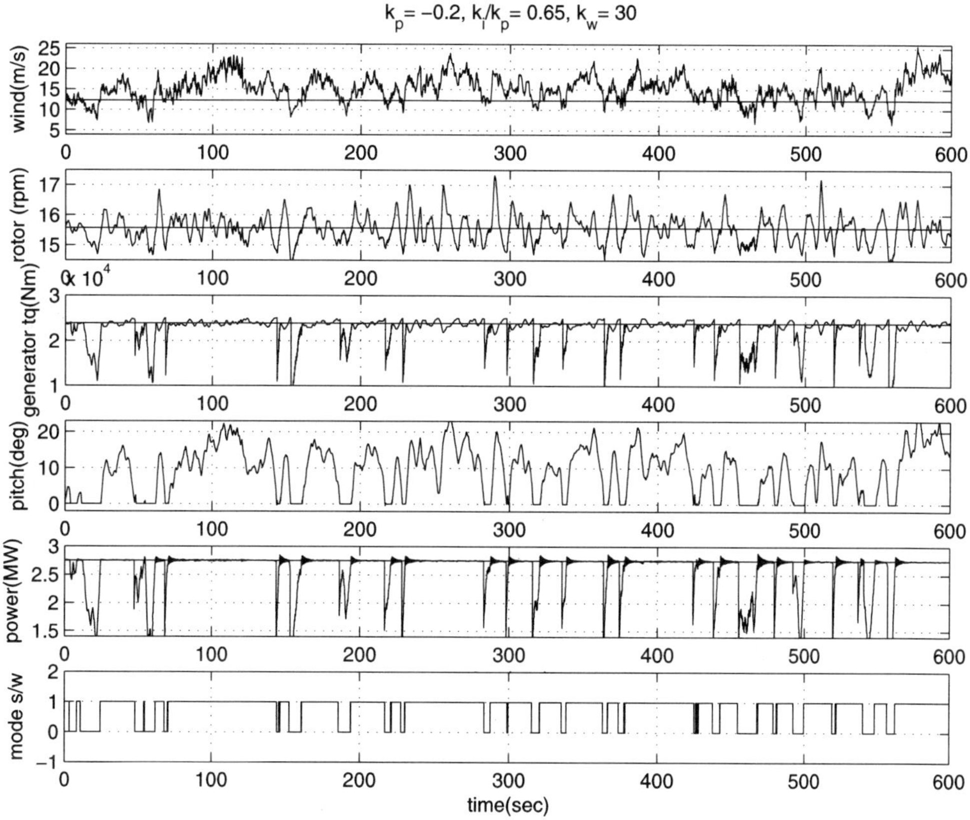

그림 5.34 평균 풍속 17m/s, 17% TI에 대한 새로운 응답
($k_P = -0.2$, $k_I/k_P = 0.65$, $k_A = 30$)

른 속도로 정격 회전속도로부터 벗어나게 된다. 물론 느리긴 하지만 피치 제어가 정상적으로 작동되므로, 날개의 회전속도는 천천히 다시 정격 속도로 돌아오게 된다. 한편, 위와는 반대로 작동점 R의 정상상태에서 풍속이 갑자기 감소하게 되면, 공기역학적 회전 토크가 작아지지만, 발전기의 반력 토크도 RP-선을 따라 제어되므로, 날개의 회전속도가 위의 경우처럼 급격히 변하지는 않는다.

표 5.3 시뮬레이션 결과 분석 데이터 (그림 5.33 & 그림 5.34)

	날개 회전속도 (rpm)		출력 파워 (MW)		회전축 토크 ($\times 10^6$ Nm)	
	평균	표준편차	평균	표준편차	평균	표준편차
$\omega_c = 0.8r/s$ $k_P = -0.08$, $k_I/k_P = 0.55$	15.5632	0.8632	2.5574	0.4665	1.5935	0.35
$\omega_c = 2r/s$ $k_P = -0.2$, $k_I/k_P = 0.65$	15.5476	0.4593	2.5976	0.3666	1.5668	0.4071

두 번째 특징은 개선된 제어 로직을 적용한 응답에서 찾을 수 있다. 그림 5.33의 경우, 날개의 회전 속도는 정격 속도인 15.57rpm을 중심으로 그림 5.29의 경우보다 훨씬 더 크게 요동치고 있는 것을 볼 수 있다. RW-선을 따라 발전기 반력 토크가 제어될 때 나타나는 현상은 기존의 제어 로직을 사용할 때 설명한 내용과 동일하다. 따라서 RQ-선을 따라 제어되는 경우만 설명하기로 한다.

앞의 경우와 마찬가지로, 풍력 터빈이 작동점 R에서 정상상태로 운전되고 있는 상태에서, 시뮬레이션의 120초 부근처럼 풍속이 갑자기 감소되었다고 가정해 보자. 풍속이 감소되었지만 아직도 정격 풍속보다 큰 경우, 개선된 제어 로직은 발전기 반력 토크가 RP-선보다는 RQ-선을 따르도록 제어 한다[12]. 풍속 감소로 작아진 날개의 회전 토크뿐만 아니라 발전기의 반력 토크는 오히려 정격 값보다 크게 설정되므로, 날개의 회전속도는 정격 속도로부터 순간적으로 급격히 작아지게 된다. 즉, QRW-선을 따라 발전기 반력 토크가 제어되면, 날개의 회전 속도 변화가 더욱 커지게 된다는 특징이 있다. 그림 5.29과 5.33의 세 번째 창에는 발전기의 반력 토크가 그려져 있다. 그림 5.29의 경우, 발전기 토크의 최대값은 정격 값인 2.3873×10^4 Nm(그림 5.32에서 R점에 해당되는 토크 값)를 넘지 못

12) 개선된 제어 로직은 풍속 변화에 따라 RP-선 또는 RQ-선을 추종하도록 제어되는데, 이를 위한 적절한 스위칭 로직이 필요하다.

하지만, 새로운 제어 로직을 사용한 그림 5.33의 경우는 정격 값을 넘어 2.5066×10^4 Nm (그림 5.32에서 Q점에 해당되는 토크 값)까지 변화되는 것을 볼 수 있다.

그림 5.30이나 5.34는 PI 제어기의 게인 값들을 증가시킨 경우에 대한 시뮬레이션 결과이다. 이 값들을 사용하면, 피치 제어시스템의 크로스오버 주파수가 커져서 피치 제어시스템의 응답이 빠르게 된다는 것은 이미 5.1절에서 설명한 바와 같다. 피치 응답의 속도가 개선되었기 때문에, 그림 5.29나 5.33의 시뮬레이션 결과와 비교하여, 동일한 풍속 변화에 따른 날개 회전속도가 정격 속도에서 벗어나는 정도가 훨씬 작아진 것을 알 수 있을 것이다.

풍력 터빈의 실증 절차

CHAPTER 6

6.1 풍력 터빈 출력성능 시험 평가를 위한 제반 준비사항

6.2 풍력 터빈 출력성능 시험 평가를 여러 센서들에 대한 규정

6.3 풍력 터빈 출력 성능평가를 위한 측정 절차 (measurement procedure)

6.4 파워 커브(power curve), AEP, 출력 파워 계수(power coefficient) 산출 방법

6.5 풍력 터빈 출력성능 시험평가 보고서 양식

6.6 불확실성 해석(uncertainty analysis)

제작사에 의하여 완성된 풍력 터빈은 공인된 기관으로부터 인증(certification)을 받아야 한다. 그림 6.1에 도시되어 있는 대로, 인증 내용은 크게 3가지 분야로 구분될 수 있다[37]. 먼저, 풍력 터빈의 설계 평가(design evaluation)에 관한 인증으로서, 그림 6.1에 도시된 대로 각 항목에 대하여 풍력 터빈의 설계가 제대로 이루어졌는지를 검증하게 된다. 두 번째 인증 분야는 형식 시험(type testing)으로서, 제조된 풍력 터빈에 대하여 다음과 같은 5개 분야에 걸쳐 실증을 하게 된다.

- 풍력 터빈의 출력 성능 실증(power performance testing): IEC-61400-12
- 풍력 터빈의 기계적 부하 측정(load measurement) 실증: IEC-61400-13
- 블레이드 구조강도 성능평가 실증: IEC-61400-23
- 풍력 터빈의 소음 측정(noise measurement) 실증: IEC-61400-11
- 풍력 터빈의 전력 품질(power quality) 실증: IEC-61400-21

세 번째 인증 분야는 풍력 터빈의 제작 공정에 관한 인증이다. 각 인증기관마다 서로 다른 규정과 절차를 사용함으로서 발생될 수 있는 혼란이나 불완전성을 해소하기 위하여, 국제 공인 IEC(International Electro- technical Commission) 규격서를 사용하게 된다. 여기서는, 제 5장까지 다루었던 풍력 터빈의 제어와 가장 유사한 실증 분야인 풍력 터빈의 출력 성능실증에 국한시켜 논의를 하기로 한다.

풍력 터빈의 출력 성능(power performance)은 풍력 터빈의 특성을 나타내는 여러 지표 중에 가장 중요한 요소라 할 수 있다. 여러 분야의 엔지니어링 기술이 복합적으로 적용된 컴퓨터 시뮬레이션으로 시작하여, 최초 제작/조립된 풍력 터빈 시제품(prototype)이 과연 출력 성능에 관한 설계 목표를 제대로 만족하는 지를 평가하는 것은 매우 중요하다. 풍력 터빈 제작회사의 자체적인 성능 실증 시험을 거쳐, 개발된 풍력 터빈성능 특성에 대한 안정성이 확보되면, 제 3의 공인된 인증기관으로부터 발전기 출력성능에 관한 인증(certification)을 획득하는 절차를 밟게 된다. 실증 시험부터 인증 단계에까지 적용될 수 있는 풍력 터빈 출력성능 시험 규격서는 공정하면서도 과학적인 시험평가 결과를 얻기 위한 필수적인 자료이다.

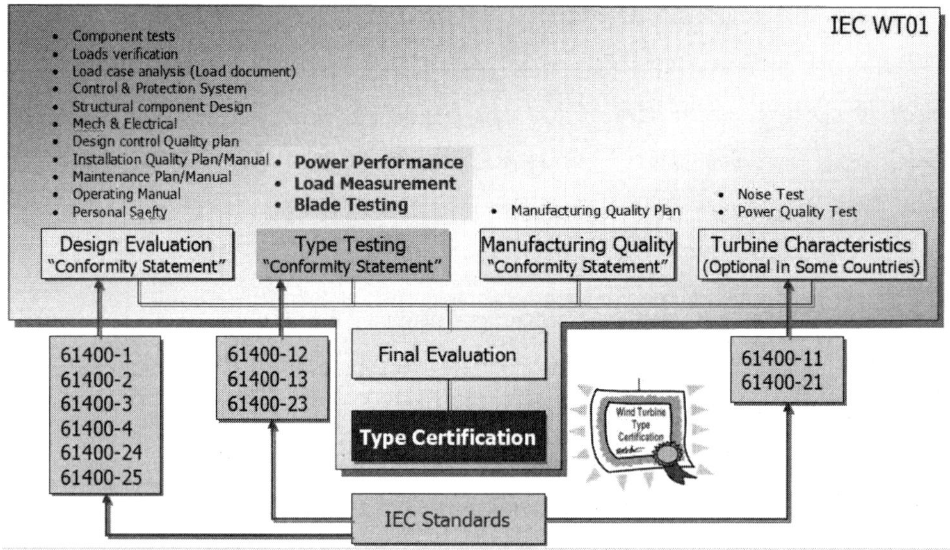

그림 6.1 풍력 터빈의 형식 인증(type certification) 분야

이와 같은 목적으로 1998년에 IEC에서 제정한 출력성능 시험평가에 관한 규정이 바로 'IEC 61400-12: Wind turbine performance testing'이다[38].

이 규정이 제정된 지 거의 10년이 되는 현 시점에서 일부의 내용은 기술발전 추세에 맞추어 변경되어야 하고, 또한 새롭게 보강해야 될 부분을 추가하기 위하여, IEC 61400-12를 대체하려 하는 새로운 규정이 준비되고 있다. 즉, IEC 61400-121 "Power performance measurements of grid connected wind turbine (2004)" 인데, 현재 TC88 연구그룹이 이 규정 제정에 대한 업무를 수행하고 있다[39]. 본 교재는 IEC 61400-121 규정에 근거하여 풍력 터빈 출력성능 시험 평가에 관한 모든 사항을 정리한다.

즉, 풍력 터빈 출력성능 평가를 위하여 풍력 터빈 시험단지(test site)가 갖추어야 할 조건에 관한 세부 규정부터 시작하여, 사용될 여러 센서들에 대한 최소 사양(specification), 측정 절차, 측정된 데이터로부터 출력 성능곡선(power curve), 년간 에너지 생산량(AEP, annual energy product), 출력성능 계수(power coefficient)의 산출 방법, 시험 결과에 대한 최종 보고 양식, 그리고 계측되거나 이로부터 산출된 데이터의 불확실성 해석(uncertainty analysis)에 이르기까지 풍력 터빈 성능 시험과 연관된 모든 부분을 다루게 된다.

6.1 풍력터빈 출력성능 시험평가를 위한 제반준비사항

6.1.1 계측 타워(met(meteorological) mast)의 설치 위치

시험 평가될 풍력 터빈의 로터 지름을 D라 할 때, 그림 6.2처럼 풍황을 측정하는 계측 타워(met mast)는 풍력 터빈까지의 거리가 $2D$에서 $4D$사이인 곳에 위치되도록 설치되어야 한다. 특히, $2.5D$의 위치를 추천하고 있다. 대부분의 경우 계측 타워의 위치는 주풍(main wind) 방향으로 풍력 터빈 앞 쪽에 설치하기를 추천하지만, 산 능선 위에 풍력 터빈이 설치된다면, 풍력 터빈 옆에 나란히 설치하는 것이 더 적절하다.

6.1.2 측정 영역(measurement sector)

풍력 터빈의 성능을 시험 평가한다는 것은 바람과 풍력 터빈의 출력간의 관계를 실험적으로 분석하는 것이다. 따라서 성능 시험평가 중인 풍력터빈 근처에서 작동중인 다른 풍력 터빈에 의한 후류(wake)나 장애물을 통과하는 바람이 시험평가중인 풍력 터빈이나 계측 타워에 영향을 미친다면, 이 조건에서 얻은 바람 데이터들은 풍력 터빈 성능 시험평가에서 당연히 제외되어야 한다. 그림 6.2처럼 '▽'로 표시된 위치에 계측 타워가 설치 되어 있고, 이 그림을 기준으로 할 때 아래 방향으로부터 바람이 불어온다고 가정해 보자. 풍력 터빈을 통과한 바람은 풍력 터빈의 후류 작용에 의하여 실제 바람과는 다른 바람이 될 것이다. 따라서 그림 6.2의 위치에 설치된 계측 타워에서 측정된 이 방향 바람은 실제 바람과는 다른 것이 된다. 또한, 후류의 영향권에 있는 바람 방향 영역은 풍력 터빈과 계측 타워의 거리가 가까워질수록 커지게 될 것이다.

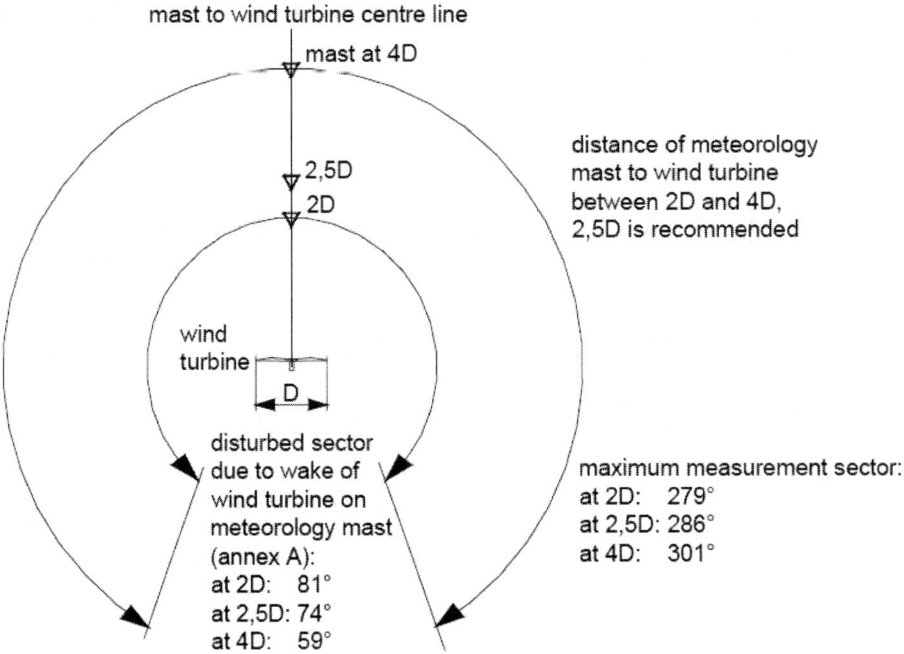

그림 6.2 WT과 계측 타워의 설치 위치까지의 거리에 따른 측정영역 (measurement sector)

그림 6.2에 풍력 터빈과 계측 타워 간의 거리에 따라 후류 영향에 있는 바람영역의 범위가 일부 표시되어 있다 (이에 대한 자세한 논의는 바로 다음에서 정리된다). 위와 같이 시험평가 데이터를 왜곡시킬 수 있는 바람 방향을 모두 제외시킨 영역, 다시 말하면 바람과 풍력 터빈 파워 출력간의 관계가 왜곡되지 않는 바람 방향을 모두 합한 영역을 측정영역(measurement sector)이라 부르며, 풍력 터빈 성능 평가 시에는 이 방향에서 불어오는 바람과 그 출력만을 시험평가에 사용해야 한다. 이제 측정 영역(measurement sector)을 결정하는 체계적인 방법에 관하여 알아보자.

6.1.2.1 인접한 풍력 터빈에 의한 영향 고려

성능 시험평가 예정인 풍력 터빈과 계측 타워의 위치는 인접해 있는 기존의 풍력 터빈과의 거리가 최소 $2\times\max(D, D_n)$보다 먼 곳에 위치되도록 하여야 한다. 여기서, D는 시험평가 예정 풍력 터빈의 로터 직경, 그리고 D_n은 인접해 있는 기존 풍력 터빈 로터 직경을 뜻한다. 기존 풍력 터빈에 의한 후류 영향은 시험평가 예정인 풍력 터빈뿐 아니라 계측 타워에도 미친다. 후류의 영향권에 있는 바람 방향 영역은 기존 풍력 터빈의 크기가 얼마나 큰 지 (즉, 풍력 터빈 로터의 직경, D_n), 그리고 기존 풍력 터빈에서 시험평가 예정인 풍력 터빈, 또는 계측 타워까지의 거리(L_n)가 얼마나 되는 가에 따라 다르게 될 것이다. 즉, D_n이 커지거나, L_n이 작아지게 되면, 후류 영향권에 있는 영역이 증가될 것이다. 그림 6.3은 L_n/D_n의 함수로 후류의 교란영역 한계를 표시한 것이다. 다음과 같은 몇 가지 경우에 대하여, 이 그림이 의미하는 바를 정리하여 보자. 즉,

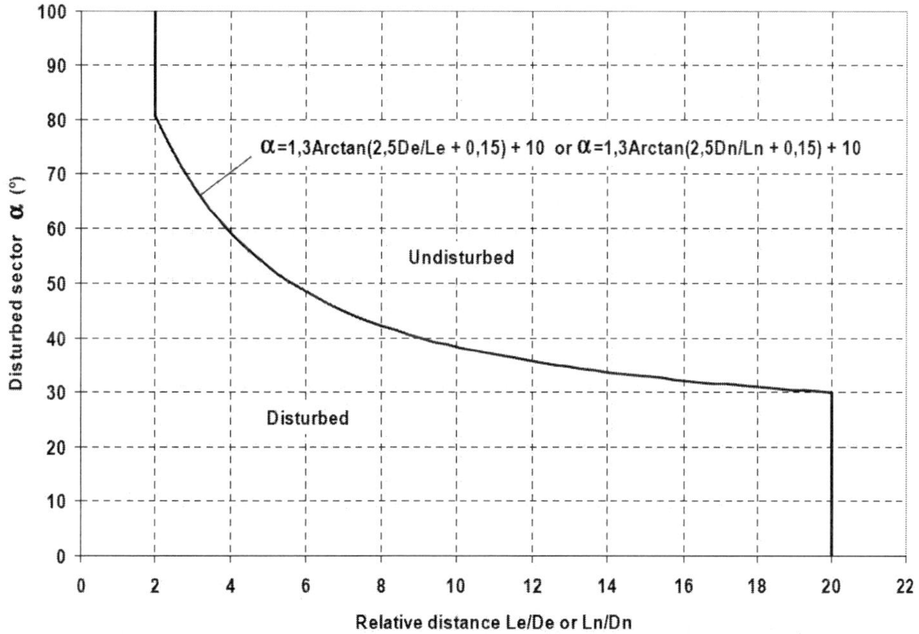

그림 6.3 기존 풍력 터빈이나 장애물에 의한 후류 교란 영역

(1) $L_n/D_n < 2$인 경우,

기존 풍력 터빈과 시험평가 예정인 풍력 터빈까지의, 또는 계측 타워까지의 거리(L_n)가 기존 풍력 터빈 로터 지름(D_n)의 2배보다 작은 경우는, 전체 바람방향 영역이 후류의 영향권에 있다고 생각한다. 후류에 의한 바람의 교란영역(disturbed sector, α)의 값은 $\alpha = 360^o$이며, 이것은 성능 시험평가가 수행될 수 없는 조건을 뜻한다.

(2) $2 < L_n/D_n < 20$인 경우,

그림 6.3의 선도로부터 α의 값을 읽으면 된다. 예를 들어, $L_n = 4D_n$이면, α의 값은 대략 59^o정도가 되는데, 그 의미는 다음과 같다. 후류 영향권에 있는 시험 평가 관련 물체(즉, 시험 평가 예정인 풍력 터빈이나 계측 타워)에서 바람 교란의 원인이 되는 물체(기존 풍력 터빈 또는 장애물)까지 직선을 상상할 때, 이 선을 중심선으로 하여 $\pm 28.5^o$(총 59°)의 영역에서 시험평가 관련 물체 쪽으로 불어오는 바람은 교란영역이므로 측정영역(measurement sector)에서 제외되어야 한다. 그림 6.2에서 시험평가 예정인 풍력 터빈과 계측 타워 사이의 거리가 $4D$일 때, 후류에 의한 교란 영역이 59^o라고 표시된 이유도 이제 이해될 수 있으리라고 생각된다.

한편, 그림 6.4는 기존 풍력 터빈이나 장애물에 의한 후류 영향을 고려하여 측정영역을 결정하는 방법을 알려 주는 예제인데, 이중 상단 우측과 중간 좌측의 경우가 기존 풍력 터빈의 후류에 의한 교란영역을 결정하는 예제에 해당한다. 기존 풍력 터빈의 로터 직경을 D_n, 그리고 기존 풍력 터빈으로부터 계측 타워까지의 거리가 $L_n = 3.4D_n$이면, 그림 6.3의 그래프로부터 $\alpha = 64^o$의 값을 찾을 수 있다. 따라서 계측 타워에서 기존 풍력 터빈까지의 방향 벡터(direction vector)에서 (81^o에 해당함) $\pm 32^o$영역은 후류에 의한 교란영역으로서 측정영역에서 제외되어야 한다. 이 그림의 중간 좌측의 경우는 기존 풍력 터빈에서 시험평가 예정인 풍력 터빈까지의 거리가 $L_n = 6D_n$인 경우에 대한 예제인데, 그림 6.3로부터 α 값을 읽으면 대략 48^o가 된다. 따라서 시험평가 예정인 풍력 터빈에서 기존 풍력 터빈까지의 방향 벡터 (56°

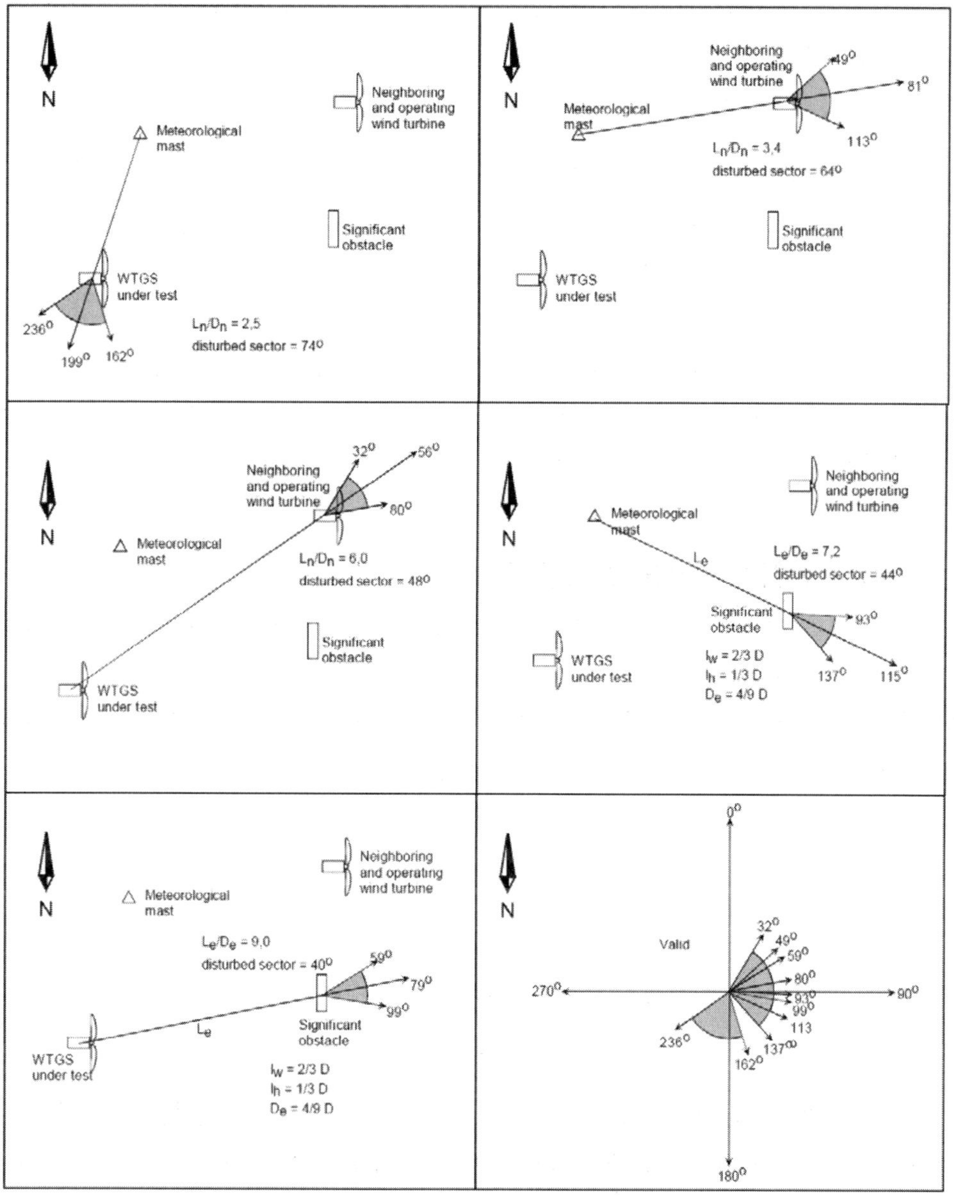

그림 6.4 장애물이나 동작중인 기존 풍력 터빈의 효과를 고려하여 측정영역(measurement sector)을 결정하는 방법에 대한 예

에 해당함)에서 $\pm 24^{o}$영역은 후류에 의한 교란영역으로서 측정영역에서 추가적으로 제외되어야 한다.

(3) $L_n/D_n > 20$인 경우,

후류의 원인이 되는 물체가 시험평가 관련 물체로부터 충분히 멀리 떨어져 있으므로, 후류의 영향권에서 벗어나 있다고 생각한다. 즉, $\alpha = 0^{o}$, 교란영역의 범위가 0이므로 전체 풍향 범위를 측정영역으로 간주한다.

다음은 인접한 장애물에 의한 후류 효과를 고려하는 방법에 대한 설명이다. 만약, 성능 시험평가 기간 중에 기존 풍력 터빈을 모두 정지시켜 놓는다면, 이를 단순한 장애물로 고려하여 후류의 영향 여부를 판단하여야 한다.

6.12.2 인접한 장애물에 의한 고려

건물, 나무, 또는 운전 중지 상태의 풍력 터빈과 같은 장애물들은 마치 작동중인 기존 풍력 터빈인 것처럼 생각하고 위에서 고려한 방법을 그대로 적용하여 측정영역을 결정하면 된다. 특정 장애물을 등가적인 풍력 터빈으로 고려할 때, 즉 장애물에 해당하는 등가 풍력 터빈 로터의 직경, D_e는 식 (6-1)으로 결정된다.

$$D_e = \frac{2l_h l_w}{l_h + l_w} \tag{6-1}$$

여기서,

l_h= 장애물의 높이

l_w= 장애물의 폭

장애물로부터 시험 평가 예정인 풍력 터빈이나 계측 타워까지의 거리를 L_e라 할 때, 식 (6-1)을 사용하여, L_e/D_e값을 구하고 그림 6.3에서 α 값을 읽으면 된다. 그림 6.4에서 중간 우측과 하단 좌측에 그려져 있는 장애물에 의한 교란 영역을 구하는 예제를 생각하여 보자. 중간 우측의 경우만을 설명하기로 한다. 장애물의 높이와 폭이 각각 $D/3$, 그리고 $2D/3$라고 가정해 보자(여기서, D는 시험평가 예정인 풍력 터빈 로터의 지름). 식 (6-1)을 사용하여, D_e를 구하면, 그 값은 $4D/9$이 된다. 한편, 장애물로부터 계측 타워까지의 거리, L_e가 $7.2D_e(=7.2\times4D/9)$라면, 그림 6.3으로부터 α 값을 구할 수 있는데, 그 값은 44° 이다. 계측 타워로부터 장애물까지 그은 선의 방위각은 115^o이고, 이 선을 중심으로 $\pm22^\circ$의 영역, 즉 방위각 93^o에서 137^o의 바람 영역은 측정영역에서 제외시켜야 한다.

시험예정인 풍력 터빈과 계측 타워, 인접하여 작동중인 기존 풍력 터빈이 시험예정인 풍력 터빈과 계측 타워, 그리고 단지(test site)의 장애물이 시험예정인 풍력 터빈과 계측 타워에 미치는 효과를 모두 고려하면, 그림 6.4에서 하단 우측 부와 같이 후류 교란 영역의 총 합을 얻을 수 있다. 이 부분을 제외한 영역이 바로 계측영역(measurement sector)이 되며, 이 방향에서 불어오는 바람과 이에 의한 파워 출력 데이터만을 사용하여 풍력 터빈의 성능시험 평가가 수행되어야 한다.

6.1.3. 단지 지형에 대한 조건

성능 시험 평가를 위한 단지의 지형은 가능한 한 평편한 곳이어야 한다. 어느 정도의 지형 경사도는 허용되는데, 최소한 그림 6.5의 표에 명시된 조건을 만족하여야 한다. 이 표에서 L은 시험평가 예정인 풍력 터빈에서 계측 타워까지의 거리를, H는 시험평가 예정인 풍력 터빈의 허브(hub) 높이를 뜻한다. 경사도는 % 단위로 사용하고 있음을 주목하자. 즉, 45^o의 경사도는 50%의 경사도에 해당한다. 그림 6.5에서와 같이 풍력 터빈을 기준으로 반지름이 $2L$ 이내인 영역에서의 경사도는 최대 $3(H/40)\%$, 또는 지형 변화의 최대 높이는 $0.08H$를 넘지 않아야 한다.

한편, 풍력 터빈을 기준으로 반경이 $2L$에서 $4L$이내인 영역에서 경사도에 관한 요구조건은 측정영역(measurement sector) 여부에 따라 달라진다. 즉, 측정영역에 포함된 지

Table B.1 – Test site requirements: topographical variations

Distance	Sector	Maximum slope %	Maximum terrain variation from plane
<2 *L*	360°	<3**H*/40[1]	<0,08 *H*
≥2 *L* and < 4 *L*	measurement sector	<5**H*/40[1]	<0,15 *H*
≥2 *L* and <4 *L*	outside measurement sector	<10**H*/40[2]	Not applicable
≥4 *L* and <8 *L*	measurement sector	<10**H*/40[1]	<0,25 *H*

[1] The maximum slope of the plane, which provides the best fit to the sectoral terrain and passes through the tower base.

[2] The line of steepest slope that connects the tower base to individual terrain points within the sector.

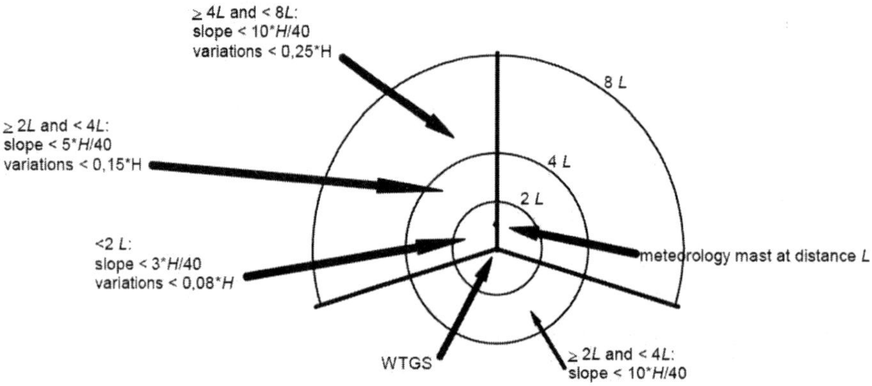

Figure B.1 – Requirements to topographical variations, top view

그림 6.5 성능 시험평가 단지의 지형 요구조건

역이면 지형변화에 대한 요구정도가 보다 더 엄밀해서, 경사도의 한계가 최대 $5(H/40)\%$, 또는 지형 변화의 최대 높이는 $0.15H$를 넘지 않아야 한다. 그러나, 측정영역이 아닌 영역에서는 경사도에 관한 지형조건이 최대 $10(H/40)\%$까지 완화될 수 있다. 그림 6.5와 같은 지형 조건을 만족하지 못하는 시험단지에 대하여는 다음 절에서 설명될 단지교정(site calibration)을 통하여, 복잡 지형에 의한 바람 왜곡현상을 보상해야 한다.

6.1.4. 복잡 지형(complex terrain)에 대한 단지교정 (site calibration)

그림 6.5의 단지 지형 조건을 만족하는 시험평가 단지는 그 지형이 평편하기에 바람 왜곡현상이 일어나지 않는다. 따라서 시험평가 대상인 풍력 터빈으로부터 일정거리 떨어져 설치되는 계측타워에서 측정된 바람이 바로 풍력 터빈이 맞는 바람이라고 가정해도 큰 오차는 없을 것이다. 그러나 복잡한 지형은 바람의 세기나 방향에 영향을 주게 된다. 따라서 바람의 세기와 풍력 터빈 파워 출력 특성간의 관계를 정확하게 계산하려면, 계측 타워에서 측정된 바람 데이터를 지형 효과를 고려하여, 풍력 터빈 허브 높이에서의 바람 데이터로 환산하여야 한다. 계측타워로부터 측정된 풍속 데이터를 이용하여, 풍력 터빈 허브 높이에서의 풍속을 유추할 수 있는 아래의 관계식을 결정하는 업무를 단지교정(site calibration)이라 한다.

$$v_{WT} = kv_{MM} \tag{6-2}$$

여기서, $v_{MM} =$ 계측 타워에서의 측정된 풍속

$v_{WT} =$ 풍력 터빈 허브 높이에서 추정된 풍속

$k =$ 단지교정에 의한 바람 교정인자(flow correction factor)

다음에서 설명될 단지교정 절차를 통하여, 식 (6-2)의 k뿐 아니라, 이 식을 사용한 결과에 대한 불확실성 해석도 함께 수행하여야 한다.

시험 평가될 풍력 터빈이 설치되기 전 또는 풍력 터빈의 시험평가가 종료되어 해체된 직후, 그림 6.6과 같이 두 대의 계측 타워를 세워서 단지교정을 준비한다. 하나는 그림 6.6에서 'reference met mast'로 표시된 계측 타워이며, 성능시험 평가기간 중에 바람 데이터를 수집하는 역할을 한다. 다른 하나는 풍력 터빈이 위치될 곳에 설치되는 임시 계측 타워(temporal met mast)이다. 임시 계측 타워는 가능한 한 풍력 터빈이 설치될/설치되었던 지점에 위치되어야 하지만, 이것이 불가능하다면 최소한 이 지점으로부터 $\pm 0.2H$ 위치된 곳에는 설치되어야 한다.

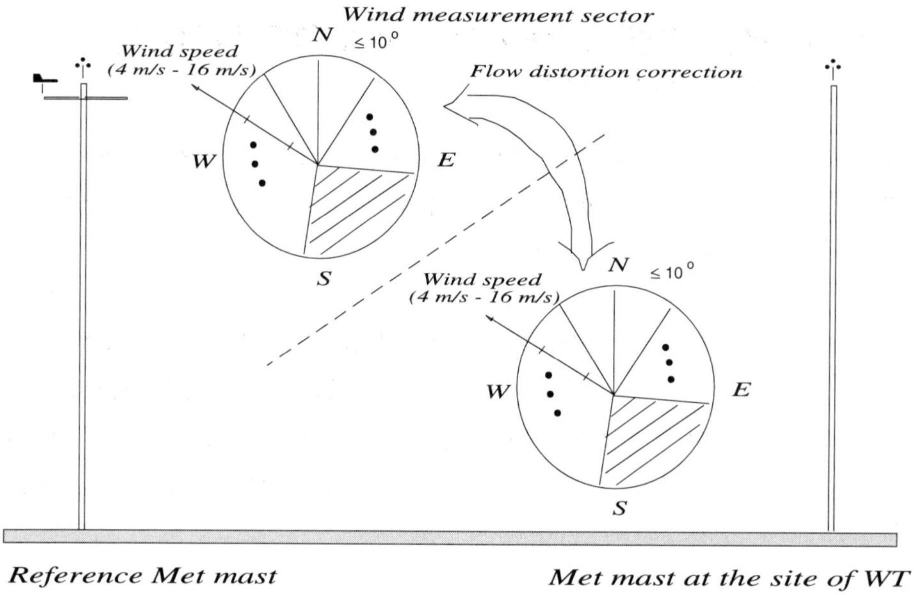

그림 6.6 단지교정(site calibration) 방법

또한, 임시 계측 타워에 설치될 풍속계는 풍력 터빈 허브 높이(H)에서 ±2.5% 이내의 높이에 설치하여야 한다. 이들 두 대의 계측 타워에 각각 설치될 풍속계는 서로 동일한 특성을 가져야 하며, 같은 절차로 교정된 제품을 사용하여야 한다.

성능시험 평가기간 동안 확보될 조건과 동일하게 바람 데이터들이 수집되어야 한다. 확보된 데이터로부터 10분 평균, 10분간 최대와 최소값, 그리고 표준편차의 값들이 산출되어야 한다. 10분 단위로 처리된 데이터들은 전체 방위각을 10° 이하로 쪼갠 각 풍향 칸(wind direction bin)에 각각 저장되어야 한다. 다음과 같은 조건에 해당하는 데이터는 단지교정에 사용하지 않는다.

- 계측 장비의 고장 또는 작동조건(icing) 변화에 따른 센서 성능 약화
- 앞 절에서 정의한 측정영역이 아닌 범위에서 불어오는 바람

- 평균 풍속이 4m/s 미만, 또는 16m/s 이상인 경우
- 성능시험 평가에서 제외하기로 결정한 특별한 기상조건에서 얻은 데이터

앞서 정의된 각 풍향 칸(wind direction bin)마다 24시간 이상의 풍속 데이터(즉, 144개 이상의 10분 단위 풍속 데이터)들이 수집되어야 한다. 또한, 각 풍향 칸마다 8m/s 이하의 풍속 데이터들이 6시간 이상, 또한 8 m/s 이상의 풍속 데이터들이 6시간 이상씩 수집되어야 한다. 각 풍향 칸에 수집된 데이터에 대하여 식 (6-2)을 만족하는 풍속 교정 계수(flow distortion correction factor), k를 최소 자승법(least square)등을 적용하여 산출할 수 있다. 한편, IEC 61400-121의 annex D, E에서 추천하는 방법으로 단지교정에 대한 불확실성 해석(uncertainty analysis)을 하여야 한다.

단지교정을 위한 충분한 만큼의 데이터가 수집되지 않았을 경우, 식 (6-2)에 의한 교정은 부정확할 수 있다. 특정 풍향 칸(wind direction bin)에 대한 풍속 교정 계수(flow distortion correction factor), k의 값 변화가 이웃 값보다 2% 이상 크게 변하면, 이 풍향 칸에 해당하는 영역을 측정 영역(measurement sector)에서 제외하는 것을 추천한다. 단지교정에 대한 보고서는 다음의 내용을 포함하여 작성되어야 한다.

(1) 풍향에 따른 풍속 교정 계수(flow distortion correction factor), k의 그래프. 이 그래프에는 풍향 칸마다 평균 k값 뿐만 아니라, 각각의 10분 평균 데이터들로부터 구한 k값들도 표시되어야 한다.

(2) 각 풍향 칸마다 칸의 범위, 교정계수 k, 데이터 총 저장 시간, 불확실성 정도를 테이블로 작성해야 한다.

(3) 최종 결정된 측정범위(measurement sector)에 대한 설명.

(4) 시험평가 예정인 풍력 터빈으로부터 로터 직경의 20배까지의 영역 내에 존재하는 장애물 또는 지형을 표시하는 지도

(5) 선택사항으로, 각 풍향 칸에 대한 데이터 수집기간의 함수로 풍속 교정 계수 k의 값이 어떻게 수렴되는 가를 나타내는 그래프.

6.2 풍력 터빈 출력성능 시험 평가를 여러 센서들에 대한 규정

성능 시험평가에 대한 신뢰성을 결정하는 제 1의 요소는 사용되는 센서들의 정확도이다. 풍력 터빈 성능 시험평가에 있어서 가장 중요한 센서는 전력 센서와 풍속 센서이다. 여기서는 위의 두 센서를 비롯한 풍향, 온도, 압력 센서등 풍력 터빈 성능 시험평가에 필수적인 센서들에 대한 최소 요구조건을 정리한다.

6.2.1 전력(electric power) 센서

전력 센서는 항상 전류 변환기(current transformer, CT), 또는 전압 변환기 (voltage transformer, VT)와 함께 사용된다. CT나 VT는 전력 출력단의 전류나 전압을 적절히 낮추어, 전력 센서(power transducer, PT)가 풍력 터빈 파워 출력에 비례한 전기신호를 생성할 수 있도록 하는 역할을 한다. CT는 IEC 60044-1, VT는 IEC 60186 규격서에서 규정한 사양을 만족하는 제품을 사용하여야 하며, class 0.5 또는 그 보다 우수한 특성을 가져야 한다. PT 역시 IEC 60688 규격서에 명시한 사항을 만족하는 제품으로 선택되어야 하며, class 0.5 또는 그 보다 우수한 특성을 가져야 한다. PT 센서의 측정 범위는 풍력 터빈 정격 파워(rated power)의 －50%에서 ＋200%까지를 커버할 수 있어야 한다. 풍력 터빈 자체가 사용하는 전력을 제외한, 풍력 터빈의 순수한 전력 출력량을 측정하기 위하여, 전력 센서는 가능한 한 전력 연결(electric connection) 부에 가깝게 위치되어야 한다.

6.2.2 풍속(wind speed) 센서

풍속은 컵(cup) 구조를 갖는 컵 풍속계(cup anemometer)를 사용하여 측정한다. 성능 시험 평가에서 정의되는 풍속은 바람 벡터의 수평방향 성분만을 의미한다. 즉, 수직방향 난류(turbulence) 성분은 제외한다. 컵 풍속계의 계측 성능에 영향을 미치는 인자들은 난류(turbulence), 대기 온도, 대기 밀도, 그리고 바람 벡터의 경사각(flow inclination angle)이다. 풍속계는 크게 3가지, 즉 class A, B, S로 분류되며, 풍속계의 성능(측정 정확도)은 class number k로 표시된다. 풍력 터빈 성능시험 평가를 위한 풍속계는 IEC 61400-12(annex B)의 지형조건을 만족하는 평편한 시험단지 (test site)라면, 풍속계의 성능은 $1.7A$(= class A, class number $k = 1.7$)보다 우수해야 하고, 단지교정이 필요한 복잡 지형단지라면, $2.5B$(=class B, class number $k = 2.5$) 또는 $2.5S$(= class S, class number $k = 2.5$) 이상의 성능을 갖는 풍속계를 사용해야 한다. 이제 풍속계에 대한 분류, 즉 class A, B, S에 대하여 알아보자.

- class A: 단순 지형에서 사용되는 풍속계이며, 풍속계의 작동 조건은 아래의 표 6.1의 표에 명시되어 있다. 즉, 작동 온도가 $0^o C \sim 40^o C$의 범위에 한정하여 풍속계가 사용된다면, 풍속계의 성능은 사양서 (specification sheet)에서 제시된 class number k(뒤에서 설명됨)의 특성을 유지할 수 있다는 것이다.
- class B: 단지교정이 필요한 복잡 지형에서 사용되는 풍속계이며, 풍속계의 작동 조건은 아래의 표 6.1의 표에 명시되어 있다. Class A보다 작동조건이 더 가혹하다는 것을 알 수 있다.
- class S: 시험 단지의 특성이 표 6.1에서 명시한 class A나 B의 작동 조건에 맞지 않는 경우에 사용되는 풍속계에 대한 분류이다. 즉, 대관령 시험단지의 경우, 주로 동절기 동안에 바람이 많이 부는데, 이때의 온도는 대부분 $-10^o C$보다 낮다. 따라서 대관령 단지에서 사용될 풍속계는 class B로서는 적절치 않다. 따라서 시험 단지 특성에 맞도록 표 6.1의 표처럼 풍속계 작동 조건을 재조정할 필요가 있는데, 이 범위 안에서 일정한 성능을 보장하는 풍속계를 class S라 한다.

이제 class number k에 대한 정의를 살펴보자. Class number k는 표 6.1의 작동 조건에 대하여 보장되는 풍속계의 정확도를 표시하는 숫자이며, 식 (6-3)으로 정의된다.

표 6.7 컵 풍속계(cup anemometer)의 분류

	Class A Terrain meets requirements in annex B		Class B Terrain does not meet requirements in annex B	
	Min	Max	Min	Max
Wind speed range to cover [m/s]	4	16	4	16
Turbulence intensity	0,03	0,12+0,48/V	0,03	0,12+0,96/V
Turbulence structure $\sigma_u/\sigma_v/\sigma_w$ 6	1/0,8/0,5 (non-isotropic turbulence)		1/1/1 (isotropic turbulence)	
Air temp. [°C]	0	40	-10	40
Air density [kg/m³]	0,9	1,35	0,9	1,35
Average flow inclination angle [°]	-3	3	-15	15

$$k = 100 \times \max\left(\left|\frac{\varepsilon_i}{\omega_i}\right|\right) \tag{6-3}$$

여기서,

$\varepsilon_i = i$-번째 풍속 칸에서 풍속계 측정치의 최대 오차

$\omega_i = 5 + 0.5\,U_i = i$-번째 풍속 칸에 대한 가중 함수

$U_i = i$ -번째 풍속 칸의 중간 값(m/s)

k= class number

식 (6-3)에 나타나 있듯이, class number, k는 각 풍속 칸마다 측정된 풍속계의 오차들 중에서 제일 큰 값을 %의 단위로 나타낸 것이라 할 수 있다. 즉 이 값이 작을수록 그 측정치가 정확한 풍속계를 의미한다.

풍속계가 실제 풍속 값과 다른 값을 알려준다면, 성능 시험평가의 신뢰성에 관한 근본적인 문제가 발생되기에, 풍속계는 정밀하게 교정된 것이 사용되어야 한다. IEC 61400-12 1에서는 별도의 부록을 만들어 풍속계 교정(calibration)에 관한 절차나 데이터 처리를 명시하고 있다(annex F). 이를 간단히 요약하면, 다음과 같다.

- 풍속계 교정을 위한 풍동(wind tunnel)에 대한 규정
- 교정을 위한 계측 장비와 실험 장치 설치
- 교정 실험 절차
- 교정 실험 결과 해석
- 교정 실험에 대한 불확실성 해석
- 교정 실험 보고서 양식

계측 타워에 설치될 컵 풍속계는 그림 6.7처럼 꼭대기 설치(top mounting) 방식이어야 하지만, 그림 6.8처럼 side by side 방식의 차선책을 선택할 수도 있다. 풍속계를 비롯한 다른 센서들과의 간섭을 고려한 최소한의 설치 간격 유지를 주의하자.

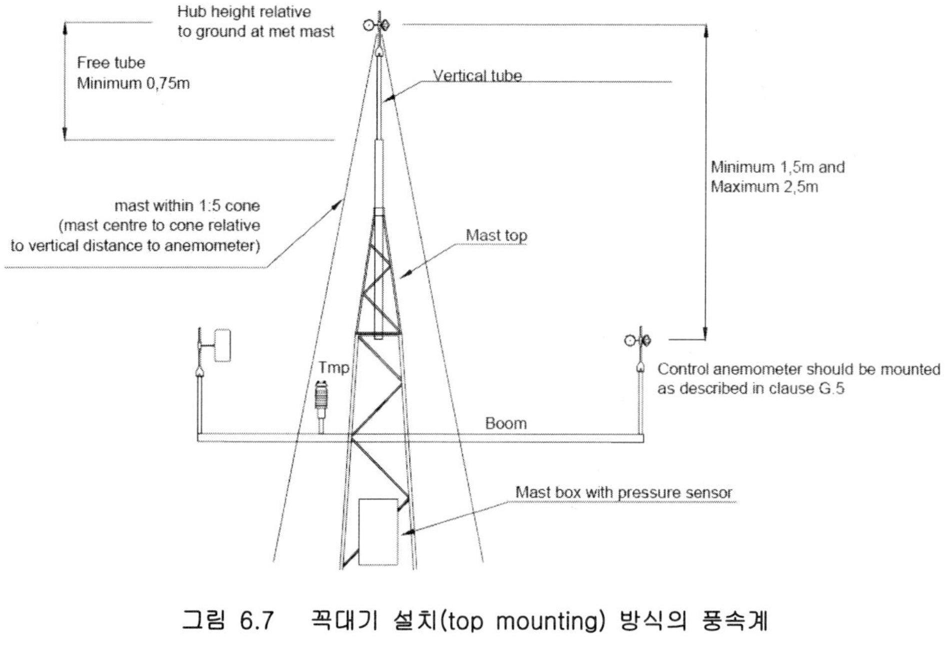

그림 6.7 꼭대기 설치(top mounting) 방식의 풍속계

풍속계의 설치 높이는 계측 타워 지면으로부터 풍력 터빈 허브 높이의 ±2.5% 이내인 곳으로 정해야 된다. 풍속계 측정값의 불확실성 해석은 IEC 61400-121의 annex D에 의거하여 진행되어야 한다.

6.2.3 풍향(wind direction) 센서

계측 타워에 풍향계(wind vane)를 설치하는 방법은 그림 6.7과 6.8를 참조하라. 풍향 교정, 동작 조건 변화에 따른 오차, 또한 설치 오차등 모든 것을 고려했을 때, 풍향계의 오차는 5^o를 넘지 않아야 한다.

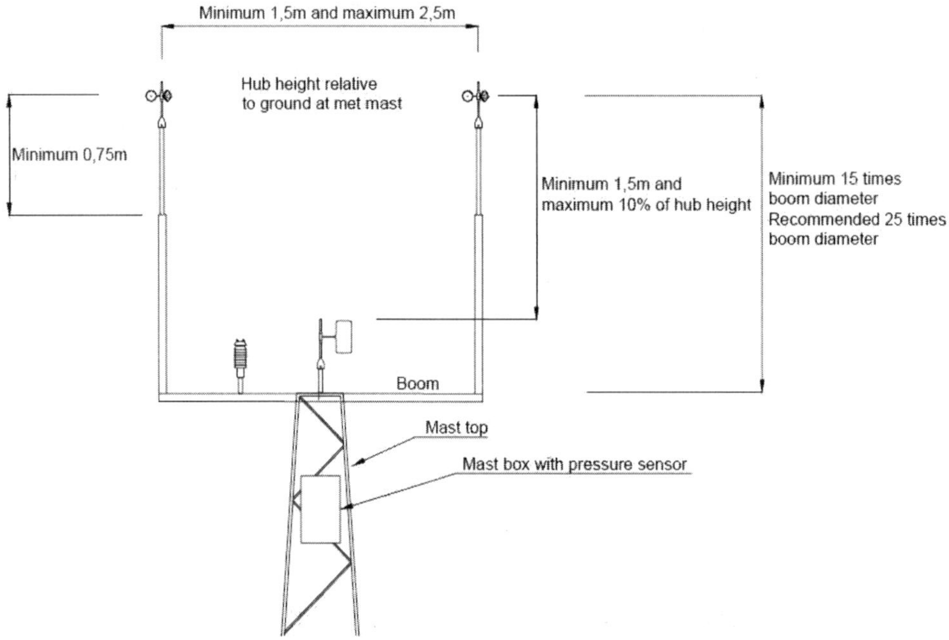

그림 6.8 side by side mounting 방식의 풍속계

6.2.4 대기밀도(air density) 센서

뒤에서 다시 설명되겠지만, 대기 밀도는 성능 관련 데이터를 표준화시킬 때 사용되는 중요 인자이다. 그러나 대기 밀도를 직접적으로 측정할 수 없기 때문에, 식 (6-4)을 사용하여 대기 밀도를 추정한다.

$$\rho = \frac{B}{RT}(kg/m^3) \tag{6-4}$$

여기서,

$\rho =$ 대기 밀도 (kg/m^3)

$B =$ 압력 센서로 측정된 대기 압력 (kg/m^2)

$R =$ 가스 상수(the gas constant), $287.05\ J/(kg \cdot K)$

$T =$ 절대 대기온도(absolute air temp.), $K(Kelvin) = {}^oC + 273$

성능 시험 평가에서 사용하는 모든 데이터는 10분 단위로 처리되므로, 식 (6-4)의 실제적인 활용은 식 (6-5)가 된다. 즉, 대기압력 센서와 대기 온도센서로부터 측정된 정보들은 모두 10분간 평균 데이터로 변환되어야 한다.

$$\rho_{10} = \frac{B_{10}}{RT_{10}}(kg/m^3) \tag{6-5}$$

시험 단지가 고온 다습하다면, 습도를 측정해서 대기 밀도를 교정해야 한다. 대기 온도센서는 가능한 허브 높이로 계측 타워에 설치되는 것이 좋은데, 최소한 허브 높이의 10m 이내로 설치되어야 한다. 대기 압력 센서도 가능하다면 허브 높이로 설치되어야 하는데, 이것이 불가능한 경우에는 ISO 2533을 사용하여 대기 압력 값을 허브 높이에서의 값으로 환산하여 사용해야 한다.

6.2.5 로터 회전속도와 피치 각 센서

로터 회전속도나 피치 각 측정은 성능 시험 평가를 위한 필수적 사항은 아니다. 그러나, 데이터 수집 장치에 여력이 있다면, 이 데이터들도 측정해서 저장하는 것이 좋다. 이 데이터들은 풍력 터빈 소음 평가시험에 필수적으로 사용되는 것들이다. 대기 압력 값을 허브 높이에서의 값으로 환산하여 사용해야 한다.

6.2.6 블레이드 상태 측정

블레이드 표면의 상태가 얼음이나 벌레 또는 먼지 등에 쌓여 있으면, 블레이드의 공기역학적 흐름에 영향을 미치게 된다. 특히, 실속 제어 방식으로 풍력 터빈 출력을 제어하는 풍력 터빈에 대한 성능 시험평가인 경우에는 파워 출력에 영향을 주게 되므로, 주기적으로 블레이드의 표면 상태에 대한 정보를 저장해 놓는 것이 필요하다.

6.2.7 풍력 터빈 제어 시스템

풍력 터빈 생산 전력이 전력 라인에 연결 되었는지를 표시하는 'grid on' 신호를 비롯한 풍력 터빈 운영에 관련된 신호 중에 성능 시험에 필요한 것들은 저장할 필요가 있다.

6.2.8 데이터 수집 장치(data acquisition system)

성능 시험에 관련하여 수집되는 모든 데이터들은 최소한 1Hz 이상으로 샘플링 하여야 한다. 데이터 수집 장치에 의한 불확실성 정도는 무시할 수 있다.

6.3 풍력 터빈 출력성능 시험평가를 위한 측정 절차 (measurement procedure)

측정되는 모든 데이터는 IEC 61400-121의 annex D에서 설명된 측정의 불확실성(measurement uncertainty)에 의하여 그 정확도가 항상 표시되어야 한다.

6.3.1 시험평가 기간 중 풍력 터빈 운영

시험 평가 기간 중에 풍력 터빈의 형상 변화(예를 들어, 날개 형상 변화등)는 당연히 이루어 질 수 없다. 정상적인 유지보수(maintenance) 작업은 허용되지만, 반드시 이 작업이 이루어진 시간과 그 내용(예를 들어, 블레이드 청소작업)이 성능 시험평가 결과 보고서에 명시되어야 한다.

6.3.2 데이터 수집(data collection)

데이터 수집은 최소 1Hz 이상으로 샘플링 되어야 하는데, 대기 온도, 압력, 강우량이나 풍력 터빈 작동 상태 등과 같은 신호들은 시간에 따라 변화되는 정도가 느리기 때문에, 훨씬 낮은 샘플링이 허용되는데, 그래도 최소 1/60Hz(1분당 1회 샘플링) 이상은 되어야 한다. 저장된 데이터들은 모두 10분 단위로 데이터 처리된다. 즉, 저장된 데이터는 10분 단위로 분리하여, 다음과 같은 데이터를 산출하게 된다.

- 10분간 평균 값
- 10분간 표준편차 값
- 10분간 최대값/10분간 최소값

6.3.3 데이터 제거(data rejection)

정상적인 풍력 터빈 작동 조건에서 얻은 데이터들만을 사용하여 성능 시험평가가 수행되어야 한다. 따라서, 다음 조건에서 얻은 데이터들은 모두 제외되어야 한다.

- 풍력 터빈 작동 풍속영역에 포함되지 않는 데이터
- 풍력 터빈 고장시, 강제적인 풍력 터빈 shutdown시, 또는 측정 장비의 고장 시에 측정된 데이터
- 측정영역(measurement sector)을 벗어난 방향에서 불어온 바람에 의한 데이터
- 단지교정이 수행되었다면, 단지교정이 올바르게 수행된 바람 영역 외부에서 불어온 바람에 의한 데이터

6.3.4 데이터 수정(data correction)

위와 같은 방식으로 수집된 데이터는 다음의 경우 수정(correction)이 요구된다.

- 복잡 지형인 경우, 단지교정 결과를 사용하여 계측 타워에서 측정된 풍속을 수정하여야 한다.
- 대기 압력 센서가 허브 높이에 설치되지 않은 경우, ISO 2533을 사용하여 대기 압력 값을 허브 높이에서의 값으로 환산하여 사용해야 한다.

6.3.5 데이터 베이스(database)의 완성

그림 6.9에 수집된 데이터의 처리 절차를 개략적으로 나타내었다. 성능 실증에 사용되는 풍속의 범위는 시동 풍속(cut-in wind speed)보다 1m/s 작은 풍속부터 정격 출력의 85%에 해당하는 출력을 내는 풍속(=v_{ref})의 1.5배까지 이다. 그림 6.10에 v_{ref}에 대한 정

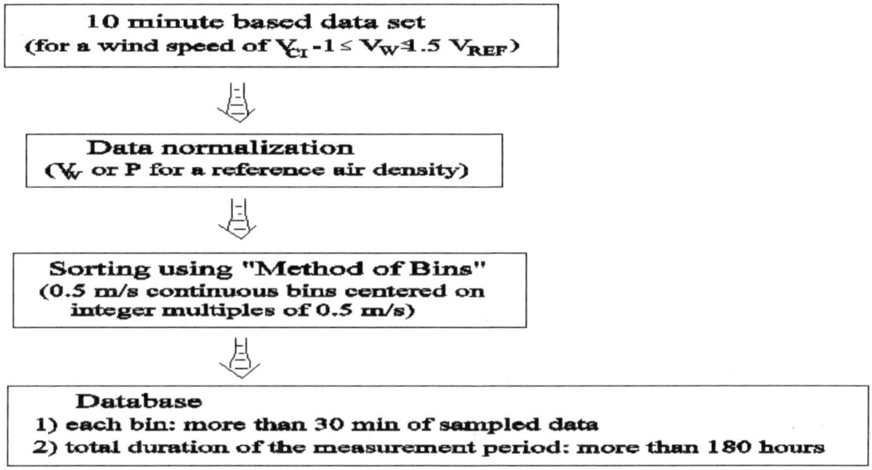

그림 6.9　데이터 처리 순서와 방법

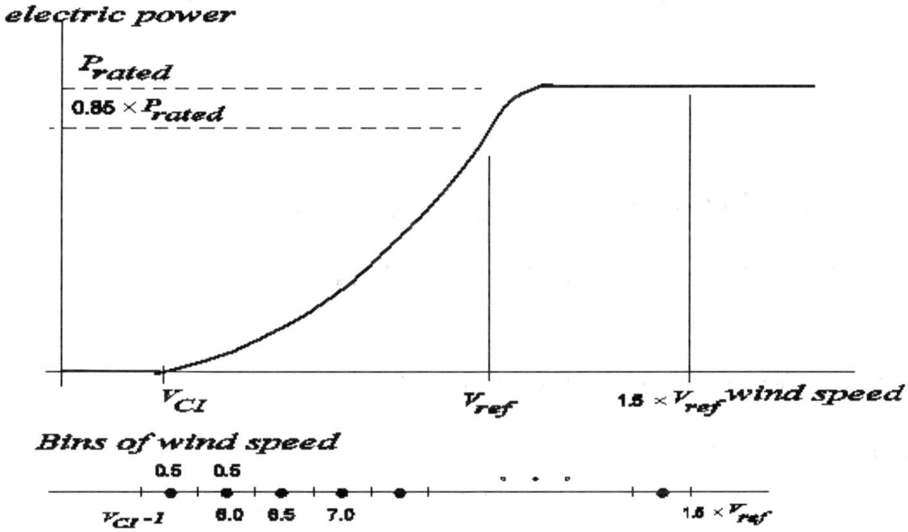

그림 6.10　v_{ref}에 대한 정의와 method of bins

의를 살펴보라. 수정(data correction)이 모두 완료된 데이터는 표준 대기 밀도에 대하여 그 값이 표준화(data normalization) 되어야 한다. 이에 대한 더 자세한 논의는 6.4.1 절을 참조하라.

데이터 표준화가 완료되면, "method of bins"에 의하여 풍속 영역을 개개의 풍속 칸(wind speed bin)으로 분할해야 한다. 즉, 시동 풍속보다 1m/s 작은 풍속부터 정격 출력의 85%에 해당하는 출력을 내는 풍속(= v_{ref})의 1.5배까지의 풍속 영역을 0.5m/s의 단위로 풍속 칸을 만들어 가는데, 각 풍속 칸의 중앙값은 0.5m/s의 정수 배가 되도록 하여야 한다. 풍속 칸(wind speed bin)에 대한 개략적인 표현이 그림 6.10에 그려져 있다.

이제 다음과 같은 조건을 갖는 데이터베이스가 구축되면, 그 데이터베이스는 완성된 것으로 간주한다. 즉, 이 데이터베이스로부터 다음 절에서 설명할 성능 시험 평가가 가능하게 된다.

- 각각의 풍속 칸(wind speed bin)에는 최소 30분 이상의 데이터들이 수집 되어야 한다.
- 전체적인 데이터 베이스는 최소 180시간 이상에 해당되는 데이터들을 보유해야 한다.

6.4 파워 커브(power curve), AEP, 출력 파워 계수 (power coefficient) 산출 방법

6.4.1 데이터 표준화(data normalization)

동일한 풍력 터빈을 시험 단지(test site) A와 단지 B에 각각 설치하였다고 생각하자. 그리고 시험 단지 A는 호수나 바닷가 근처여서 대기 밀도가 상대적으로 높고, 시험단지 B는 사막 근처에 위치하여 대기밀도가 낮다고 가정해 보자. 이 때, 각 단지에서 측정된 풍속이 서로 같다면, 두 풍력 터빈의 출력은 어떻게 될까? 풍속 v의 바람으로부터 WT이 회수하는 파워는 식 (6-6)으로 주어진다. 즉,

$$P = \frac{1}{2}\rho\pi R^2 C_P v^3 \tag{6-6}$$

두 단지에서 풍속이 같더라도 대기밀도가 서로 다르면, 동일한 풍력 터빈이라도 단지의 바람 특성 차이로 풍력 터빈의 파워 출력이 서로 다르게 될 것이다. 이러한 문제를 해결하기 위하여, 다음과 같은 측정 데이터의 표준화가 필요하다.

블레이드 피치각과 회전속도를 일정한 값으로 유지시키면서, 실속 현상을 이용하여 파워를 제어하는 (stall-regulated) 풍력 터빈은 식 (6-7)을 사용하여 풍력 터빈 파워 출력을 표준화한다. 즉,

$$P_n = P_{10}\frac{\rho_0}{\rho_{10}} \tag{6-7}$$

여기서,

P_n = 표준화시킨 풍력 터빈 출력

P_{10} = 측정된 풍력 터빈 출력의 10분 단위 평균 값

ρ_{10} =식 (6-5)로 계산된 10분 단위 대기밀도

ρ_0 =ISO 표준 대기밀도(sea level, dry air at $15^o C$ $1013 hPa$),

= 1.225 kg/m^3

한편, 액티브 피치 제어(active pitch control)를 사용하는 풍력 터빈의 경우, 파워 대신 풍속을 표준화 시킨다. 즉,

$$v_n = v_{10}\left(\frac{\rho_{10}}{\rho_0}\right)^{1/3} \tag{6-8}$$

여기서,

v_n = 표준화시킨 풍속

v_{10} = 측정된 풍속의 10분 단위 평균 값

만약 ρ_{10}의 값이 $\rho_0 \pm 0.5kg/m^3$의 범위 안에 있다면, 위와 같은 표준화 작업을 생략해도 무방하다.

6.4.2 파워 커브(power curve) 산출

풍력 터빈 성능시험을 위한 데이터베이스가 완성되었다면, 각 풍속 칸(wind speed bin)에 쌓여진 표준화된 풍속과 (표준화된) 풍력 터빈 출력 파워에 대하여, 해당 bin에 대한 대표 값(평균)을 식 (6-9)와 (6-10) 같이 정한다.

$$v_i = \frac{1}{N_i}\sum_{j=1}^{N_i} v_{n,j,i} \tag{6-9}$$

$$P_i = \frac{1}{N_i}\sum_{j=1}^{N_i} P_{n,j,i} \tag{6-10}$$

여기서,

v_i = i-번째 풍속 칸에 대한 (표준화된) 평균 풍속

$v_{n,j,i}$ = i-번째 풍속 칸에 속해 있는 데이터 중 j-번째 (표준화된) 풍속

P_i = i-번째 풍속 칸에 대한 (표준화된) 평균 풍력 터빈 파워 출력

$P_{n,j,i}$ = i-번째 풍속 칸에 속해 있는 데이터 중 j-번째 (표준화된) 파워

N_i = i-번째 풍속 칸에 속해 있는 10분 단위 데이터 수

한편, i-번째 풍속 칸에 대한 10분 단위 풍속 데이터와 출력 파워 데이터에 대한 표준편차는 식 (6-11)과 (6-12)로 계산한다.

$$\sigma_{v_i} \equiv \sqrt{\frac{1}{N_i - 1}\sum_{j=1}^{N_i}(v_i - v_{n,j,i})^2} \tag{6-11}$$

$$\sigma_{P_i} \equiv \sqrt{\frac{1}{N_i - 1}\sum_{j=1}^{N_i}(P_i - P_{n,j,i})^2} \tag{6-12}$$

여기서,

$\sigma_{v_i} = i$ -번째 풍속 칸에 속해 있는 (표준화된) 풍속 데이터의 표준편차

$\sigma_{P_i} = i$ -번째 풍속 칸에 속해 있는 (표준화된) 파워 데이터의 표준편차

위의 식으로 얻은 데이터들을 활용하면, 그림 6.11과 같은 파워 커브를 얻을 수 있다. 만약 단지교정(site calibration)을 하여 풍속 데이터가 교정된 경우라면, 산출된 파워 커브로부터 단지교정의 결과를 검증할 수 있다. 정격 출력(rated power) 이하의 풍력 터빈 운전 조건에 대하여, 산출된 파워 커브를 활용하면(즉, 식 (6-6)) 특정 파워 출력에 해당하는 풍력 터빈 허브 높이에서의 풍속을 유추할 수 있다. 측정영역내의 모든 풍향 칸(wind direction bin)에 대하여, 풍력 터빈 파워 커브로부터 유추된 풍속과 계측타워로 측정된 풍속을 비교할 때, 그 비는 풍속 왜곡 교정 계수(flow distortion correction factor),

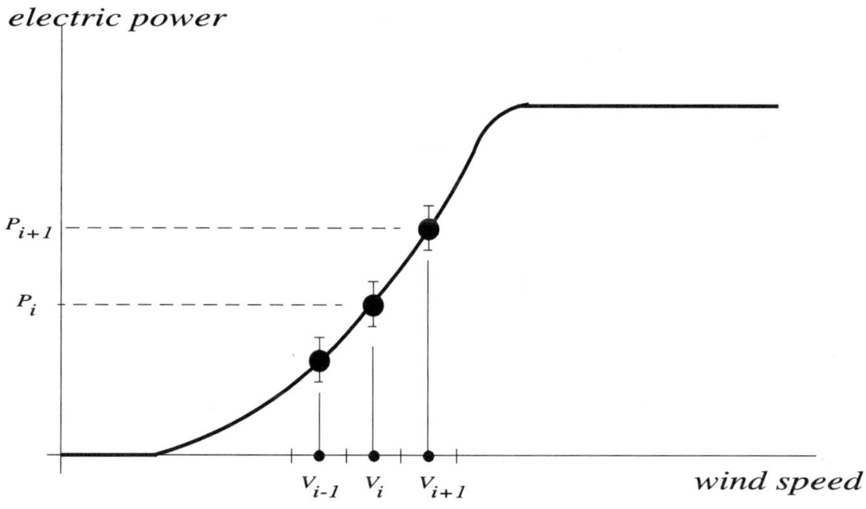

그림 6.11 파워 커브(power curve)

k의 값과 동일해야 한다. 만약 두 데이터의 값들이 큰 편차를 갖는다면, 단지교정, 또는 파워 커브 산출이 정확하게 수행되지 않았다는 것을 의미한다.

6.4.3 AEP(annula energy product) 산출

AEP는 풍력 터빈의 연간 에너지 생산량이며 식 (6-13)과 같이 정의된다.

$$AEP = \int_{1\,year} P(t)dt = \frac{\pi R^2}{2}\int_{1\,year} C_P \rho v^3 dt \tag{6-13}$$

위의 식은 해석적인 식인데, 시간 함수인 $P(t)$나 $v(t)$가 해석적인 함수로 주어지지 않기 때문에, 실제로 AEP를 계산하는 목적으로는 사용할 수 없는 식이다. AEP는 바람의 통계적인 특성을 이용하여 추정할 수 있다. 이에 대하여 논하기 전에 바람에 대한 통계적 특성을 간략하게 살펴보자.

어느 시험단지(test site)에 대하여 년간 평균풍속, $\bar{v}$이 알려져 있다면, 이 단지에 대한 풍속의 확률분포는 식 (6-14)와 같은 Rayleigh 확률 분포함수로 가장 많이 표현된다.

$$P(v) = \frac{\pi}{2}\frac{v}{(\bar{v})^2}e^{-\frac{\pi}{4}\left(\frac{v}{\bar{v}}\right)^2} \tag{6-14}$$

위 식을 사용하여 누적확률분포함수(cumulative probability distribution function, CDF)를 구할 수 있다.

$$F(v) = \int_0^v P(v)dv = 1 - e^{-\frac{\pi}{4}\left(\frac{v}{\bar{v}}\right)^2} \tag{6-15}$$

따라서 $F(v = 5m/s)$의 값이 의미하는 바는 년간 평균풍속이 $\bar{v}$인 어느 시험 단지에 대하여, 특정 순간의 풍속이 5m/s 이하가 될 확률을 뜻한다. 위에서 소개된 Rayleigh 확률분포 함수는 그림 6.12에 표시된 Weibull 확률분포 함수의 특수한 경우이다.

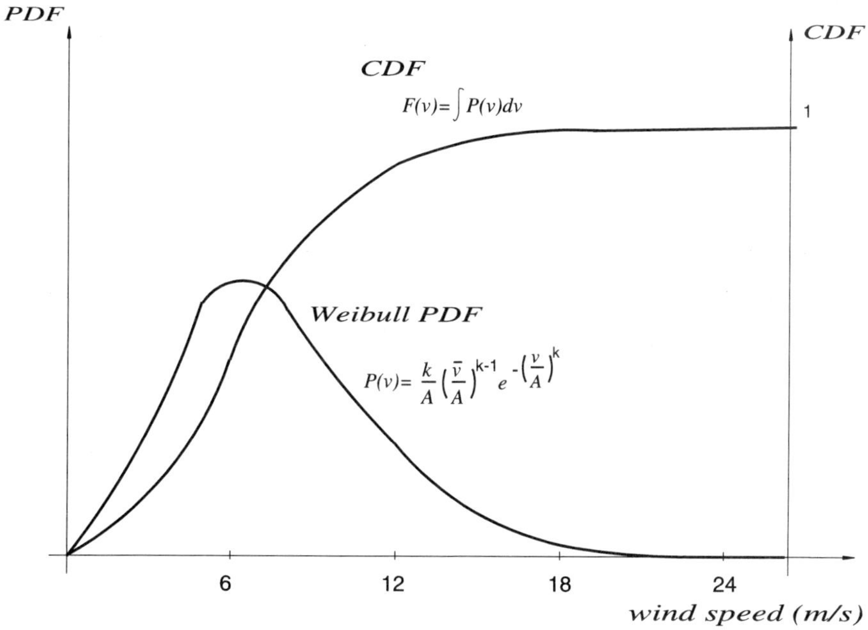

그림 6.12 Weibull 확률분포함수와 누적 분포 확률함수(CDF)

즉, Weibull 함수에서 $k=2$의 조건을 적용함으로서 Rayleigh 함수는 오로지 년간 평균풍속에만 의존되는 함수가 된다. Weibull 확률분포 함수는 식 (6-16)으로 표현된다.

$$P(v)=\frac{k}{A}\left(\frac{\bar{v}}{A}\right)^{k-1}e^{-\left(\frac{v}{A}\right)^k} \tag{6-16}$$

다음의 예제를 이해하는 것이 AEP를 산출하는 알고리즘을 이해하는데 도움이 된다.

예제 Rayleigh 누적확률 분포함수를 이용한 바람 특성 분석

연간 평균 풍속이 6m/s인 시험 단지에 대하여, 1년 동안 풍속이 6m/s에서 8m/s사이로 불어올 날 수를 추정해 보라.

풀이

연간 풍속이 6m/s인 시험단지의 Rayleigh 누적확률 분포함수(CDF)는 식 (6-17)로 표시된다.

$$F(v) = 1 - e^{-\frac{\pi}{4}\left(\frac{v}{6}\right)^2} \tag{6-17}$$

그림 6.13에 연간 풍속이 6m/s인 시험단지의 Rayleigh 누적확률 분포함수(CDF), $F(v)$를 도시하였다. $F(v)$의 의미는 어느 순간의 풍속이 v보다 작게 불 확률을 뜻한다. 따라서 어느 순간의 풍속이 6m/s에서 8m/s사이로 불어올 확률, P_{6-8}은 아래와 같다.

$$P_{6-8} = F(8) - F(6) = \left\{1 - e^{-\frac{\pi}{4}\left(\frac{8}{6}\right)^2}\right\} - \left\{1 - e^{-\frac{\pi}{4}\left(\frac{6}{6}\right)^2}\right\} = 0.7525 - 0.5441 = 0.2084$$

따라서 1년 중 풍속이 6m/s에서 8m/s사이로 불어올 날 수는 $P_{6-8} \times 365 = 76.07$일이다.

그림 6.13은 위 예제의 내용을 다시 설명하고 있다. 즉, 시험평가 예정인 풍력 터빈이 설치된 장소에 대한 바람 세기의 누적확률 분포함수(CDF)가 이 그림처럼 주어질 때, 년중 바람의 세기가 $\Delta v = (8-6)m/s$인 날 수는 $\Delta F \times 365$ 일이다. 1년을 시간으로 환산하면, 8760 시간이 된다. 따라서 년중 바람의 세기가 $\Delta v = (8-6)m/s$인 날 수를 시간으로 바꾸어 표현하면, $\Delta F \times 8765$시간이 된다.

이제 AEP를 산출하는 방법을 설명해 보자. 바람의 세기를 “method of bins"에 의한 방법으로 N개의 풍속 칸(wind speed bin)으로 분할하면, 그림 6.14 중간 부분처럼 된다. 전 절에서 논의한 방식을 적용하면, 그림 6.11에서와 같은 파워 커브를 얻을 수 있을 것이다. 이제 시험단지의 풍속 분포 특성이 이 그림의 아래 부분에 그려진 CDF, $F(v)$로 표현된다고 가정하자. 그림 6.14의 파워 커브 중에서 빗금 친 구간으로부터 1년 동안 생성되는 에너지는 식 (6-18)과 같이 된다.

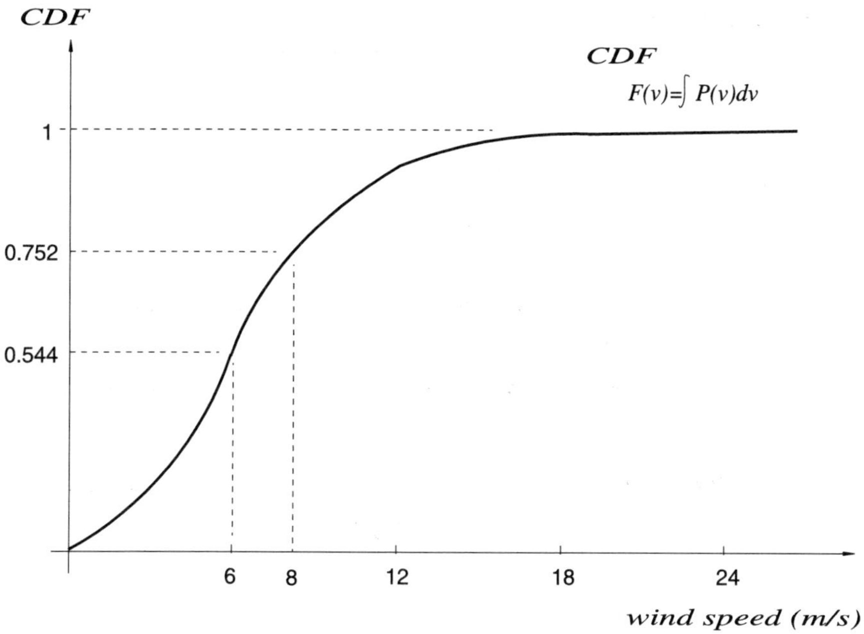

그림 6.13 년간 풍속이 6m/s 지역의 바람 누적확률 분포함수(Rayleigh CDF)

$$AEP_i = \frac{(P_{i-1} + P_i)}{2}\{F(v_i) - F(v_{i-1})\} \times 8760(kwh) \qquad (6\text{-}18)$$

여기서,

$P_i = i$ -번째 풍속 칸에 들어있는 (표준화된) 10분 단위의 풍력 터빈 파워출력 데이터들의 평균

$v_i = i$ -번째 풍속 칸에 들어있는 (표준화된) 10분 단위의 풍속 데이터 평균

$F(v_i) =$ 시험 단지의 바람 분포 특성을 나타내는 식 (6-15)의 Rayleigh 누적확률 분포함수이다. 즉, 시험단지의 풍속이 v_i보다 같거나 작을 확률을 나타내며, 이를 다시 쓰면 식 (6-19)와 같이 되는데, 이 식에서 $\bar{v}$는 시험단지의 년간 평균풍속을 의미한다.

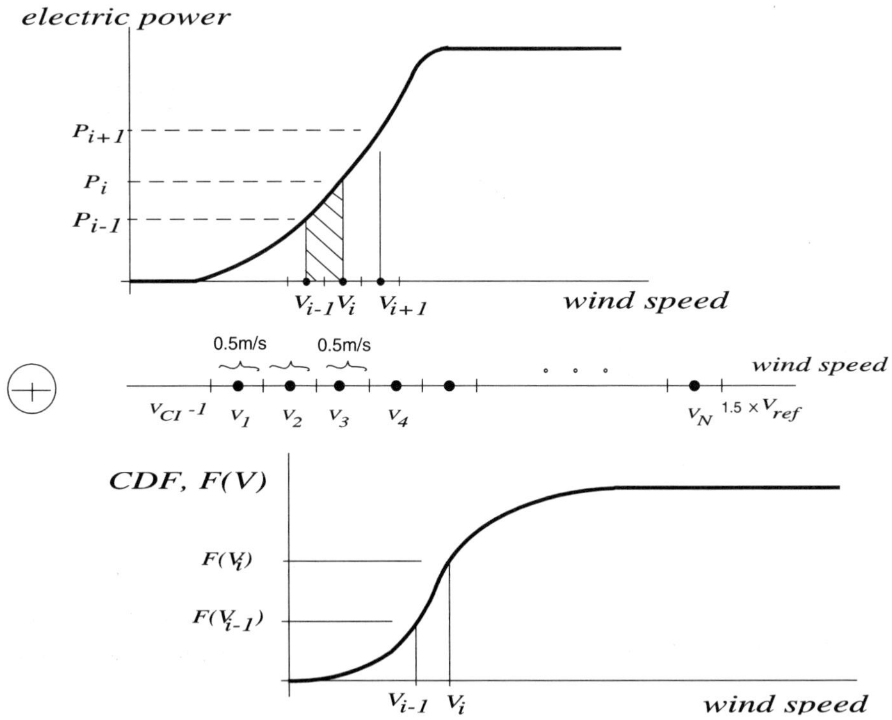

그림 6.14　AEP 산출 개념도

$$F(v_i) = \int_0^{v_i} P(v)dv = 1 - e^{-\frac{\pi}{4}\left(\frac{v_i}{\bar{v}}\right)^2} \tag{6-19}$$

식 (6-18)은 다음과 같은 점들을 고려하면, 쉽게 이해될 수 있다.

- 풍속 칸의 수를 충분히 크게 잡았다면, 풍속 범위가 v_{i-1}에서 v_i까지인 바람에 의하여 생성되는 풍력 터빈의 출력은 $(P_{i-1}+P_i)/2$로 근사화 시킬 수 있다.
- 앞서도 유도했지만, 이 시험단지에서 풍속이 v_{i-1}에서 v_i사이로 불어올 총 시간은 1년 동안 $\{F(v_i)-F(v_{i-1})\}\times 8760$ 시간으로 유추된다.

위에서 유도한 식 (6-18)은 i번째 풍속 칸에 의한 에너지 생산량이라는 것을 주목하자. 이제 총 N개의 풍속 칸(wind speed bin) 모두를 고려하면, 이 시험 단지의 1년간 총 에너지 생산량(AEP)을 구할 수 있다.

$$AEP = \sum_{i=1}^{N} AEP_i = \sum_{i=1}^{N} \frac{(P_{i-1} + P_i)}{2} \{F(v_i) - F(v_{i-1})\} \times 8760\,(kwh) \qquad (6\text{-}20)$$

식 (6-20)에서 $i=1$일 때는 P_0와 v_0라는 거북한 표현이 발생되는데, $P_0 = 0$그리고 $v_0 = v_{CI} - 0.5\,(m/s)$으로 치환하고 계산하면 된다. 풍력 터빈 성능 시험의 결과인 파워 커브와 식 (6-19)의 CDF를 활용하여, 식 (6-20)을 이용한 AEP 계산이 수행되는 데, 다음과 같이 8개 경우의 평균 풍속에 대하여, 즉 $\bar{v}$=4, 5, 6, 7, 8, 9, 10, 그리고 11 m/s 각각에 대한 AEP를 계산한다. 이처럼 표준화된 평균 풍속과 CDF, 즉 식 (6-19)을 사용하여 AEP를 계산하는 이유는 시험단지(test site)의 바람 조건을 모두 동일하게 가정하고, 풍력 터빈의 성능 특성을 비교하기 위한 것이다.

AEP의 계산은 '$AEP-measured$'와 '$AEP-extrapolated$'라는 두 가지 방식으로 산출된다. '$AEP-measured$'는 실험적으로 얻어진 파워 커브에만 의존하여 AEP를 계산하는 방식으로, 측정된 파워 커브 영역 외의 풍속에 대한 풍력 터빈 파워 출력을 0으로 간주하고 AEP를 계산하게 된다. 즉, 그림 6.15과 같이$v_o = v_{CI} - 0.5\,(m/s)$이하의 바람, 또한, $1.5v_{ref}$이상의 바람에 대한 파워 출력은 0으로 생각한다.

한편, '$AEP-extrapolated$'는 v_0이하의 바람에 의한 파워 출력은 ('$AEP-measured$'와 동일하게) 0 이지만, $1.5v_{ref}$의 풍속부터 v_{CO}(cut-out wind speed)까지의 풍속 영역은 '$AEP-$ ($measured$'와는 다르게), 풍속이 $1.5v_{ref}$ 일 때의 파워 출력이 v_{CO}까지 그대로 일정하게 유지되어 출력된다는 가정 하에 AEP 값을 산출하는 방식이다. 그림 6.15를 참조하기 바란다. 8개 경우의 평균 풍속에 대하여 AEP를 각각 계산할 때, $\bar{v} = 4\,m/s$, 또는 $\bar{v} = 5\,m/s$와 같이 평균 풍속이 낮다면, $1.5v_{ref}$이상 속도의 바람이 불 확률은 거의 없으므로 '$AEP-measured$'와 '$AEP-extrapolated$'의 값은 서로 거

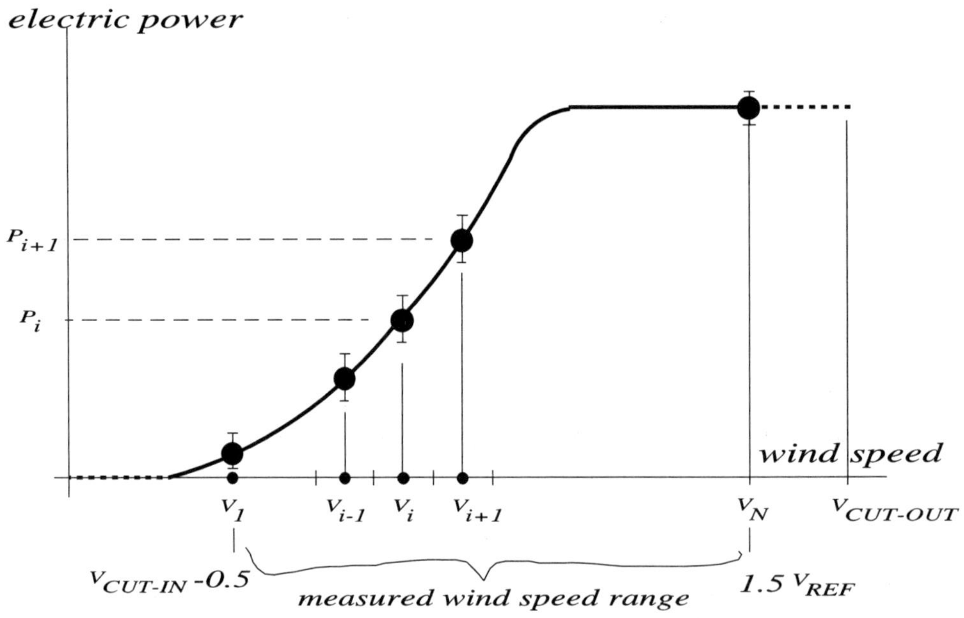

그림 6.15 'AEP-measured'와 'AEP-extrapolated'

의 같을 것이다.

그러나 평균 풍속이 커질수록, $1.5v_{ref}$ 이상 속도의 바람이 불 확률이 점점 더 커지므로, $'AEP-measured'$의 값은 $'AEP-extrapolated'$ 방식으로 계산한 값보다 작게 된다 (표 6.3을 참조하라). $'AEP-measured'$의 값이 $'AEP-extrapolated'$ 값의 95% 보다 작게 되는 경우의 $'AEP-measured'$의 값은 $'\in complete'$라고 표기해야 한다. 각 평균 풍속에 대한 AEP 산출에 있어서의 불확실성 정도는 IEC 61400-121의 annex D의 절차로 분석되어야 하고, 표 6.3처럼 AEP 값들과 함께 보고되어야 한다.

6.4.4 출력 파워 계수(power coefficient) 산출

식 (6-21)로 결정되는 출력 파워 계수(power coefficient)도 성능 시험평가 보고서에 포함시켜야 한다.

$$C_{P_i} = \frac{P_i}{\left(\frac{1}{2}\rho_o \pi R^2 v_i^3\right)} \tag{6-21}$$

여기서,

$C_{P_I}=$ i-번째 풍속 칸(wind speed bin)에 대한 출력 파워 계수

$v_i=$ i-번째 풍속 칸에 속해 있는 풍속 데이터들의 평균 풍속

$P_i=$ i-번째 풍속 칸에 속해 있는 풍력 터빈 파워 출력 데이터들의 평균

$R=$ 풍력 터빈 로터의 회전 반경

ρ_0 =ISO 표준 대기밀도(sea level, dry air at $15^o C$ $1013hPa$), = $1.225\ kg/m^3$

6.5 풍력 터빈 출력성능 시험 평가 보고서 양식

성능 시험의 결과는 다음의 양식으로 보고되어야 한다.

6.5.1 시험평가 대상 풍력 터빈 사양

시험 평가되는 풍력 터빈 형상(configuration)에 대한 다음과 정보들이 수록되어야 한다.

- 풍력 터빈 제작회사, 형식(type), 일련 번호(serial number), 제작 년도
- 로터 지름 (로터 지름 측정방법)
- 로터 회전속도 또는 범위

- 정격 파워출력(rated power)과 정격출력에서의 풍속(rated wind speed)
- 블레이드 데이터(제작사, 형식(type), 일련 번호, 제작년도), 블레이드 수, 고정 또는 가변 피치, 피치각
- 허브 높이와 타워 형식(type)
- 풍력 터빈 제어 시스템에 대한 설명(device & s/w version)
- 전력계통 연결(grid connection)에 대한 설명, 사용된 파워 미터에 대한 설명

6.5.2 시험 단지(test site)에 대한 설명

- 풍력 터빈 허브 높이에서 찍은 모든 측정영역이 잡힌 사진
- 최소한 풍력 터빈 로터 지름의 20배 이상의 영역을 커버하는 시험단지 지도(test site map). 또한, 이 지도에는 풍력 터빈의 위치/지형/계측 타워(met mast)/주요 장해 건물, 측정 영역 등이 표시되어야 한다.
- 시험 단지(test site)의 적합성 분석 결과

6.5.3 측정 장비(test equipment)에 대한 설명

- 사용된 모든 센서들과 데이터 수집 장치(data acquisition system, DAS)에 대한 설명. 특히, 사용된 센서, DAS, 그리고 연결 전선이 모두 포함된 시스템에 대한 교정(calibration) 결과.
- Annex G의 요구조건과 비교하여, 컵 풍속계가 실제로 계측타워에 설치된 방법에 대한 설명
- 계측 타워 형상과 장착된 센서의 위치에 대한 수치를 담은 간략한 개략도
- 시험평가 기간 중 컵 풍속계의 교정(calibration)을 어떤 방법으로 유지 했는가에 대한 설명과 기록.

6.5.4 측정 절차(measurement procedure)에 대한 설명

- 측정 절차, 시험조건, 샘플링 주파수(sampling rate), 측정 기간 등을 명시한 기록
- 성능 시험 평가 기간 중 수행되었던 유지보수나 블레이드 관리 (blade washing)와 같은 특별한 작업에 대한 기록.
- 앞서 명시된 데이터 제거(data rejection) 조건 외에 추가적으로 적용한 규정이 있다면, 이를 보고서에 기록.

6.5.5 측정된 데이터의 보고(presentation of measured data)

보고되는 모든 데이터는 테이블과 그래프 형식을 적절히 사용하여 보고해야 한다.

- 그림 6.16과 같이 풍속의 함수로 풍력 터빈 출력 파워의 평균, 표준편차, 최대, 최소를 나타내는 산점도(scatter plot) (반드시 샘플링 주파수 명시)
- 풍향에 따라 변하는 풍속과 난류강도의 크기를 그린 산점도.
- 풍속 변화에 따른 난류강도의 크기를 그린 산점도. 각 풍향 칸에서의 난류강도의 평균 값 명시.
- 특별한 운전 조건이나 기후 조건에서 측정된 성능 관련 데이터 베이스도 위의 형식으로 보고서에 기재.
- 만약 로터 회전속도와 피치각이 측정되었다면, 풍속의 함수로 각 칸(bin)에 저장된 이들의 값에 대한 산점도와 이 값들을 표시한 테이블.
- 풍력 터빈 작동 상태 신호들에 대한 정의와 측정기간 중 이 값들의 변화를 기록한 그림.

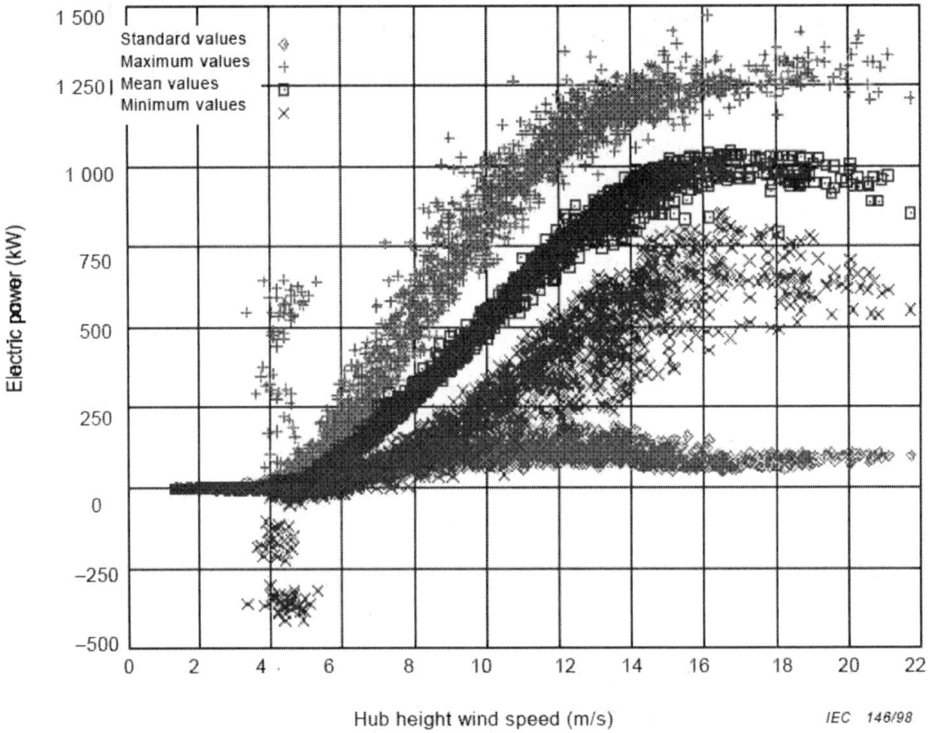

그림 6.16 풍력 터빈 파워 성능 측정 데이터의 산점도(scattered plot)

6.5.6 측정된 (표준화) 파워 커브의 보고 (presentation of measured power curve)

■ 파워 커브는 표 6.2처럼 보고되어야 한다. 각 풍속 칸 (wind speed bin)에 대하여, 다음 항목들을 테이블에 포함시켜야 한다.

- 표준화된 평균 풍속(normalized and averaged wind speed)
- 표준화된 평균 파워 출력(normalized/ averaged power output)

표 6.2 측정된 파워 커브(measured power curve)의 테이블 보고 양식

Measured power curve Reference air density 1,225 kg/m³					Category A uncertainty	Category B uncertainty	Combined uncertainty
Bin No. i	Hub height wind speed V_i m/s	Power output P_i kW	No. of data sets N_i 10 min average	Calculated Cp	Standard uncertainty s_i kW	Standard uncertainty u_i kW	Standard uncertainty $u_{c,i}$ kW
1	1,59	−0,85	8		0,00	6,31	6,31
2	2,02	−0,74	15		0,08	6,30	6,30
3	2,51	−0,81	18		0,05	6,30	6,30
4	3,04	−0,50	22		0,09	6,30	6,30
5	3,53	−0,67	27		0,10	6,30	6,30
6	4,04	0,16	41		0,67	6,31	6,35
7	4,55	7,32	55		1,02	7,21	7,28
8	4,99	25,90	61		1,22	12,45	12,51
9	5,54	61,43	54		1,98	18,40	18,50
10	6,00	93,26	95		1,51	20,13	20,19
11	6,47	129,8	90		1,87	23,71	23,78
12	6,97	174,5	81		2,55	27,32	27,44
13	7,53	231,8	68		2,91	33,10	33,23
14	8,02	283,6	61		2,79	34,56	34,67
15	8,52	339,6	73		3,56	39,19	39,35
16	9,00	387,2	69		3,36	35,38	35,54
17	9,51	446,0	69		2,91	42,88	42,98
18	9,99	504,4	81		2,58	46,23	46,30
19	10,50	565,2	79		2,86	47,72	47,80

- 각 풍속 칸에 있는 데이터 수(number of data sets)
- 산출된 출력 파워 계수(calculated C_P values)
- A-형 불확실성(standard uncertainties of category A)
- B-형 불확실성(standard uncertainties of category B)
- 최종 불확실성(combined standard uncertainties)

■ 파워 커브는 그림 6.17의 그래프처럼 보고되어야 한다. 그래프는 표준화된 평균 풍속의 함수로 다음을 나타내야 한다.

- 표준화된 평균 파워 출력(normalized and averaged power output)
- 최종 불확실성(combined standard uncertainties)

■ C_P도 비슷한 형식으로 보고되어야 한다.

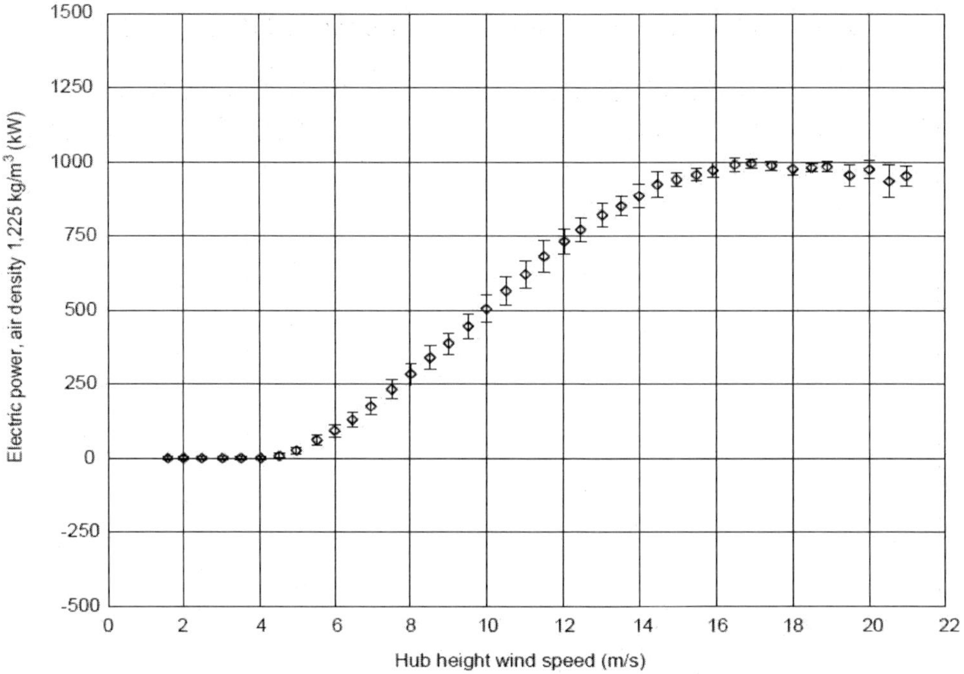

그림 6.17 측정된 파워 커브 (measured power curve)

- 그래프나 테이블에 표준화시 사용된 표준 대기밀도 값($1.225 kg/m^3$)을 명시.
- 성능 시험평가 기간 중 차단 풍속(cut-out wind speed)에 도달한 바람이 불었을 때, cut-out hysteresis에 의해 영향을 받은 파워 커브(power curve)나 C_P 커브들은 위에서 규정한 양식으로 보고되어야 한다.

6.5.7 시험 단지의 대기밀도에 의한 파워 커브 (power curve)의 보고

만약 시험단지의 대기밀도가 표준 대기밀도인 $1.225kg/m^3$와 $\pm 0.05kg/m^3$ 이상 차이가 있으면, 단지 대기밀도를 기준으로 구한 파워 커브를 보조적 개념으로 보고할 수 있다. 그러나, 모든 데이터는 단지의 특정 대기 밀도 값으로 표준화시킨 것들이 사용되어야 하고, 특별한 대기밀도 조건이라는 것을 파워 커브에 명시해야 한다.

6.5.8 특별한 조건에서 측정된 파워 커브의 보고

특별한 운전 조건이나 기후조건에서 수집되어 산출된 파워 커브는 그래프나 테이블로 보고될 수 있으나, 해수면 대기밀도(sea level air density)로 표준화되어야 하고, 반드시 특별 조건에 대한 파워 커브라고 표시해야 한다.

6.5.9 산출된 AEP의 보고

- 허브 높이에서의 연간 평균 풍속($\overline{v}=$ 4, 5, 6, 7, 8, 9, 10, 그리고 11 m/s), 각각에 대하여 다음의 데이터가 표 6.3과 같이 정리되어야 한다.
  - AEP measured
  - standard uncertainty of AEP measured (see annex D and E)
  - AEP extrapolated
- AEP 테이블은 표준 대기밀도 값, $1.225kg/m^3$과 차단 풍속(cut-out speed) 값을 명시해야 한다.

표 6.3 산출된 AEP의 보고 양식

Estimated annual energy production Reference air density: 1,225 kg/m³ Cut-out wind speed: 25 m/s (extrapolation by constant power from last bin)				
Hub height annual average wind speed (Rayleigh) m/s	*AEP*-measured (measured power curve) MWh	Standard uncertainty in *AEP* MWh	% 	*AEP*-extrapolated (extrapolated power curve) MWh
4	412	111	27 %	412
5	911	154	17 %	911
6	1 536	191	12 %	1 536
7	2 207	219	10 %	2 214
8	2 847	236	8 %	2 880
9	3 395	245	7 %	3 487
10	3 812	248	6 %	4 001
11	4 092 incomplete	245	6 %	4 403

Note: The uncertainty figures in the above table are based on a coverage factor of 1.

- ‘AEP-measured’의 값이 ‘AEP-extrapolated’ 값의 95 %보다 작게 되는 경우, ‘AEP-measured’는 “incomplete"라고 표기한다.
- 성능 시험평가 기간 중 차단 풍속에 도달한 바람이 불었을 때, cut-out hysteresis, 그리고 산출된 AEP는 표 6.3과 같이 표로 추가적으로 보고될 수 있다.

6.5.10 시험 단지의 대기밀도에 의한 AEP의 보고

만약 시험단지의 대기밀도가 표준 대기밀도인 $1.225 kg/m^3$와 $\pm 0.05 kg/m^3$ 이상 차이가 있으면, 단지 대기밀도를 기준으로 산출한 AEP를 보조적 개념으로 보고할 수 있다.

그러나 모든 데이터는 단지의 특정 대기 밀도 값으로 표준화시킨 것들이 사용되어야 하고, 특별한 대기밀도 조건이라는 것을 AEP 결과에 명시해야 한다.

6.5.11 출력 파워 계수(power coefficient)의 보고

풍속의 함수로 표시된 측정된 출력 파워 계수를 테이블과 그래프 형식으로 보고해야 한다. 단, 로터의 회전 영역(swept area)을 명시해야 한다.

6.5.12 단지 교정(site calibration) 결과의 보고

- 단지 교정이 수행되었다면, 그 결과는 테이블과 그래프 형식으로 보고되어야 한다.
- 테이블로 보고하는 양식에 있어서, 각 풍향 칸(wind direction bin)에 대하여 다음 항목들이 테이블로 정리되어야 한다.

  - minimum and maximum wind direction limits
  - the bin-averaged wind direction
  - the bin-averaged ratio of wind speeds
  - number of data sets
  - number of data sets for each wind direction bin
  - combined standard uncertainty of wind speed ratio for 6, 10, & 14m/s

- 그래프로 보고하는 양식은 다음의 사항을 포함하여야 한다.

  - the bin-averaged ratio of wind speeds with standard deviation versus wind direction

6.5.13 측정시 불확실성(uncertainty of measurements) 의 보고

불확실한 요소에 대하여 가정한 불확실성들은 모두 보고되어야 한다.

6.5.14 성능 시험평가에서 특별하게 고려된 사항들에 대한 보고

IEC 61400-121에서 규정한 성능 시험평가에 대한 세부 규정을 따르지 않고 새롭게 적용한 방법들은 새로운 장(chapter)을 만들어, 그 기술적인 내용과 시험(test) 결과에 미치는 영향들을 분석하여 보고하여야 한다.

6.6 불확실성 해석 (uncertainty analysis)

풍력 터빈 성능시험 관련 데이터는 그 신뢰도를 표시하기 위하여, 그 데이터의 불확실성(uncertainty) 정도를 적절하게 결정하고, 이를 보고서에 포함시켜야 한다. 불확실성은 산출 오차의 표준편차를 뜻하며, 'standard uncertainty'라 부른다. 불확실성은 다음의 두 가지 종류로 대별된다.

- A-형 불확실성 (category A uncertainty): 측정된 데이터로부터 'standard uncertainty'가 결정되는 경우, 즉 측정된 데이터의 통계학적 표준편차.
- B-형 불확실성 (category B uncertainty): 센서 제조회사의 사양서로부터 결정될 수 있는 센서 출력의 불확실성.

풍력 터빈 성능시험 데이터의 불확실성 해석에서 고려되어야 할 최소한의 요소들을 표 6.4에 정리하였다. 풍력 터빈 성능시험에서는 2개의 량, 즉 파워 커브와 AEP가 측정

표 6.4 풍력 터빈 성능시험 데이터의 불확실성 해석에서 고려되어야 할 최소한의 요소

Measured parameter	Uncertainty component	Uncertainty category
Electric power	Current transformers	B
	Voltage transformers	B
	Power transducer or power measurement device	B
	Data acquisition system (see below)	B
	Variability of electric power	A
Wind speed	Anemometer calibration	B
	Operational characteristics	B
	Mounting effects	B
	Data acquisition system (see below)	B
	Flow distortion due to terrain	B
Air temperature	Temperature sensor	B
	Radiation shielding	B
	Mounting effects	B
	Data acquisition system (see below)	B
Air pressure	Pressure sensor	B
	Mounting effects	B
	Data acquisition system (see below)	B
Data acquisition system	Signal transmission	B
	System accuracy	B
	Signal conditioning	B

된 데이터로부터 산출된다. 이제 위의 두 량에 대한 불확실성을 어떻게 결정하는 지 살펴보자. 여기서는, 불확실성 해석의 이해를 위한 기초적인 개념을 정리하는 것에 목표를 둔다. 이것이 모두 이해된다면, IEC-61400-121의 annex D와 annex E에 정리된 내용을 모두 이해할 수 있을 것이다.

6.6.1 불확실성 해석의 기초

풍력 터빈 성능 시험에서 산출되는 표준화된 파워(normalized power), P_n는 전력 센서, 온도 센서, 압력 센서, 그리고 풍속 센서의 값들을 사용하여 그 값이 결정된다. 식 (6-5)과 (6-7)을 살펴보면, P_n을 산출하기 위하여 전력 센서, 온도 센서, 그리고 압력 센서의 값들이 사용된다는 것을 알 수 있을 것이다. 한편, 풍력 터빈 성능 시험에서는 풍속을 기준으로 'method of bins'를 사용하므로, 풍속 센서의 값들도 파워 커브 산출에 영향을 미치게 된다. 이제, 어떤 량(y)이 3개의 센서 데이터의 값들(x_1, x_2, x_3)을 기반으로 그 값이 결정 된다고 가정해 보자. 즉,

$$y = f(x_1, x_2, x_3) \tag{6-22}$$

만약 센서의 성능이 완벽하다면 (즉, 이상적인 센서), 이에 의하여 결정되는 y의 값은 아주 정확한 값이 될 것이다. 그러나 센서는 항상 측정 오차를 갖게 된다. 이 오차를 δx_i로 표기한다면, 센서의 오차가 고려된 식 (6-22)는 (6-23)으로 표현 가능하다.

$$\begin{aligned} y_0 + \delta y &= f(x_{1o} + \delta x_1, x_{2o} + \delta x_2, x_{3o} + \delta x_3) \\ &\simeq f(x_{1o}, x_{2o}, x_{3o}) + \left.\frac{\partial f}{\partial x_1}\right|_o \delta x_1 + \left.\frac{\partial f}{\partial x_2}\right|_o \delta x_2 + \left.\frac{\partial f}{\partial x_3}\right|_o \delta x_3 \end{aligned} \tag{6-23}$$

여기서,

x_{1o}, x_{2o}, x_{3o} 이상적인 센서의 출력 값

$y_o =$ 이상적인 센서 조건에서 얻은 y의 값 $(= f(x_{1o}, x_{2o}, x_{3o}))$

위 식에서 δy는 센서 정보 x_1, x_2, x_3로부터 산출된 y의 오차를 뜻한다. 산출 오차 δy의 분산(variance)은 식 (6-24)로 결정된다.

$$E\{(y - y_o)^2\} = E\{(\delta y)^2\} = E\left\{\left(\left.\frac{\partial f}{\partial x_1}\right|_o \delta x_1 + \left.\frac{\partial f}{\partial x_2}\right|_o \delta x_2 + \left.\frac{\partial f}{\partial x_3}\right|_o \delta x_3\right)^2\right\} \tag{6-24}$$

여기서,

$$E\{\bullet\} = \text{변수 } \bullet \text{의 평균}$$

위 식을 더 정리하기 전에 몇 가지 파라미터들을 정리해 보자. 먼저 센서의 출력 x_i이 y값 산출에 얼마나 민감하게 영향을 미치는 가를 나타내는 센서의 민감도 c_i는 식 (6-25)로 정의된다.

$$c_i = \left.\frac{\partial f}{\partial x_i}\right|_o = \left.\frac{\partial y}{\partial x_i}\right|_o \tag{6-25}$$

두 변수, x_1과 x_2 사이의 관계가 얼마나 선형적인 가를 나타내는 파라미터를 상관계수, $\rho_{x_1x_2}$(correlation coefficient)라 부르며, 식 (6-26)과 같이 정의된다.

$$\rho_{x_1x_2} = \frac{cov(x_1, x_2)}{\sigma_{x_1}\sigma_{x_2}} = \frac{E\{(x_1-\overline{x_1})(x_2-\overline{x_2})\}}{\sigma_{x_1}\sigma_{x_2}} \tag{6-26}$$

여기서,

$\sigma_{x_i} = \sqrt{E\{(x_i-\overline{x_i})^2\}}$ = x_i의 표준편차(standard deviation)

$\overline{x_i} = x_i$ 의 평균

상관계수는 $-1 \le \rho_{x_1x_2} \le 1$의 값을 갖는데, $\rho_{x_1x_2}$ 절대 값의 크기가 1에 가까울수록 두 변수 사이의 관계는 선형 의존적이며, 0에 가깝다면 서로 무관한 선형 독립적인 관계가 된다. 이제 식 (6-24)을 더 정리하여 보자.

$$\begin{aligned}E\{(y-y_o)^2\} &= E\{(\delta y)^2\} = E\{(c_1\delta x_1 + c_2\delta x_2 + c_3\delta x_3)^2\} \\ &= c_1c_1E\{\delta x_1\delta x_1\} + c_1c_2E\{\delta x_1\delta x_2\} + c_1c_3E\{\delta x_1\delta x_3\} \\ &\quad + c_2c_1E\{\delta x_2\delta x_1\} + c_2c_2E\{\delta x_2\delta x_2\} + c_2c_3E\{\delta x_2\delta x_3\} \\ &\quad + c_3c_1E\{\delta x_3\delta x_1\} + c_3c_2E\{\delta x_3\delta x_2\} + c_3c_3E\{\delta x_3\delta x_3\} \\ &= \sum_{k=1}^{3}\sum_{l=1}^{3} c_kc_l\rho_{kl}\sigma_k\sigma_l\end{aligned} \tag{6-27}$$

여기서,

$$\rho_{kl}=\frac{cov(\delta x_k,\delta x_l)}{\sigma_k\sigma_l}=\frac{E\{(\delta x_k-\overline{\delta x_k})(\delta x_l-\overline{\delta x_l})\}}{\sigma_k\sigma_l}=\frac{E\{\delta x_k\delta x_l\}}{\sigma_k\sigma_l}$$

$$\overline{\delta x_k}=E\{\delta x_k\}=0$$

$$\sigma_k=\sqrt{E\{(\delta x_k)^2\}}$$

$$c_1c_2E\{\delta x_1\delta x_2\}=c_1c_2\frac{E\{\delta x_1\delta x_2\}}{\sigma_1\sigma_2}\sigma_1\sigma_2=c_1c_2\rho_{12}\sigma_1\sigma_2$$

앞서도 언급되었지만, 불확실성의 크기는 산출 오차의 표준편차로 나타낸다. 식 (6-27)은 센서 측정의 오차(δx_i)로 인한 y 산출 오차의 분산을 뜻하며, 이를 다시 쓰면 식(6-28)이 된다.

$$u_y^2=\sum_{k=1}^{3}\sum_{l=1}^{3}c_kc_l\rho_{kl}u_ku_l \tag{6-28}$$

여기서,

$$u_y^2=E\{(\delta y)^2\},\quad u_k=\sqrt{E\{(\delta x_k)^2\}}$$

종류가 서로 다른 센서들 간의 측정 오차는 서로 관련이 없다. 예를 들어, 압력 센서의 측정 오차와 온도 센서의 측정 오차는 서로 무관하다. 즉, 두 측정 신호간의 상관계수는 0 ($\rho_{kl}=0$)이다. 이제 위와 같은 (매우 실질적인) 가정이 성립하면, 식 (6-28)은 훨씬 간략한 형태로 표현 가능하다.

$$u_y^2=\sum_{k=1}^{3}c_k^2u_k^2 \tag{6-29}$$

6.6.2 i-번째 풍속 칸에 저장된 풍력 터빈 파워 산출량의 불확실성

i-번째 풍속 칸에는 (실속 제어 풍력 터빈이냐, 또는 피치 제어 풍력 터빈이냐에 따라) 표준화된 풍력 터빈 파워 측정값과 풍속 측정값, 또는 풍력 터빈 파워 측정값과 표준화된 풍속 측정값들이 N_i개씩 존재한다(식 (6-7) 또는 식 (6-8)). 따라서 i-번째 풍속 칸에 저장된 데이터들은 파워 센서, 풍속 센서, 온도 센서, 그리고 압력 센서에 의하여 결정된다. 즉, i-번째 풍속 칸의 j-번째 풍력 터빈 파워 출력 산출값, $P_{j,i}$은 식 (6-30)과 같은 관계를 갖는다.

$$P_{j,i} = f(P,\ T, B, v) = f(x_1, x_2, x_3, x_4) \tag{6-30}$$

여기서,

$$P = x_1 = \text{풍력 터빈 파워 센서 출력}$$
$$T = x_2 = \text{온도 센서 출력}$$
$$B = x_3 = \text{대기 압력 센서 출력}$$
$$v = x_4 = \text{풍속 센서 출력}$$

i-번째 풍속 칸의 풍력 터빈 파워 출력의 대표 값은 식 (6-10)에 의하여 결정되는 평균값인 P_i이다(표 6.2 참조). 이제 이 대표값 P_i의 불확실성의 크기를 구하여 보자. 식 (6-30)을 살펴볼 때, P_i에 상응하는 식 (6-31)을 가정할 수 있다.

$$P_i = \overline{P}_{n,j,i} = f(x_{1o}, x_{2o}, x_{3o}, x_{4o}) \tag{6-31}$$

여기서, x_{io}는 풍력 터빈 파워 산출값이 P_i일 때, $i-$센서의 출력 값을 뜻한다.

식 (6-23)과 유사하게, 식 (6-32)를 유도할 수 있다.

$$\begin{aligned} P_{n,j,i} - P_i &\simeq \left.\frac{\partial f}{\partial x_1}\right|_o (x_1 - x_{1o}) + \left.\frac{\partial f}{\partial x_2}\right|_o (x_2 - x_{2o}) + \left.\frac{\partial f}{\partial x_3}\right|_o (x_3 - x_{3o}) + \left.\frac{\partial f}{\partial x_4}\right|_o (x_4 - \overline{x_4}) \\ &= c_1 \delta x_1 + c_2 \delta x_2 + c_3 \delta x_3 + c_4 \delta x_4 \end{aligned} \tag{6-32}$$

이제 i-번째 풍속 칸에 대한 풍력 터빈 파워 대표값인 P_i의 불확실성 크기는 센서의 측정 오차만을 고려하는 식 (6-28)에 통계학적 데이터 처리에 기인한 A-형 불확실성을 추가하여야 한다. 한편, A-형 불확실성과 B-형 불확실성은 서로 무관하다고, 즉 독립적이라고 가정할 수 있으므로, 식 (6-33)이 성립한다.

$$u_{c,i}^2 = s_i^2 + \sum_{k=1}^{4} c_{k,i}^2 u_{k,i}^2 = s_{P,i}^2 + u_{P,i}^2 + c_{T,i} u_{T,i}^2 + c_{B,i} u_{B,i}^2 + c_{v,i} u_{v,i}^2 = s_i^2 + u_i^2 \quad (6\text{-}33)$$

여기서,

$u_{c,i} =$ i-번째 풍속 칸 파워의 총 불확실성(combined uncertainty)

$s_i =$ i- 번째 풍속 칸의 A-형 총 불확실성(combined uncertainty)

$u_i =$ i-번째 풍속 칸의 B-형 총 불확실성(combined uncertainty)

$$s_{P,i} = \frac{\sum_{j=1}^{N_i} (P_{n,j,i} - P_i)^2}{N_i - 1} =$$ i-번째 풍속 칸 파워 P_i의 분산(variance)

6.6.3 AEP 산출량의 불확실성

위의 논의를 확장하면 AEP 산출량에 대한 불확실성도 정량화할 수 있다. AEP를 산출하는 식 (6-20)을 보면, P_i 산출에 연관된 인자들 외에 또 다른 독립인자인 $F(v_i) - F(v_{i-1})$가 추가되었다는 것과 i-번째 풍속 칸만을 고려하는 P_i 산출과는 다르게 전체 풍속 칸에 대한 효과를 모두 고려해야 된다는 것을 알 수 있다. 식 (6-20)과 (6-30)을 고려하면, *AEP*는 식 (6-34)로 쓸 수 있다.

$$AEP = f(P, T, B, v, \phi) = f(x_1, x_2, x_3, x_4, x_5) = \sum_{i=1}^{N} AEP_i \quad (6\text{-}34)$$

여기서,

$P_i =$ i-번째 풍속 칸의 대표 파워 값

$\phi_i = F(v_i) - F(v_{i-1}) =$ 년중 풍속이 v_{i-1}에서 v_i사이로 불 확률

산출된 AEP를 $\overline{AEP}$로 표기하고 식 (6-28)을 고려할 때, AEP 산출 오차의 분산은 식 (6-35)로 쓸 수 있다.

$$
\begin{aligned}
&E\{(AEP - \overline{AEP})^2\} = E\{(AEP_1 - \overline{AEP_1}) + (AEP_2 - \overline{AEP_2}) + \cdots + (AEP_N - \overline{AEP_N})^2\} \\
&= E\{(AEP_1 - \overline{AEP_1})(AEP_1 - \overline{AEP_1})\} + \cdots + E\{(AEP_1 - \overline{AEP_1})(AEP_N - \overline{AEP_N})\} \\
&+ E\{(AEP_2 - \overline{AEP_2})(AEP_1 - \overline{AEP_1})\} + \cdots + E\{(AEP_2 - \overline{AEP_2})(AEP_N - \overline{AEP_N})\} \\
&+ \cdots \\
&+ E\{(AEP_N - \overline{AEP_N})(AEP_1 - \overline{AEP_1})\} + \cdots + E\{(AEP_N - \overline{AEP_N})(AEP_N - \overline{AEP_N})\}
\end{aligned}
\tag{6-35}
$$

식 (6-28)에 상응하는 AEP의 총 불확실성(combined uncertainty of AEP)은 식 (6-36)과 같다.

$$
u_{AEP}^2 = 8760^2 \sum_{i=1}^{N} \sum_{j=1}^{N} \sum_{k=1}^{M} \sum_{l=1}^{M} \phi_i c_{k,i} u_{k,i} \phi_j c_{l,j} u_{l,j} \rho_{k,l,i,j} \tag{6-36}
$$

여기서,

$M =$ 각 풍속 칸에 있는 불확실성 요소의 총 개수

$c_{k,i} = \left.\dfrac{\partial f}{\partial x_k}\right|_{o,i} =$ i-번째 풍속 칸 k-센서의 민감도

$u_{k,i} =$ i-번째 풍속 칸 k-센서의 불확실성

$\rho_{k,l,i,j} =$ i-번째 풍속 칸 k-센서 출력과 j-번째 풍속 칸 l-센서 출력간 상관계수

이제 다음과 같은 가정을 사용하여, 식 (6-36)을 쓸모 있는 유용한 식으로 바꾸어 보자.

- A-형 불확실성 요소들은 자체적인 통계 특성이므로 서로 무관하며, B-형 불확실성 요소와도 관련이 없다.
- 전과 마찬가지로, B-형 불확실성 요소들은 서로 무관하다. 단, 서로 다른 풍속 칸에 대하여 정의된 B-형 불확실성 요소끼리는 동일한 센서의 출력이므로, 그 상관계수를 1로 가정한다.

위의 첫 번째 가정이 성립하면, A-형과 B-형 불확실성은 서로 분리가 가능하므로, 식 (6-36)은 식 (6-37)과 같이 간략화 된다.

$$u_{AEP}^2 = 8760^2 \sum_{i=1}^{N} \phi_i^2 \sum_{k=1}^{M_A} c_{k,i}^2 s_{k,i}^2 + 8760^2 \sum_{k=1}^{M_B} \left(\sum_{i=1}^{N} \phi_i c_{k,i} u_{k,i} \right)^2 \tag{6-37}$$

여기서,

M_A = 각 풍속 칸에 있는 A-형 불확실성 요소의 총 개수

M_B = 각 풍속 칸에 있는 B-형 불확실성 요소의 총 개수

식 (6-37)의 두 번째 항은 B-형 불확실성 요소들에 의한 기여를 나타낸다. N개의 풍속 칸에 걸쳐 있는 임의의 B-형 불확실성 요소에 대하여, 서로 다른 풍속 칸 효과까지 모두 고려한 것이 이 식의 두 번째 항의 소괄호 값의 제곱이다. M_B개의 B-형 불확실성 요소들이 있으므로, 이를 모두 고려하면, 즉 모두 합치면, B-형 요소에 불확실성을 위 식의 두 번째 항처럼 구할 수 있다. 그러나 식 (6-37)은 사용하기에 아직도 불편한 식이다. 이 식이 식 (6-38)과 같이 변환될 수 있다면, 훨씬 쓸모 있는 식이 된다.

$$\begin{aligned} u_{AEP}^2 &= 8760^2 \sum_{i=1}^{N} \phi_i^2 \sum_{k=1}^{M_A} c_{k,i}^2 s_{k,i}^2 + 8760^2 \left(\sum_{i=1}^{N} \phi_i \sqrt{\sum_{k=1}^{M_B} c_{k,i}^2 u_{k,i}^2} \right)^2 \\ &= 8760^2 \sum_{i=1}^{N} \phi_i^2 \sum_{k=1}^{M_A} c_{k,i}^2 s_{k,i}^2 + 8760^2 \left(\sum_{i=1}^{N} \phi_i u_i \right)^2 \end{aligned} \tag{6-38}$$

여기서,

$$u_i^2 = \sum_{k=1}^{M_B} c_{k,i}^2 u_{k,i}^2 = u_{P,i}^2 + c_{T,i} u_{T,i}^2 + c_{B,i} u_{B,i}^2 + c_{v,i} u_{v,i}^2$$

u_i =B-형 불확실성 요소에 의한 i-번째 풍속 칸의 불확실성

위 식은 B-형 불확실성 요소들에 의한 각 풍속 칸의 불확실성 크기를 먼저 구하고, 이를 모두 더한 식이다. 이 식은 앞서 다루었던 파워 커브 산출에서의 불확실성을 구하는

식 (6-33)을 그대로 이용한다는 장점이 있다. 참고로 식 (6-38)에 의한 u_{AEP} 값은 식 (6-37)을 사용하여 구한 u_{AEP} 값보다 항상 같던지 크게 된다는 사실을 잊지 말자.

표 6.5의 테이블은 풍력 터빈 파워 성능 시험에 사용되는 A-형 그리고 B-형 불확실성 요소들을 분류해 놓은 것이다. 예를 들어, i-번째 풍속 칸의 풍속 데이터에 대한 불확실성을 산출하려면, 풍속계 자체 특성($u_{v_1,i}$), 풍속계 보정(calibration) 오차($u_{v_2,i}$), 풍속계 장착에 따른 오차 ($u_{v_3,i}$), 그리고 단지 교정(site calibration)에 수행되었다면, 풍속 교정 계수(flow distortion correction factor) 산출에 따른 오차($u_{v_4,i}$)를 모두 고려해야 한다. 즉,

$$u_{v,i}^2 = u_{v_1,i}^2 + u_{v_2,i}^2 + u_{v_3,i}^2 + u_{v_4,i}^2 \tag{6-39}$$

표 6.5 풍력 터빈 파워 커브 및 AEP 산출에 사용되는 A-형과 B-형 불확실성 요소들의 분류

Category B: Instruments	Note	Standard	Uncertainty	Sensitivity
Power output			$u_{P,i}$	$c_{P,i} = 1$
Current transformers *	a	IEC 60044-1	$u_{P1,i}$	
Voltage transformers *	a	IEC 60186	$u_{P2,i}$	
Power transducer or *	a	IEC 60688	$u_{P3,i}$	
Power measurement device *	c		$u_{P4,i}$	
Wind speed			$u_{V,i}$	$c_{V,i} \approx \frac{P_i - P_{i-1}}{V_i - V_{i-1}}$
Anemometer *	b		$u_{V1,i}$	
Operational characteristics *	cd		$u_{V2,i}$	
Mounting effects *	c		$u_{V3,i}$	
Air density				
Temperature			$u_{T,i}$	$c_{T,i} \approx \frac{P_i}{288{,}15\ \mathrm{K}}$
Temperature sensor *	a		$u_{T1,i}$	
Radiation shielding *	cd		$u_{T2,i}$	
Mounting effects *			$u_{T3,i}$	
Air pressure		ISO 2533	$u_{B,i}$	$c_{B,i} \approx \frac{P_i}{1013\ \mathrm{hPa}}$
Pressure sensor *	a		$u_{B1,i}$	
Mounting effects *	c		$u_{B2,i}$	

Data acquisition system Signal transmission * System accuracy * Signal conditioning *	 b cd		$u_{d,i}$ $u_{d1,i}$ $u_{d2,i}$ $u_{d3,i}$	Sensitivity factor is derived from actual uncertainty parameter
Category B: Terrain				
Flow distortion due to terrain *	bc		$u_{V4,i}$	$c_{V,i}$ (see above)
Category B: Method				
Method Air density correction	 cd		$u_{m,i}$ $u_{m1,i}$	 $c_{T,i}$ and $c_{B,i}$
Category A: Statistical				
Electric power * **Climatic variations**	e e		$s_{P,i}$ s_w	$c_{P,i}$ = 1 ---
* parameter required for the uncertainty analysis				
NOTE – Identification of uncertainties: a = reference to standard b = calibration c = other "objective" method d = "guestimate" e = statistics				

표 6.5의 테이블을 참조하면, 식 (6-38)의 AEP 산출식은 식 (6-40)같이 정리된다.

$$u_{AEP}^2 = 8760^2\left(\sum_{i=1}^{N}\phi_i^2 s_{P,i}^2 + s_w^2 + \left(\sum_{i=1}^{N}\phi_i\sqrt{u_{P,i}^2 + c_{v,i}^2 u_{v,i}^2 + c_{T,i}^2 u_{T,i}^2 + c_{B,i}^2 u_{B,i}^2 + c_{m,i}^2 u_{m,i}^2}\right)^2\right) \tag{6-40}$$

식 (6.40)은 다음과 같은 과정을 거쳐 정리된 것이다.

- 표 6.5에 명시된 data acquisition system에 대한 효과는 각 센서의 불확실성으로 흡수하였다.
- 식 (6-40)에서 s_w은 기후 변화(climate variation)에 따른 A-형 불확실성을 나타낸다.
- 식 (6-40)에서 $u_{m,i}$은 대기 밀도 산출 시에 발생되는 B-형 불확실성을 나타낸다.

지금까지 풍력 터빈 파워 성능 시험 결과와 관련된 불확실성(uncertainty)에 대하여 논의하였다. 위에서 논의된 내용을 바탕으로 IEC-61400-121를 참조하기 바란다. 풍력 터빈 파워 성능 시험 결과인 표 6.2와 6.3에서 불확실성 해석의 결과를 어떻게 보고(reporting)하는 지 살펴보라.

참고문헌

[1] http://www.revermont.org/grandpa_knob.pdf.

[2] http://www.windpower.org/en/pictures/juul.htm, History of wind energy, Danish Wind Industry Association.

[3] H. Stiesdal, "The Wind Turbine Components and Operation," Bonus Energy A/S, pp. 1-24, 1999.

[4] EWEA, "Wind energy The Facts An analysis of wind energy in the EU-25, Executive Summary,"2004 Ed.

[5] http://www.multibrid.com.

[6] E. Hau, *Wind Turbines, Fundamentals, Technologies, Applications, Economics*, Springer, 2nd Ed., 2006.

[7] T. Burton, D. Sharpe, N. Jenkins, E. Bossanyi, *Wind Energy Handbook*, John Wiley & Sons, 2001.

[8] van der Hoven, "Power Spectrum of Horizontal Wind Speed Spectrum in the Frequency Range from 0.0007 to 900 Cycles per Hour," Journal of Meteorology, Vol. 14, p. 160, 1957.

[9] R.G. Brown, *Introduction to random signal analysis and Kalman filtering*, John Wiley & Sons, 1983.

[10] A. Gelb, *Applied optimal estimation*, The MIT Press, 1974.

[11] IEC 61400-1, "Wind turbine generator systems, Part 1: safety requirements, " International Electrotechnical Commission, 1999.

[12] C. Nichita, et. al, "Large band simulation of wind speed for real time WT simulator," IEEE Trans. On energy conversion, vol. 17. no. 4, pp.523-529, 2002.

[13] F.D. Bianchi, H.D. Battisa, R.J. Mantz, *Wind turbine control systems, principles, modeling and gain scheduling design*, Springer, 2007.

[14] E.A. Bossanyi, "GH Bladed theory manual," Garrad Hassan, 2003.

[15] T. Petru and T. Thiringer, "Modeling of wind turbines for power system studies," IEEE Trans. On power systems, vol. 17, no. 4, 2002.

[16] S.J. Chapman, *Electric machinery fundamentals*, 4th Ed., MaGraw-Hill Comp., 2005.

[17] P.C. Sen, *Principles of electric machines and power electronics*, 2nd Ed., John Wiley & Sons, 1997

[18] S. Muller, M. Deicke, and R.W. de Donker, "Doubly fed induction generator systems for wind turbines,' IEEE Industry Applications Magazine, May-June 2002, pp. 26-33, 2002.

[19] S. Soter, and R. Wegerer, "Development of induction machines in wind power technology," IEMDC 2007 - IEEE International Electrical Machines and Drives Conference, 2007.

[20] Margaris, A. Tsouchnikas and N. Hatziargyriou, "Simulation of doubly fed induction generator wind turbine,"EWEC 2007, BL3.215, 2007.

[21] T. Buhl, K. Thomsen, H. Markou, "Design guideline for integrated aeroelastic control of wind turbines," Riso National Laboratory, 2006.

[22] AWEA Electrical Guide to Utility Scale Wind Turbine, American Wind Energy Association, 2005.

[23] H.B. Hendriks and M. Jaaijer, "Executive summary of the public research activities," ECN, 2004

[24] E.L. van der Hooft, P. Schaak, T. G. van Engelen, "Wind Turbine Control Algorithm," ECN-C-03-111, 2003.

[25] W.E. Leithead, and B. Connor, "Control of Variable Speed Wind Turbines:

design task," Int. Journal of Control, vol. 73, no. 13, pp. 1189-1212, 2000.

[26] B. Boukhezzar, L. Lupu, H. Siguerdidjane, M. Hand, "Multivariable control strategy for variable speed variable pitch wind turbines," Renewable Energy, vol. 32, pp. 1273-1287, 2007

[27] P. Mutschler, and R. Hoffmann, "Comparison of wind turbines regarding their wind energy generation," IEEE 33rd Annual, Power Electronics Specialists Conference, vol. 1, pp. 6-11, 2002.

[28] G. Leloudas, W.J. Zhu, J.N. Sorensen, W.Z. Shen, S. Hjort, "Prediction and reduction of noise for a 2.3MW wind turbine," Journal of Physics: Conference series, vol. 75, pp. 1-9, 2007.

[29] M.J. Balas, A. Wright, M. Hand, K. Stol, "Dynamics and control of horizontal axis wind turbines," Proc. Of the American Control Conference, pp. 3781-3793, 2003.

[30] W.E. Leithead, and B. Connor, "Control of Variable Speed Wind Turbines: Dynamic Models," Int. Journal of Control, vol. 73, no. 13, pp. 1173-1188, 2000.

[31] G.F. Franklin, J.D. Powell, Emami-Naeini, *Feedback control of dynamic system*, Prentice Hall, 5th Edition, 2006.

[32] R.C. Dorf and R.H. Bishop, *Modern control systems*, Addison-Wesley publishing Co. 7th Edition, 1995.

[33] E.A. Bossanyi, "The design of closed loop controllers for wind turbines," Wind Energy, no. 3, pp. 149-163, 2000.

[34] K.A. Stol, L.J. Fingersh, "Wind turbine field testing of state-space control designs," National Renewable Energy Laboratory, NREL/SR-500-35061, 2003

[35] Miner, A.A., "Cumulative damage in fatigue," Transaction of ASME, Vol. 67, p. A159, 1945.

[36] Sutherland, H.J. and L.L. Schuter, "Fatigue analysis of WECS components using a rainflow counting algorithm," Proceedings of Windpower '90, AWEA, Washington, p. 85, 1990.

[37] IEC WT-01, "IEC system for conformity testinf and certification of wind turbines," International Electrotechnical Commission, 1998.

[38] IEC 61400-12, "Wind turbines - part 12: power performance measurements of grid connected wind turbines," International Electrotechnical Commission, 1998.

[39] IEC 61400-121, "Wind turbines - part 121: power performance measurements of grid connected wind turbines," International Electrotechnical Commission, 2003.

찾아보기

V

W

ㄱ

ㄴ

ㄷ

F

ㅁ

ㅂ

ㅅ

ㅇ

ㅋ

ㅌ

ㅍ

ㅎ

【 저자 약력 】

남 윤 수

서울대학교 원자핵공학과
서울대학교 대학원 기계설계학과(유압 제어)
금성사 중앙연구소 가전기기 연구실
조지아 공대 기계제어 박사
국방과학연구소 비행역학/제어 연구실
現)강원대학교 기계 ■ 메카트로닉스공학부

풍력터빈의 제어

2009년 11월 20일 초판 인쇄
2009년 11월 25일 인쇄 발행

저　　자　**남윤수**
발 행 인　송기수
발 행 처　**GS 인터비전**
편 집 처　**GS 인터비전**
인 쇄 처　삼성문화사
등록번호　제 2008 - 27호
I S B N　978-89-93668-33-9 (92550)

주　소　서울시 중랑구 묵동 신도브래뉴1차 102동 1301호
전　화　02-976-7898 0707-720-7898
팩　스　02-6468-7898
E-mail　gsinter@chol.com

정　가　**20,000원**

이 책의 무단전재,복제,복사는 저작권법 제 97조에 의거 5년 이하의
징역 또는 5천만원 이하의 벌금에 처하게 됩니다.